FORSCHUNGSBERICHTE
DES DEUTSCHEN ALPENVEREINS
BAND 4

MICHAEL SUDA

AUSWIRKUNGEN DES WALDSTERBENS

AUF SIEDLUNGEN, INFRASTRUKTUREINRICHTUNGEN UND DEN FREMDENVERKEHR IM BAYERISCHEN ALPENRAUM

DEUTSCHER ALPENVEREIN
MÜNCHEN 1989

Zu beziehen über:

Für Sektionen und Mitglieder des DAV (nur unter Angabe der Mitgliedsnummer)
zum Preis von DM 12,– über:
Deutscher Alpenverein, Mitgliederservice, Weißenfelder Straße 4,
D-8011 Heimstetten

Für Nichtmitglieder zum Preis von DM 24,– über den Buchhandel

Das Manuskript dieses Buches wurde 1987 von der forstwissenschaftlichen Fakultät der
Ludwig-Maximilians-Universität München als Dissertation angenommen.

© 1989 Deutscher Alpenverein e. V.
Alle Rechte vorbehalten
Herausgegeben vom Referat für Kultur, Wissenschaft und Veröffentlichungen des
Deutschen Alpenvereins (DAV)

Gesamtherstellung: Verlagsservice Dr. Helmut Neuberger
und Karl Schaumann GmbH, Heimstetten
Umschlagfotos: Franz Speer
Satz, Druck und Bindung: Ludwig Auer GmbH, Donauwörth
Printed in Germany
ISBN 3-9801742-1-2
ISSN 0934-2672

Inhaltsverzeichnis

1.	*Einleitung und Problemstellung*	17
1.1	Die Waldfunktionen im bayerischen Hochgebirge	17
1.2	Die Entwicklung der Waldschadenssituation	17
1.3	Mögliche Konsequenzen der Waldschäden im Gebirge	19
1.4	Problemstellung und Zielsetzung	21
2.	*Entwicklung eines formalen Lösungsmodells zur Erfassung möglicher Auswirkungen des Waldsterbens auf Siedlungen, Infrastruktureinrichtungen und Fremdenverkehr*	23
2.1	Zielsetzung	23
2.2	Allgemeine Betrachtung von Systemen	23
2.2.1	Der Systembegriff	23
2.2.2	Gleichgewichtszustände und mögliche Systemreaktionen auf Umwelteinflüsse	24
2.2.3	Modelle	25
2.2.4	Die Kybernetik als Grundlage zur Entwicklung eines Lösungsmodells	26
2.2.4.1	Das Regelkreisprinzip	26
2.2.4.2	Das Prinzip der Steuerung	27
2.3	Anwendung der Regelkreis- und Steuerprinzipien auf die Schutzwald-Waldsterbensproblematik	27
2.3.1	Definition der Regelgröße	28
2.3.2	Problemfeld I: Quantifizierung der Störgröße Waldsterben	28
2.3.3	Problemfeld II: Erfassung des Status quo und die durch das Waldsterben ausgelöste Verschiebung des Fließgleichgewichts	29
2.3.4	Problemfeld III: Erfassung der resultierenden Verminderung der Schutzleistung und Entwicklung von Ereignisprognosen	30
2.3.5	Problemfeld IV: Bewertung der resultierenden Zustände	30
2.3.6	Problemfeld V: Erfassung möglicher Folgevegetationszustände	31
2.3.7	Problemfeld VI: Forstpolitische Konsequenzen	34
2.3.8	Vom Prinzip der Regelung zum Prinzip der Steuerung	34

2.4	Die Theorie der unscharfen Mengen als Grundlage der Modellentwicklung	34
2.4.1	Einführungsbeispiel	34
2.4.2	Die Theorie der unscharfen Mengen	36
3.	*Entwicklung von Schadenverlaufsvarianten des Waldsterbens für den bayerischen Alpenraum*	44
3.1	Problemstellung	44
3.2	Auswahl der Methode, Durchführung und Durchführungsbedingungen der Expertenbefragung	44
3.2.1	Methodenauswahl und Probleme	45
3.2.2	Durchführung der Expertenbefragung	45
3.2.2.1	Expertenauswahl	45
3.2.3	Erstellung des Fragebogens	46
3.3	Durchführung der Befragung	48
3.3.1	Rücklaufquote	48
3.4	Ergebnisse der Expertenbefragung	48
3.4.1	Vorbemerkung	48
3.4.2	Berechnungsmethode	49
3.4.3	Ergebnisse der Expertenbefragung	49
3.4.3.1	Optimistische Schadenverlaufsvariante	49
3.4.3.2	Mittlere Schadenverlaufsvariante	51
3.4.3.3	Pessimistische Schadenverlaufsvariante	51
3.4.3.4	Einfluß des Waldsterbens auf die I. Altersklasse	52
3.4.3.5	Ergebnisse der durchgeführten Varianzanalysen	53
3.5	Vergleich der Schadenverlaufsvarianten mit ähnlichen Untersuchungen	53
3.6	Entstehung idealler Freiflächen infolge von Absterbeprozessen	54
4.	*Mögliche Auswirkungen des Waldsterbens auf die Gefährdung von Siedlungen und Infrastruktureinrichtungen durch Lawinen*	56
4.1	Einleitung	56
4.2	Eigenschaften des Schnees und der Schneedecke	57
4.2.1	Umwandlungsprozesse der Schneedecke	57
4.2.2	Festigkeitseigenschaften der Schneedecke	59
4.2.3	Schneebewegungsprozesse	59

4.3	Der Wald als Lawinenschutz	61
4.3.1	Wirkungen des Waldes gegenüber Lawinen	61
4.3.2	Grenzen der Schutzfähigkeit	64
4.3.3	Wald und Lawinen – ein dynamisches System	65
4.4	Charakterisierung der Lawinengefahr	66
4.5	Das Lawinenmodell	67
4.5.1	Problemschwerpunkte	67
4.5.2	Die formale Struktur des Bewertungsmodells	69
4.5.3	Gliederung der Lawinenschutzwälder nach Schutzobjekten und in Prioritätsstufen der Schutzwertigkeit	71
4.5.4	Die Simulation von Absterbeprozessen	72
4.5.5	Erfassung der Lawinenabgangswahrscheinlichkeit	75
4.5.6	Schätzverfahren zur Erfassung von Flächen mit hoher Schneegleitbelastung	77
4.5.7	Berechnung der Lawinenreichweite	77
4.5.8	Das Problem der Regenerationsbeschränkungen	78
4.5.9	Erfassung der Zustände von Lawinenschutzwäldern nach Absterbeprozessen	79
4.5.10	Entscheidungs- und Handlungsbereich	80
4.6	Anwendung des Bewertungskonzepts zur Erfassung möglicher Auswirkungen des Waldsterbens auf die Lawinengefährdung im Landkreis Traunstein	83
4.6.1	Die Lawinenschutzwälder im Landkreis Traunstein	83
4.6.2	Erfassung der Flächendaten	84
4.6.3	Das Kalkulationsprogramm LAWKAL	85
4.6.4	Das Kalkulationsprogramm ENDKAL	89
4.7	Ergebnisse der Kalkulation	89
4.7.1	Ergebnisse der Einzelflächenkalkulation	89
4.7.2	Ergebnisse der Gesamtkalkulation	91
4.8	Zusammenfassung	98
5.	*Mögliche Auswirkungen des Waldsterbens auf die Steinschlaggefährdung von Infrastruktureinrichtungen*	101
5.1	Einleitung	101
5.2	Definition und Klassifikation des Steinschlags	101
5.3	Charakterisierung des Steinschlagprozesses	102
5.4	Vorschlag eines Modells zur Erfassung des Steinschlagrisikos und dessen Veränderung infolge des Waldsterbens	104

5.4.1	Formale Modellstruktur	104
5.4.2	Erstellung von Zugehörigkeitsfunktionen für die Parameter des Steinschlagmodells	106
5.4.3	Bestimmung des Steinschlagpotentials	106
5.4.4	Bestimmung der Widerstandsparameter	111
5.4.4.1	Wald und Steinschlag	111
5.4.4.2	Oberflächenrauhigkeit und Steinschlag	115
5.4.4.3	Verknüpfung der Widerstandsparameter	116
5.4.5	Beurteilung des resultierenden Steinschlagrisikos	116
5.4.6	Definition geeigneter Gegenmaßnahmen	117
5.5	Anwendung des entwickelten Konzepts auf ein Fallbeispiel und Abschätzung der Folgen des Waldsterbens auf die Steinschlaggefährdung	119
5.5.1	Auswahl des Untersuchungsgebietes	119
5.5.2	Auswahl der zu untersuchenden Schutzwälder	119
5.5.3	Datenerhebung	120
5.5.4	Simulation von Absterbevarianten und deren Auswirkungen auf die Steinschlaggefahr	122
5.6	Versuch einer monetären Bewertung des resultierenden Steinschlagrisikos	125
5.7	Zusammenfassung	129
6.	*Mögliche Auswirkungen des Waldsterbens auf die Gefährdung von Siedlungen und Infrastruktureinrichtungen durch Hochwasser*	132
6.1	Einleitung	132
6.2	Der Wald als Hochwasserschutz	133
6.2.1	Der Begriff Hochwasser	133
6.2.2	Standortsmodell zur qualitativen Erfassung des Hochwasserschutzes durch den Wald	134
6.2.3	Qualitative Darstellung möglicher Auswirkungen des Waldsterbens auf die Wasserbilanz	136
6.3	Das Untersuchungsgebiet Steinbach	138
6.3.1	Analyse des Status quo	138
6.3.1.1	Aufnahmemethode	139
6.3.1.2	Geländeaufnahmen und Datenauswertung	142
6.3.2	Inventurergebnisse	142
6.3.2.1	Geologie	142
6.3.2.2	Verteilung der Höhenstufen und Expositionen	143
6.3.2.3	Verteilung der Hangneigung	143

6.3.2.4	Hanglabilitätskartierung	143
6.3.2.5	Verteilung der Nutzungsformen	144
6.3.2.6	Der Wald im Wassereinzugsgebiet	145
6.4	Einfaches Schätzverfahren zur Erfassung der resultierenden Folgevegetation nach Absterbeprozessen	148
6.4.1	Zielsetzung	148
6.4.2	Formale Darstellung des Modells Folgevegetation	149
6.4.2.1	Auswahl der Einflußfaktoren	149
6.4.2.2	Vorschläge für die Festlegung der Faktorenausprägung und der Zugehörigkeitsfunktionen	151
6.4.2.3	Verknüpfung der Einflußfaktoren	159
6.4.3	Die Abschätzung der resultierenden Folgevegetation	159
6.4.4	Anwendung des Modells zur Abschätzung der Folgevegetation im Einzugsgebiet Steinbach	160
6.5	Das Niederschlag-Abfluß-Geschehen	162
6.5.1	Der Abflußvorgang	162
6.5.2	Niederschlag-Abfluß-Modelle	163
6.6	Das Bewertungsmodell Hochwasser	164
6.6.1	Der Niederschlag im Wassereinzugsgebiet	166
6.6.2	Berechnung des abflußwirksamen Niederschlags im Wassereinzugsgebiet für den Status quo und die Schadenverlaufsvarianten	167
6.6.3	Auswahl der Übertragungsfunktion	173
6.6.4	Berechnung des direkten Abflusses	176
6.6.5	Berechnung des Gesamtabflusses	178
6.6.6	Auftretende Abflußspitzen für den Status quo und Überprüfung der Auswahl der Übertragungsfunktion	178
6.7	Auswirkungen der Schadenverlaufsvarianten auf den Hochwasserabfluß	181
6.7.1	Auswirkungen der optimistischen Schadenverlaufsvarianten	181
6.7.2	Auswirkungen der mittleren Schadenverlaufsvariante	182
6.7.3	Auswirkungen der pessimistischen Schadenverlaufsvariante	182
6.7.4	Auswirkungen eines Totalverlustes der Bestände über sechzig Jahre	183
6.8	Auswirkungen der Schadenverlaufsvarianten auf die Wiederkehrhäufigkeit bestimmter Ereignisse	184
6.9	Vergleich der Abflußwerte mit anderen Modellkalkulationen	187

6.10	Ermittlung der Schadenserwartungen	190
6.10.1	Herleitung der Dichtefunktionen für den Status quo und die Schadenverlaufsvarianten	191
6.10.2	Ermittlung der Schadensfunktion	193
6.10.3	Ermittlung der Schadenserwartung für den Status quo und die Schadenverlaufsvarianten	196
6.10.4	Berechnungsergebnisse	196
6.11	Zusammenfassung	197
7.	*Mögliche Auswirkungen des Waldsterbens auf die Fremdenverkehrswirtschaft einer Gemeinde im bayerischen Alpenraum*	200
7.1	Die Bedeutung des Fremdenverkehrs im bayerischen Alpenraum	200
7.2	Problemstellung und Zielsetzung	200
7.2.1	Problemaufriß	200
7.2.2	Zielsetzung	201
7.3	Modellhafte Betrachtungen zum Problem Waldsterben und Fremdenverkehr	202
7.4	Die Untersuchungsgemeinde Reit im Winkl	207
7.4.1	Natürliche und sozialökonomische Grundlagen	207
7.4.1.1	Lage und Größe	207
7.4.1.2	Sozialökonomische Situation	207
7.4.2	Die Entwicklung der Übernachtungszahlen	208
7.4.3	Der Ortsaufbau von Reit im Winkel und die Verteilung der Übernachtungsbetriebe	211
7.5	Hypothesen über Besucherrückgänge durch das Waldsterben mit Hilfe des FECHNER'schen Gesetzes	212
7.5.1	Definition	212
7.5.2	Das Bewußtsein für Waldschäden und die Abschätzung von Besucherrückgängen	212
7.6	Anwendung des monetären Bewertungsmodells von NOHL und RICHTER zur Erfassung möglicher Minderungen des Walderholungsnutzens auf Gemeindeebene	215
7.6.1	Die formale Struktur des Bewertungsmodells	215
7.6.2	Anwendung des Bewertungskonzepts auf Gemeindeebene	216
7.6.2.1	Erholungsnutzen für die Einwohner Reit im Winkls	217
7.6.2.2	Erholungsnutzen für Urlauber und Tagesausflügler	217
7.6.2.3	Optionsnutzen	218

7.6.2.4	Wertschöpfung aus dem Fremdenverkehr	218
7.6.2.5	Berechnung des Walderholungsnutzens	220
7.6.3	Berechnung des entstehenden Schadens bei Besucherrückgängen	220
7.6.4	Auswirkungen und Bewertung möglicher Naturkatastrophen auf den Fremdenverkehr in Reit im Winkl	221
7.4.6.1	Problemstellung und Zielsetzung	221
7.6.4.2	Simulation von Lawinenkatastrophen und möglicher Folgen für die Fremdenverkehrswirtschaft Reit im Winkl	222
7.7	Zusammenfassung der Schadenswerte Besucherrückgänge und simulierte Ereignisse	225
7.8	Empfindlichkeit verschiedener Fremdenverkehrsbetriebe gegenüber Besucher- und Umsatzrückgängen	225
7.8.1	Problemstellung und Zielsetzung	225
7.8.2	Das fiktive Fremdenverkehrsdorf	226
7.8.2.1	Sozioökonomische Annahmen	226
7.8.2.2	Die Nachfragestruktur	226
7.8.2.3	Die Angebotsstruktur im Bereich Übernachtung und Verpflegung	227
7.8.3	Die Empfindlichkeit von Übernachtungs- und Speisebetrieben gegenüber Besucherrückgängen	234
7.8.3.1	Berechnung der Grenzwerte	236
7.8.3.2	Ergebnisse der einzelbetrieblichen Empfindlichkeitskalkulationen	238
7.8.3.3	Vergleich der Empfindlichkeitsschwellen unterschiedlicher Betriebskategorien	242
7.8.4	Die Empfindlichkeit der Betriebskategorie Hotels gegenüber sukzessiven Besucherrückgängen	244
7.9	Zusammenfassung	249
8.	*Zusammenfassung der wichtigsten Ergebnisse*	251

Literaturverzeichnis 261

Verzeichnis der Abbildungen 275

Verzeichnis der Tabellen 278

Meinem Vater

Geleitwort des DAV

Seit seiner Gründung in der Mitte des 19. Jahrhunderts sieht der Deutsche Alpenverein (DAV) seine satzungsgemäße Aufgabe „die Schönheit und Ursprünglichkeit der Bergwelt zu erhalten, die Kenntnis der Hochgebirge zu erweitern und zu verbreiten und dadurch die Liebe zur Heimat zu pflegen zu stärken" als eine stets neue Herausforderung an. Stand anfangs vor allem die bergsteigerische Erschließung im Vordergrund, gewann in den letzten Jahrzehnten der Naturschutz zunehmend an Bedeutung. In seinem 1977 verabschiedeten Grundsatzprogramm zum Schutz des Alpenraumes trat der DAV erstmals mit einer Palette von Forderungen und Zielvorgaben zur Rettung der Bergwelt an die Öffentlichkeit. Wohl wissend, daß Naturschutz im alpinen Raum nur in Zusammenarbeit mit der einheimischen Bevölkerung und nicht gegen sie verwirklicht werden kann, war der DAV immer bemüht, berechtigten ökonomischen Interessen Rechnung zu tragen. Von besonderer Bedeutung für die wirtschaftliche Prosperität ist der Fremdenverkehr, der für viele Gemeinden des Alpenbogens zur wichtigsten Einnahmequelle wurde. Das Geschäft mit dem Tourismus ist allerdings untrennbar mit der Bewahrung und Pflege einer attraktiven und intakten Landschaft verbunden. Schon deswegen mußte der DAV, der in gewisser Hinsicht die touristische Entwicklung in den Alpen einleitete, den Naturschutz als ein zentrales Vereinsziel festschreiben und sein Engagement dafür durch eine Vielzahl von Aktivitäten unter Beweis stellen. War der DAV auch manchmal ein recht unbequemer Gesprächspartner, der sich überzogenen Erschließungsvorhaben vehement entgegenstellte, war seine bisherige Naturschutzarbeit immer an lokal begrenzte Projekte von überschaubarem Charakter gebunden, deren Ablehnung sich an nachvollziehbaren Kriterien orientierte und deshalb leicht zu untermauern war. Schwerer faßbar ist die Bedrohung der Alpen durch eine komplexe Erscheinung wie das Waldsterben. Eine Bedrohung, die die über Jahrtausende gewachsene Kulturlandschaft verwüsten und die Existenzgrundlage der Bevölkerung empfindlich einschränken könnte. Diese Entwicklung kann nur verhindert werden, wenn alle Verantwortlichen in Politik und Wirtschaft die Dimension des Waldsterbens erkennen und die notwendigen Konsequenzen ziehen.

Auf die seit langem bekannten Schutzfunktionen des Bergwaldes (Lawinen-, Hochwasser-, Erosionsschutz) wurde vom DAV im Rahmen einer Kampagne gegen das Waldsterben erneut hingewiesen; mögliche Gefährdungen von Infrastrukturen wurden in den 1985 präsentierten Katastrophenkarten „Erosion und Lawinen" und „Hochwasser" dargestellt. Zur Sicherung dieser Schutzfunktionen ist ein Bündel von Maßnahmen erforderlich: In erster Linie muß eine Politik der möglichst effektiven Luftreinhaltung verfolgt werden. Ergänzend dazu ist die bisherige jagdliche Praxis im Hinblick auf die Verjüngung geschädigter Altbestände zu überprüfen, überhöhte Wildbestände sind zu reduzieren. Darüber hinaus muß für besonders gefährdete Areale ein Sofortprogramm ins Leben gerufen werden, wie das von der Bayerischen Staatsforstverwaltung mit dem Schutzwaldsanierungsprogramm beispielhaft demonstriert wird.

Letztlich führt nur die wirksame Ausfilterung aller Schadstoffe zu einer dauerhaften Gesundung der Waldökosysteme. Die hohen Kosten für die Einführung der notwendigen Technologien dürften neben bürokratischen Hindernissen der Hauptgrund dafür sein, warum die erforderlichen Maßnahmen bisher nicht mit der gebotenen Eile vorangetrieben werden. Insofern begrüßt es der DAV außerordentlich, daß die vorliegende Arbeit, die als Band vier der neuen Schriftenreihe „Forschungsberichte des Deutschen Alpenvereins" erscheint, den Wert des alpinen Schutzwaldes mit wissenschaftlichen Methoden quantifiziert. Die Ergebnisse dieser Untersuchung unterstützen die Bemühungen des DAV im Kampf gegen das Bergwaldsterben in erheblichem Maße und liefern das für eine fundierte Argumentation notwendige Rüstzeug. Denn erst wenn sich die Einsicht durchsetzt, daß der Wert der Schutzwälder nicht am Erlös für das eingeschlagene Holz gemessen werden darf, sondern vielmehr durch die von ihm geschützten Infrastrukturen repräsentiert wird, werden sich kostenintensive und vielleicht im Einzelfall auch unpopuläre Maßnahmen zum Erhalt dieser Wälder besser begründen und politisch leichter durchsetzen lassen.

Schlußendlich ist der DAV dem Vorstand des Lehrstuhles für Forstpolitik der Universität München, Herrn Prof. Dr. Richard Plochmann zu ganz besonderem Dank verpflichtet, der die Veröffentlichung dieser an seinem Lehrstuhl angefertigten Arbeit in der Schriftenreihe des DAV hilfreich förderte.

Für den Vorstand des Deutschen Alpenvereins

Heinz Röhle
Referent für Natur- und Umweltschutz

Vorwort

Das Waldsterben hat sich seit Beginn der achtziger Jahre zu einem umweltpolitischen und naturwissenschaftlichen Problem erster Ordnung entwickelt. Der Wald und die Forstwirtschaft stehen im Mittelpunkt öffentlicher Diskussionen. Von besonderem Interesse für alle Beteiligten stellt sich die Frage, welche Auswirkungen das Waldsterben in Gebirgsräumen hat.

Diese Untersuchung entstand am Lehrstuhl für Forstpolitik und Forstgeschichte der Ludwig-Maximilians-Universität München unter der Leitung von Professor Dr. Richard Plochmann. Ihm verdanke ich die Anregung zu diesem Thema, eine uneingeschränkte Unterstützung und großzügige Förderung der Arbeit.

Besonderen Anteil am Gelingen dieser Arbeit hat Professor Dr. Egon Gundermann, der mir mit wertvollen Anregungen, konstruktiver Kritik und einem immer offenen Ohr zur Seite stand.

Zahlreiche fachliche Anregungen verdanke ich Herrn Professor Dr. W. Kroth vom Lehrstuhl für Forstpolitik und forstliche Betriebswirtschaftslehre, Herrn Professor Dr. U. Ammer vom Lehrstuhl für Landschaftstechnik sowie den Herren Dr. J. Karl, Dr. B. Zenke, Dr. W. Günther, R. Christa und H. W. Deisenhofer vom Landesamt für Wasserwirtschaft.

Bei den anstrengenden Außenaufnahmen in zum Teil gefährlichem Gelände wurde ich stets von studentischen Hilfskräften begleitet. Mein besonderer Dank gilt Frau G. Straka und Frau B. Enzenbach sowie den Herren R. Neft und R. Enzenbach.

Für die Bereitschaft zu oft abendfüllenden Diskussionen, die mannigfaltige Anregung und Kritik enthielten, möchte ich besonders den Herren G. Zimmermann, A. König, R. Beck und P. Krämer danken.

Nicht zuletzt sollen die Bemühungen der Bayerischen Staatsforstverwaltung gewürdigt werden, die in vielfältiger Weise das Forschungsvorhaben unterstützte. Sie stellte die Mittel zur Verfügung, ermöglichte die Außenaufnahmen in ihren Gebirgsforstämtern und beteiligte sich an der Expertenbefragung zur Entwicklung des Waldsterbens.

Mein besonderer Dank gilt meiner Schwester für die „virtuose Fingerakrobatik" auf dem Personal Computer.

Dem Deutschen Alpenverein, der den Druck übernommen hat, sei an dieser Stelle ebenfalls herzlich gedankt.

1. Einleitung und Problemstellung

1.1 Die Waldfunktionen im bayerischen Hochgebirge

Das bayerische Hochgebirge nimmt mit einer Fläche von 530 000 ha 7,5 Prozent der Landesfläche Bayerns ein. Der Waldanteil beträgt knapp 50 Prozent. Nach den Ergebnissen der Waldfunktionsplanung haben 63 Prozent dieser Wälder die Vorrangfunktionen Bodenschutz, 42 Prozent Lawinenschutz und 64 Prozent Wasserschutz zu erfüllen (PLOCHMANN, R., 1985). Die Hanglabilitätskartierung, die für den oberbayerischen Teil abgeschlossen ist, wies auf 40 Prozent der Gesamtfläche sehr labile, auf weiteren 12 Prozent mäßig labile Verhältnisse aus. Lediglich 48 Prozent sind als stabil eingestuft.

Neben dem Schutz vor Naturgefahren ist der Bergwald für den Alpenraum ein landschaftliches Element, das das Erscheinungsbild dieser Region wesentlich prägt. Und schließlich ist es in erster Linie auch der Bergwald, der das Bayerische Hochgebirge zum Anziehungspunkt für Erholung und Urlaub gemacht hat. Rund 60 Prozent aller Übernachtungen innerhalb Bayerns werden im Alpenraum registriert (BAYERISCHES STAATSMINISTERIUM FÜR ERNÄHRUNG, LANDWIRTSCHAFT UND FORSTEN, 1985). Der Fremdenverkehr hat sich hier zu einem bedeutenden Wirtschaftsfaktor entwickelt und ist für viele Gemeinden zur Haupteinnahmequelle geworden.

1.2 Die Entwicklung der Waldschadenssituation

Aufgrund der genannten Waldfunktionen im bayerischen Hochgebirge wird dort die Entwicklung der Waldschadenssituation mit besonders großer Besorgnis verfolgt. Die bayerischen Alpen gehören zu den am schwersten von den Waldschäden betroffenen Gebieten. Seit 1983 liegen Ergebnisse der landesweit durchgeführten Waldschadensinventuren vor. Die Inventurresultate für alle Bestände, gesondert die über sechzig Jahre, sind in Abbildung 1 veranschaulicht.

Der Schadensverlauf für alle Bestände ist gekennzeichnet durch:
– eine drastische Zunahme der geschädigten Bestände zwischen 1983 und 1985; 1986 ist nur noch ein leichter Anstieg der Schäden festzustellen.

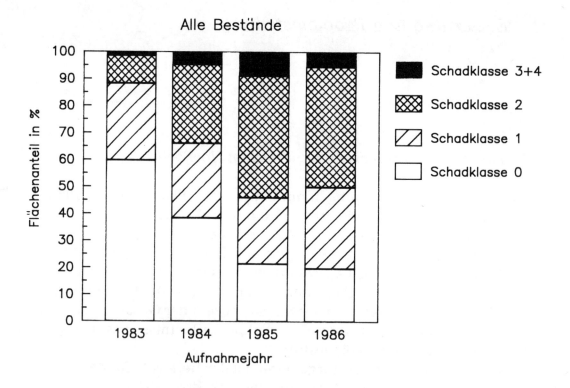

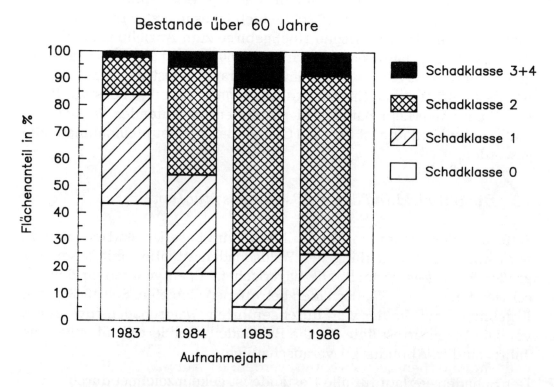

Abb. 1 Entwicklung der Waldschäden im bayerischen Alpenraum zwischen 1983 und 1986

- ein starkes Anwachsen der deutlich sichtbaren Schäden auf 53,6 Prozent zwischen 1983 und 1985, 1986 dagegen eine geringe Abnahme auf 50,1 Prozent.
- Steigerung des Anteils stark geschädigter bzw. abgestorbener Teilgebiete bis 1985 auf 8,5 Prozent, im Jahr 1986 sinkt er auf 5,5 Prozent.

Die Inventurergebnisse für 1987, die aufgrund des geringeren Stichprobenumfanges einen Vergleich mit den Vorjahresbefunden erschweren, deuten darauf hin, daß sich die Situation weiter verbessert hat. So stieg der Anteil ungeschädigter Gebiete um 8 Prozent auf 28 Prozent. Deutlich sichtbare Schäden fielen auf 38 Prozent, stark geschädigte und abgestorbene Bestandesteile sanken auf 3 Prozent.

Besonders herausgestellt seien noch die Inventurergebnisse für ältere Bestände, da sie gegenüber Naturgefahren besondere Schutzleistungen bieten. Diese Bestände weisen hinsichtlich der Schädigung bei allen Inventuren höhere Schadenswerte auf:

- Der Anteil ungeschädigter Bestandesteile fiel 1986 auf 3,9 Prozent.
- Die deutlich sichtbaren Schäden stiegen von 16 Prozent im Jahr 1983 auf 74 Prozent im Jahr 1986 an.
- Der Anteil stark geschädigter und abgestorbener Gebiete versechsfachte sich zwischen 1983 und 1985 auf 13,2 Prozent. 1986 konnte eine Abnahme auf 8,9 Prozent verzeichnet werden.

MÖSSMER R. (1985) stellte anhand umfangreicher Luftbildauswertungen fest, daß im Alpenraum Bestände mit geringerem Beschirmungsgrad stärker geschädigt sind und mit steigender Hangneigung die Schäden an Fichten deutlich zunehmen. Vor allem diese Tatsache ist für die Erhaltung der Schutzfähigkeit von besonderer Bedeutung.

1.3 Mögliche Konsequenzen der Waldschäden im Gebirge

Bedingt durch den raschen Schadensfortschritt der Waldschäden haben die schon seit Jahrzehnten bestehenden, aus jagdpolitischen Interessen immer wieder verdrängten Probleme ein Ausmaß erreicht, das zu großer Sorge Anlaß gibt (AMMER, U., 1986).

Welche unterschiedlichen Bereiche im Kultur- und Lebensraum der Alpen in welchem Umfang und in welcher Weise durch das fortschreitende Waldsterben beeinträchtigt werden, ist kaum vorstellbar. MAYER (1985) versucht, mögliche Auswirkungen in verschiedenen Bereichen darzustellen. Bei näherer Betrachtung wird deutlich, daß zwischen den Einflußbereichen (Volkswirtschaft, Forstwirtschaft, Fremdenverkehrswirtschaft etc.) eine Reihe von Wechselwirkungen existieren, die zwar bekannt, aber kaum quantifizierbar sind. Die Mechanismen, Rückkoppelungen und Synergismen sind weitgehend unbekannt.

Für den bayerischen Alpenraum liegen zwei sogenannte Katastrophenkarten vor (DAV, 1986, KARL, J., 1984). Nach Einschätzung der Studie des Deutschen Alpenvereins ist die Hälfte aller Ortschaften des Untersuchungsgebietes durch Hochwasser, Muren und Lawinen gefährdet. Bei weitreichenden Waldverlusten wären demnach circa 370 km stark frequentierte Straßen bedroht und langfristig unpassierbar. KARL (1984) kommt in seiner Arbeit zu dem Schluß, daß bei großflächiger Zerstörung der Waldbestände neunzig Ortschaften und ebenso viele Verkehrswege durch Überschwemmungen und Vermurung bedroht sowie achtzig Straßenbereiche unterschiedlicher Länge durch Lawinen gefährdet wären.

Wenn auch die beiden Schätzungen weit voneinander abweichen, sind sie doch ein deutlicher Hinweis darauf, welche Konsequenzen für die Bereiche Hochwasser, Muren und Lawinen bei weitgehenden Waldverlusten zu erwarten wären.

Es ist selbstverständlich, daß von Seiten der Politik etwas getan werden muß, damit diese Situation nicht eintritt. „Die Politik als ein Handeln, das auf die Zukunft bezogen ist, hat von einer gegebenen Situation auszugehen und auf die Zukunft einen Zustand anzustreben, der den jeweiligen Zielen bei angenommenen Entwicklungen so nahe als möglich kommt" (PLOCHMANN, R., 1987a). Hinsichtlich der Waldschäden ist das Ziel eindeutig deren Überwindung. Dies erfordert den Einsatz umweltpolitischer Maßnahmen, deren Intensität und Reichweite weitestgehend unbestimmt sind und deren Wirkung oft erst nach Jahren und Jahrzehnten sichtbar werden. Die Kenntnis der finanziellen Auswirkungen der Waldschäden kann hier in erheblichem Maße zu einer Versachlichung der Diskussion beitragen. EWERS (1985) führt mehrere Gründe an, die für eine Bewertung in Geldeinheiten sprechen. Zwei seien hier genannt:

– Monetäre Maßstäbe sind im allgemeinen für die Öffentlichkeit besser verständlich als in physischen Dimensionen gemessene Größen. Das Schadensausmaß kann auch von einem Laien mit ihm bekannten Werten verglichen werden.
– Die Kosten umweltpolitischer Maßnahmen können erfaßt werden, ihr Nutzen hingegen entzieht sich zumeist einer Quantifizierung. Maßnahmen werden häufig in der öffentlichen Diskussion als „wirtschaftlich unzumutbar" angesehen. Da eine Bewertung des resultierenden Nutzens oft nicht möglich ist, ist die Gegenargumentation erheblich erschwert. Monetäre Bewertungen von Waldschäden können hier als Argumentationshilfe dienen.

1.4 Problemstellung und Zielsetzung

Die Problemstellung dieser Arbeit behandelt grundlegend zwei Fragen:

- Mit welchen Auswirkungen muß bei einer weiteren Verschlechterung des Gesundheitszustandes des Bergwaldes für Siedlungen, Infrastruktureinrichtungen und den Bereich Fremdenverkehr gerechnet werden?
- Wie können diese Auswirkungen erfaßt und bewertet werden?

Es ist evident, daß mit dieser eingeschränkten Fragestellung nicht alle Aspekte möglicher Auswirkungen der Waldschäden im Gebirge berücksichtigt werden können.

Der Schwerpunkt dieser Untersuchung liegt im Bereich der Entwicklung von Methoden, mit deren Hilfe eine Erfassung und Bewertung in den genannten Bereichen möglich scheint. Im Mittelpunkt stehen dabei Modellvorstellungen, die die hier ablaufenden Prozesse in stark vereinfachter Form und unter Ausblendung einer Reihe von Detailproblemen zu erfassen und in Geldeinheiten zu bewerten versuchen. In einem ersten Schritt wird hierzu ein formaler Lösungsansatz auf der Basis eines Regelkreismodells entwickelt. Problemschwerpunkte der Erfassung und Bewertung können so identifiziert werden. Im nachfolgenden Kapitel wird, aufbauend auf allgemeinen Betrachtungen der Systemtheorie, der Ansatz vorgestellt.

Über den künftigen Verlauf der Waldschäden im bayerischen Hochgebirge kann zum jetzigen Zeitpunkt niemand eine präzise Aussage formulieren. Wir befinden uns in einer Situation „objektiver Unsicherheit" (KROTH, W., 1987b). Man kann zwar davon ausgehen, daß Experten eher zu einer Einschätzung der künftigen Situation befähigt sind, jedoch sind auch ihre Aussagen subjektiver Art (KROTH, W., 1987b).

Dem künftigen Verlauf der Schäden kommt jedoch zentrale Bedeutung zu. Im dritten Kapitel werden deshalb die Grundlagen und Ergebnisse einer standardisierten Expertenbefragung zu diesem Thema aufgezeigt. Sie bilden die Basis für die Entwicklung von drei Szenario-Varianten des Waldsterbens. Szenarien sind dabei als alternative Zukunftsbilder aufzufassen, die mögliche künftige Situationen beschreiben.

Diese Zukunftsbilder aus optimistischer, mittlerer und pessimistischer Sicht bilden die Grundlage für die weiteren Ausführungen.

Im vierten Kapitel wird dann ein Bewertungskonzept vorgestellt, mit dessen Hilfe Auswirkungen auf die Lawinengefährdung abgeschätzt werden. Aufbauend auf einer allgemeinen Darstellung über Schnee, Lawinen und die Schutzfähigkeit des Waldes wird die Modellkonzeption schrittweise vorgestellt und der Bewertungsansatz erläutert.

Der Steinschlag als Massenverlagerungsphänomen ist bislang wenig untersucht. Im fünften Kapitel wird deshalb ein Vorschlag entwickelt, der als erster Schritt zur Beschreibung und Erfassung des Ereignisses Steinschlag gewertet werden sollte.

Im sechsten Kapitel steht die Betrachtung möglicher Auswirkungen durch Hochwasser im Mittelpunkt. Die Entwicklung der Vegetation nach Absterbeprozessen ist neben der Schadensentwicklung ein Problem von zentraler Bedeutung. Ein Ansatz zur Erfassung der Folgevegetation wird hierzu entwickelt.

Der Fremdenverkehr im Alpenraum ist für viele Gemeinden zur Haupteinnahmequelle geworden. Am Beispiel einer Gemeinde wird deshalb im siebten Kapitel eine Antwort auf die Fragen gesucht:

- Welche Auswirkungen haben sukzessive Besucherrückgänge in einer Fremdenverkehrsgemeinde?
- Welche Folgen haben Katastrophen, die im Gemeindegebiet auftreten?
- Wie empfindlich reagieren einzelne fremdenverkehrsabhängige Betriebe einer Gemeinde auf Besucherrückgänge?

Eine detaillierte Vorhersage über resultierende Zustände des Bergwaldes und somit eine genaue Erfassung der Auswirkungen der Waldschäden in physischen Dimensionen oder in Geldeinheiten bleibt letztlich überaus schwierig. Bei der Vielzahl möglicher Einflußgrößen und deren unterschiedlichsten Wirkungen bleibt die Erfassung und Bewertung nur ein Versuch. Die entwickelten Ansätze sind daher als verbesserungswürdige Vorschläge zu betrachten.

2. Entwicklung eines formalen Lösungsmodells zur Erfassung möglicher Auswirkungen des Waldsterbens auf Siedlungen, Infrastruktureinrichtungen und Fremdenverkehr

2.1 Zielsetzung

Ziel dieses Kapitels ist es, aufbauend auf einer allgemeinen Darstellung über Systeme, ein auf einem Regelkreissystem basierendes Lösungsmodell zu entwickeln. Dieses Modell, das in stark vereinfachter Form die Problematik zu erklären sucht, ist letztendlich ein Balanceakt, der zwischen der Komplexität der Zusammenhänge einerseits und dem Problem der Bewertung andererseits einen möglichen Weg aufzeigt. Das Lösungsmodell erlaubt es, Bereiche zu identifizieren, die von Auswirkungen des Waldsterbens betroffen sind und von solchen zu trennen, bei denen keine oder nur geringe Auswirkungen zu erwarten sind. Zur Lösung derartiger Klassifikationsprobleme bietet die Mathematik bei Vorliegen „harter Daten" eine Reihe von Methoden an. Liegen jedoch keine Meßwerte vor, sondern lediglich Schätzungen, stoßen die klassischen Methoden an ihre Grenzen. Die Theorie der unscharfen Mengen (fuzzy sets) erlaubt es, sogenannte „weiche" Modelle zu entwickeln. Diese Vorgehensweise ermöglicht die Einbeziehung von unscharfen, selbst linguistischen Variablen (VESTER, F., 1980a). Eine Einführung in diese Theorien wird am Ende dieses Kapitels vorgestellt.

2.2 Allgemeine Betrachtung von Systemen

2.2.1 Der Systembegriff

Unter einem System versteht man eine Menge von untereinander abhängigen Elementen und Beziehungen (EPSKAMP, H., 1978). Die Bestandteile des Systems unterliegen einer bestimmten Ordnung (VESTER, F., 1986). Etwas als ein System aufzufassen, bedeutet nicht mehr, als sich dem zu untersuchenden Gegenstand mit Begriffen und unter einem bestimmten Gesichtspunkt zu nähern. Dies schließt den Versuch ein, einzelne Elemente miteinander oder mit ihrer Umwelt in Beziehung zu setzen (EPSKAMP, H., 1978). Die Erfassung der Systemstruktur ist das zentrale Problem auf dem Weg zum Verständnis von Systemen (FORRESTER, J. W., 1972).

Die Systemtheorie unterscheidet zwischen offenen und geschlossenen Systemen. Besitzen die Systemelemente ausschließlich Beziehungen untereinander, besteht also keine Wechselwirkung mit der Umwelt, werden diese Systeme als geschlossen bezeichnet (WIENOLD, H., 1978). Offene Systeme sind dadurch gekennzeichnet, daß Beziehungen zu Variablen bestehen, die nicht dem System angehören. Das System besitzt eine Umwelt (REIMANN, H. et al., 1985).

Lebensfähige Systeme sind offene Systeme. Dieser Grundsatz beruht auf dem zweiten Hauptsatz der Thermodynamik, der besagt, daß in einem geschlossenen System die Entropie nur zunehmen kann. Das System zerfällt in ein Nicht-System (VESTER, F., 1985). Offene Systeme sind jedoch durch Einflüsse von außen störbar und ohne scharfe Grenzen (ELLENBERG, H., 1973).

2.2.2 Gleichgewichtszustände und mögliche Systemreaktionen auf Umwelteinflüsse

Ein System befindet sich in einem Gleichgewicht mit seiner Umwelt, wenn die im System wirkenden Kräfte keine Veränderungen hervorrufen und keine Störungen der Umwelt auftreten. Daraus folgt, daß ein Gleichgewichtszustand des Systems immer nur für eine bestimmte Umwelt gilt (VESTER, F., 1985). Die Umwelt ist jedoch dauernden Veränderungen unterworfen. Aus dieser Tatsache heraus wird deutlich, daß das System Strukturen oder Mechanismen besitzen muß, um sich einer veränderten Umweltsituation anzupassen. Das Gleichgewicht zwischen System und Umwelt ist nicht ein statistisches, sondern ein dynamisches oder Fließgleichgewicht (ALTENKIRCH, W., 1977).

In der Systemtheorie werden drei Reaktionsweisen offener Systeme auf Umweltveränderungen unterschieden (vgl. REIMANN, H. et al. 1985).

1. Das System besitzt Strukturen, welche die Auswirkungen der Umweltveränderung neutralisieren.
2. Das System wandelt seine Struktur.
3. Das System löst sich ganz oder teilweise auf.

Die ersten beiden Reaktionsweisen können unter dem Begriff Anpassung subsumiert werden. Diese Fähigkeit ist der Hauptunterschied zwischen lebenden und nicht lebenden Systemen (VESTER, F., 1985). Jedoch ist die Erhaltung des Gleichgewichtszustandes durch die Fähigkeit der Selbstregulation auch in lebenden Systemen begrenzt. Diese Grenzen werden dann erreicht, wenn Störungen von außen ein Ausmaß annehmen, das nicht mehr kompensiert werden kann. Das ist häufig der Fall, wenn der Mensch in natürliche Systeme eingreift (ALTENKIRCH, W., 1977).

2.2.3 Modelle

Nach MEADOWS (1972) „ist ein Modell nichts weiter als eine möglichst systematische Reihe möglichst realer Annahmen über ein wirkendes System, das Ergebnis des Versuchs, durch Wahrnehmung und mit Hilfe vorhandener Erfahrungen eine von vielen Beobachtungen auszuwählen, die auf das betreffende Problem anwendbar sind, und so einen Ausschnitt aus der sinnverwirrend komplizierten Wirklichkeit zu verstehen".

In Abhängigkeit vom Zweck unterscheidet man:

- Zustandsmodelle (Zur Erfassung und Erklärung einer gegebenen Situation)
- Simulationsmodelle (Zur Erfassung von Systemreaktionen und resultierenden Zuständen)
- Entscheidungsmodelle (Zur Ableitung von optimalen Entscheidungen)

Grundsätzlich können diese Modelle durch folgende Merkmale gekennzeichnet werden (GRÜNEWALD, U., 1971, in ROSEMANN, H. J., 1977):

1. Abbildungsmerkmal
   Modelle sind Abbildungen von Systemen, hierbei sind unterschiedliche Abstraktionsgrade möglich.
2. Verkürzungs- oder Vereinfachungsmerkmal
   Modelle erfassen nur die als wesentlich betrachteten Eigenschaften der durch sie repräsentierten Systeme, deren Berücksichtigung möglich, notwendig oder zweckmäßig erscheint.
3. Subjektivierungsmerkmal
   Modelle erfüllen ihre Abbildungs- und Ersatzfunktion nur für bestimmte Subjekte unter Einschränkung auf bestimmte Operationen und innerhalb bestimmter Zeitabschnitte. Modelle lassen sich mit fortschreitender Erkenntnis durch verfeinerte und verbesserte ersetzen. Es gibt kein „bestes Modell".

Nach ELLENBERG (1973) steht am Anfang der Analyse ein „Wortmodell", das heißt, eine klare Beschreibung der Bestandteile des Systems und möglicher Zusammenhänge. Um eine übersichtliche Darstellung zu gewährleisten, eignet sich ein „Bildmodell", das die Komponenten und ihre Beziehungen visuell ausdrückt. Im nächsten Schritt wird versucht, die Zusammenhänge in Form eines „mathematischen Modells" darzustellen (siehe auch sechstes Kapitel „Niederschlag-Abfluß-Modelle").

An dieser Stelle soll versucht werden, mögliche Auswirkungen von Waldsterbensszenarien zu erfassen und zu bewerten. Dabei kommt der Entwicklung von Modellen zentrale Bedeutung zu. Eine Prognose über resultierende Systemzustände ist in vielen Fällen unmöglich. Wechselbeziehungen zwischen den Systemparametern sind zwar Gegenstand vieler Untersuchungen, in vielen Teilgebieten aber weitgehend Neuland wissenschaftlicher Betrachtungen. Die entwickelten Modelle sind also immer als verbesserungswürdige Vorschläge zu betrachten.

Im folgenden wird zunächst versucht, auf der Grundlage der Kybernetik ein formales Lösungsmodell zu entwickeln, das die Basis der im vierten bis sechsten Kapitel vorgestellten Bewertungsmodelle bildet.

2.2.4 Die Kybernetik als Grundlage zur Entwicklung eines Lösungsmodells

Die Kybernetik als wissenschaftliche Disziplin entstand kurz nach dem zweiten Weltkrieg. Im Jahre 1948 erschien das Buch des amerikanischen Mathematikers NORBERT WIENER „Cybernetics – or Control and Communication in the animal and the machine". Der Begriff Kybernetik kommt aus dem Griechischen und bedeutet im ursprünglichen Sinne „Steuermann" (FLECHTNER, H. J., 1984). Die Definition des Begriffs und der Wissenschaft sind vielfältig. Eine Zusammenfassung findet sich bei VON CUBE (1971). Zwei Definitionen sollen hier herausgegriffen werden.

Nach WIENER (1948) beinhaltet Kybernetik das gesamte Gebiet der Regelungstechnik und der Informationstheorie bei Maschinen oder Lebewesen. VESTER (1985) versteht unter dem Begriff die Erkennung, Steuerung und selbsttätige Regelung ineinandergreifender, vernetzter Abläufe bei minimalem Energieaufwand.

Im folgenden werden die kybernetischen Grundsätze der Regelung und Steuerung erläutert.

2.2.4.1 Das Regelkreisprinzip

Der Regelkreis besteht aus einem geschlossenen Kreislauf von Information. Es handelt sich um ein System, das sich durch Rückkopplung selbst regelt (VESTER, F., 1986). Um die Rückkopplung zu gewährleisten, muß das System über folgende miteinander verknüpfte Strukturen verfügen. Der Zustand des Systems als die zu regelnde Größe wird von außen durch eine Störgröße beeinflußt. Durch einen Meßfühler wird die resultierende Abweichung als Istwert an den Regler gemeldet. Dieser nimmt einen Vergleich zwischen dem gemeldeten Istwert und dem Sollwert des Systems vor. Der Sollwert wird von der Führungsgröße vorgegeben. Die resultierende Abweichung wird als Stellwert kodiert und an das Stellglied weitergemeldet. Dieses führt durch Veränderung der Stellgröße das System an den Sollwert heran. Das System ist über den

Regler mit sich selbst rückgekoppelt. Im hier geschilderten Fall kompensiert der Stellwert die Sollwertabweichung; die Werte besitzen unterschiedliche Vorzeichen. Aufgrund dieser gegenläufigen Wirkung wird ein derartiges Regelsystem als negative Rückkopplung bezeichnet. Negative Rückkopplung führt zur Selbstregulation eines Systems (VESTER, F., 1986, VON CUBE, F., 1971, ALTENKIRCH, W., 1977).

Positive Rückkopplung ist dann gegeben, wenn sich Wirkung (Störgröße) und Rückwirkung (Stellwert) gegenseitig verstärken. Dies führt innerhalb des Systems zur Explosion oder zum Kollaps (VESTER, F., 1986).

In realen Systemen können die einzelnen Glieder verschiedenen Rückkopplungskreisen angehören. So kann zum Beispiel der Sollwert eines Regelkreises die Regelgröße eines anderen sein. Eine derartige Regelung wird als vermascht bezeichnet (VON CUBE, F., 1971).

Beim Regelkreisprinzip wird die auf das System einwirkende Störgröße nicht abgefangen, sondern nachträglich beseitigt (FISCHER, D., 1985). Das System ist reaktiv.

2.2.4.2 Das Prinzip der Steuerung

Durch das Prinzip der Steuerung sollen auf das System einwirkende Störgrößen aufgefangen werden, ehe sie auf das Ergebnis einwirken. Das System ist aktiv. In natürlichen Systemen kommt der Steuerung nur geringe Bedeutung zu. In Systemen, in denen der Mensch als Regler auftritt, spielt die Steuerung eine bedeutende Rolle (FISCHER, D., 1985).

Durch auf Erfahrungen basierendes und abstraktes Denken ist der Mensch in der Lage, Auswirkungen bestimmter Störquellen zu erfassen. Eine Steuerung, die erfolgreich sein soll, bedingt jedoch, daß der in das System Eingreifende mögliche Rückkopplungen innerhalb des Systems kennt. Gerade beim Umgang mit natürlichen Systemen zeigt die Geschichte, daß die Fähigkeit zur Steuerung weit überschätzt wurde, Systemmechanismen unerkannt blieben, nicht berücksichtigt oder ignoriert wurden. VESTER (1986) erläutert diesen Zusammenhang an einer Reihe von Beispielen.

2.3 Anwendung der Regelkreis- und Steuerungsprinzipien auf die Schutzwald-Waldsterbensproblematik

Im folgenden wird nun versucht, die Problematik Waldsterben – Schutzwald in einem Regelkreissystem zu erfassen. Die Gesamtproblematik wird in sechs Problemfelder gegliedert. Der Regelkreis ist in Abbildung 2 dargestellt.

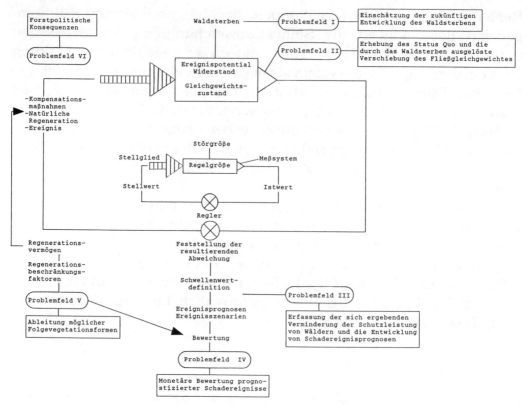

Abb. 2 Regelkreis zur Erfassung der Schutzwald-Waldsterbensproblematik

2.3.1 Definition der Regelgröße

Jeder Schutzwaldstandort verfügt über ein gewisses Ereignispotential von Massenbewegungen. Dieses Potential ist je nach dem zu betrachtenden Ereignis von einer Reihe gegebener Standortfaktoren abhängig. So sind bei Lawinen zum Beispiel die Hangneigung, die Meereshöhe, die Exposition und die Oberflächenrauhigkeit wichtige Faktoren. Bei Hochwasser kommt der geologischen und pedologischen Ausgangssituation, der Niederschlagshäufigkeitsverteilung und dergleichen große Bedeutung zu. Dem jeweils auftretenden Potential kann der Wald wirksame Widerstände entgegensetzen. Aus der Relation zwischen Potential und Widerstand resultiert ein mehr oder weniger labiler dynamischer Gleichgewichtszustand. Dieses Gleichgewicht wird im Regelkreismodell als Regelgröße definiert.

2.3.2 Problemfeld I: Quantifizierung der Störgröße Waldsterben

Wie stark das Gleichgewicht zwischen Widerstand und Potential beeinflußt wird, hängt von der Intensität des künftigen Waldschadenverlaufs ab. Aus diesem Grund kommt der Abschätzung der Störgröße Waldsterben und ihrer Untersuchung eine entscheidende Rolle zu. Grundsätzlich bieten sich eine Reihe von Methoden an, verschiedene Waldschadenverlaufsvarianten zu erzeugen. Diese reichen von einfachen Annahmen (DAV, 1985) über Expertenbefragungen und -gespräche (EWERS, H.-J., JAHN, A., 1985) bis zu Simulationsmodellen (GROSSMANN, W. D. et al., 1983). Letztlich sind jedoch die Wirkungszusammenhänge im einzelnen unbekannt, da die Ursachenforschung zum Waldsterben bisher keine eindeutigen Erkenntnisse liefern konnte. Aus diesem Grund sind die Ergebnisse über Schadensmerkmale mit einem hohen Grad an Unsicherheit belastet. Die entwickelten Schadenverläufe sind daher nicht als Prognosen zu verstehen. Sie bilden vielmehr die Eingangswerte für Szenarien. Es wird eine Antwort gesucht, welche Auswirkungen des Waldsterbens unter der Annahme verschiedener Schadenverlaufsvarianten zu erwarten sind.

Um Annahmen hoher Plausibilität zu erzeugen, wurde im Rahmen dieser Arbeit eine standardisierte Expertenbefragung durchgeführt. Sie lieferte Annahmen über den möglichen Verlauf der Waldschäden im bayerischen Alpenraum (siehe drittes Kapitel).

2.3.3 Problemfeld II: Erfassung des Status quo und die durch das Waldsterben ausgelöste Verschiebung des Fließgleichgewichts

Um den Einfluß der Störgröße Waldsterben auf den Gleichgewichtszustand des Systems beurteilen zu können, ist es notwendig, sowohl das Potential für bestimmte Massenverlagerungsereignisse abzuschätzen, als auch die Fähigkeit des Schutzwaldes zu erfassen, vor diesen Ereignissen zu bewahren. Das Problemfeld umfaßt somit den Bereich der Datengewinnung für beide Ausgangsgrößen. Das Grundproblem in diesem Zusammenhang besteht darin, geeignete Kriterien für die Analyse auszuwählen sowie die ausgewählten Kriterien zu aggregieren.

Bei diesem Vorgehen stellt sich grundsätzlich die Frage nach der Validität der erhobenen Daten und deren Verknüpfung. Die Validität ist davon abhängig, inwieweit erhobene Daten bzw. das durch Aggregation entwickelte Meßinstrument das beschreiben, was man unter dem Sachverhalt der zu messenden Eigenschaft versteht (RÖNSCH, H. D., 1978).

Weitere Probleme sind die unterschiedlichen Meßniveaus einzelner Parameter. Je nach Art und Zuordnung von Zahlen zu Objekten unterscheidet man vier Skalentypen oder Meßniveaus. Dies sind:

– Nominalskalen
– Ordinalskalen
– Intervallskalen
– Verhältnisskalen

Die beiden letztgenannten werden als Kardinalskalen zusammengefaßt (BACHFISCHER, R., 1978, ZANGEMEISTER, C., 1973).

Die Voraussetzung zur Erfassung des Gleichgewichtszustandes zwischen dem Ereignispotential des Standorts und dem Widerstand durch den Schutzwald bildet also letztlich eine Modellvorstellung, die versucht, zur Darstellung dieses Zustandes geeignete Parameter auszuwählen und zu verknüpfen.

Aufbauend auf diese Analyse ist es möglich, den Einfluß der Störgröße Waldsterben auf die Bestandesoberschicht abzuschätzen.

2.3.4 Problemfeld III: Erfassung der resultierenden Verminderung der Schutzleistung und Entwicklung von Ereignisprognosen

Zu den Aufgaben des Reglers gehört es, zunächst einen Vergleich zwischen Ist- und Sollwert durchzuführen. Der Sollwert entspricht im vorliegenden Fall dem Wert des Status quo, also dem Zustand des Schutzwaldes ohne Einflüsse des Waldsterbens. Mit zunehmender Abweichung des Istwerts vom Sollwert kann angenommen werden, daß bestimmte Ereignisse neu, häufiger und/oder intensiver auftreten. Zum Beispiel können bei Erweiterung vorhandener Lawinenanrißgebiete intensivere Ereignisse stattfinden bzw. neue Anrißgebiete entstehen (AMMER, U., 1986). Bei Hochwasserereignissen kann damit gerechnet werden, daß diese häufiger auftreten. Das maximale Ausmaß der Ereignisse wird dabei vom Standortpotential gesteuert. Ein Hauptproblem, das sich in diesem Zusammenhang stellt, ist die Definition von Schwellenwerten für bestimmte Ereignisse.

Da ein Teil der möglichen Ereignisse spontan auftritt, besteht die Möglichkeit, die Erkenntnisse der Katastrophentheorie auf diese Phänomene anzuwenden.

Die prognostizierten Ereignisse dienen zur Herleitung von Bewertungseingangsgrößen, zeigen jedoch auch auf, welcher Handlungsbedarf zur Abwehr der entstehenden Gefahrensituationen besteht.

2.3.5 Problemfeld IV: Bewertung der resultierenden Zustände

Das Grundproblem für die Bewertung der resultierenden Zustände liegt darin, daß für die Schutzleistungen eines Schutzwaldes kein Marktpreis besteht. Bei Schutzleistungen handelt es sich um ein typisch „öffentliches Gut". Für diese Güter existiert kein Marktpreis, daher ist es notwendig, für die Bewertung sogenannte „Schattenpreise" zu suchen (ALTWEGG-ARTZ, D., 1987).

Methodisch stehen eine Reihe von Verfahren zur Verfügung, um derartige Schattenpreise herzuleiten. Folgende drei Bewertungsansätze scheinen hier brauchbar zu sein:

1. Der Wiederherstellungskostenansatz

Die prognostizierten Massenbewegungsereignisse können zu Schäden am Hang und im Talraum führen. Diese Schäden werden beseitigt (Reparatur von Gebäuden und Straßen, Beseitigung von Lawinenschnee, etc.) und der Zustand vor Eintritt der Schadensereignisse wiederhergestellt. Die Kosten dieser Maßnahmen sowie die Höhe der Schäden können als Indikator der durch das Waldsterben bedingten Folgen betrachtet werden.

2. Die Differenzwertmethode

Der Differenzwert eines Gutes oder einer Dienstleistung kann definiert werden als der Unterschied im Wert dieses Gutes mit und ohne Beeinträchtigung (siehe auch Kroth, W., Barthelheimer, P., 1984). Der Wert eines Objektes, der durch den Schutzwald geschützt wird, ist die Basis für die Anwendung dieser Methode. Ein durch das Waldsterben bedingtes Schadensereignis kann den Wert dieses Objektes vermindern (Straßensperren, Gefährdung von Bauland). Die sich ergebende Wertdifferenz repräsentiert den Wertverlust der betroffenen Objekte.

3. Der Ersatzkostenansatz

Unterstellt wird hier, daß die Schutzfähigkeit von Wäldern aufgrund des Waldsterbens so geschwächt ist, daß sie nicht wiederhergestellt werden kann. Die Kosten für die dann notwendigen biologisch-technischen Verbauungen werden als Indikator für die durch das Waldsterben bedingten Folgen gedeutet.

2.3.6 Problemfeld V: Erfassung möglicher Folgevegetationszustände

Die Intensität der Maßnahmen, mit denen die Auswirkungen des Waldsterbens kompensiert werden sollen, wird in hohem Maße von der sich nach Absterben des Waldes einstellenden Folgevegetation beeinflußt. Dies wird bei der Betrachtung der natürlichen unbeeinflußten Systemreaktion deutlich. Bei der Entwicklung von Naturwäldern können nach Mayer, H. (1976) folgende Phasen unterschieden werden:

– Verjüngungsphase
– Initialphase
– Optimalphase
– Terminalphase
– Zerfallsphase

Überträgt man diese Erkenntnisse auf den Schutzwald, lassen sich für dessen Schutzfähigkeit in den einzelnen Phasen Anhaltspunkte finden (siehe auch viertes Kapitel „Der Wald als Lawinenschutz"). Während der Optimalphase (geschlossenes Kronendach) ist eine maximale Schutzfähigkeit des Systems gewährleistet. Diese Fähigkeit nimmt mit zunehmender Auflösung der Bestandesstruktur in der Terminal- und Zerfallsphase ab. Im Bestand entstehen Lücken, die nicht mehr geschlossen werden können. Während der Verjüngungs- und Initialphase werden die entstandenen Lücken wieder geschlossen. Die Schutzfähigkeit nimmt zu. Durch das Verjüngungspotential wird eine dynamische ineinandergreifende Phasenentwicklung gewährleistet. Da im Naturwaldsystem die Phasen kleinflächig ineinandergreifen, sind Bereiche geringer Schutzfähigkeit größerer Ausdehnung selten (Ausnahmen: Sturmwurfflächen, Insektenkalamitäten).

Bedingt durch das Waldsterben besteht jedoch die Gefahr, daß es zu einer Ausweitung der Bestandeslücken und zu Blößenbildung kommt, an das Verjüngungspotential werden höhere Anforderungen gestellt. Umfangreiche Untersuchungen im bayerischen Alpenraum durch BURSCHEL, LÖW und METTIN (1977), ebenso durch SCHREYER und RAUSCH (1978), haben gezeigt, daß die Gebirgswälder ein hohes Maß an Verjüngungsbereitschaft aufweisen. Es ist davon auszugehen, daß diese Verjüngungsfähigkeit durch das Waldsterben bislang nur unwesentlich beeinflußt wurde. Auf das Verjüngungspotential wirken jedoch gegenwärtig eine Reihe von Faktoren ein, die je nach Intensität ihres Auftretens zu unterschiedlichen Stufen der Degradation führen. Eine natürliche Systemreaktion und -regeneration wird behindert, teilweise unterbunden.

Der Abschätzung der zukünftigen Entwicklung der Verjüngungssituation sollte dabei große Aufmerksamkeit geschenkt werden, da von dieser Entwicklung ein großer Teil möglicher Auswirkungen und der Umfang notwendiger Maßnahmen beeinflußt wird (JOBST, E., KARL, J., 1984).

In Abbildung 3 sind die hauptsächlichen Einflußfaktoren vorgetragen, die gegenwärtig die Verjüngung im Bergwald nachhaltig beeinträchtigen: Das Wild, die Waldweide, Schneekriech- bzw. -gleitprozesse und Schäden an der Verjüngung durch das Waldsterben. Unter Berücksichtigung dieser Faktoren werden in der Darstellung fünf verschiedene Formen der Folgevegetation unterschieden. Der Versuch einer näheren Abschätzung der Entwicklung ist im sechsten Kapitel dargestellt.

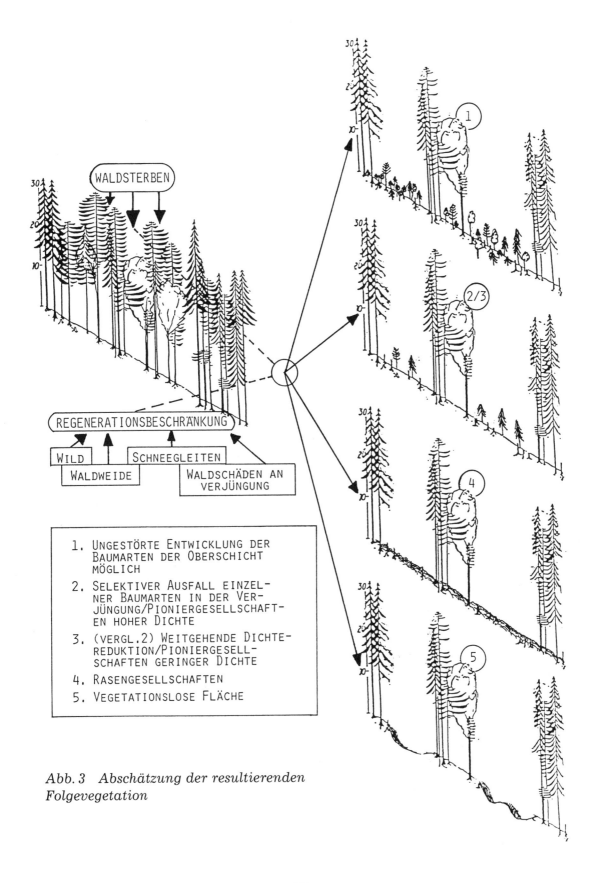

Abb. 3 Abschätzung der resultierenden Folgevegetation

2.3.7 Problemfeld VI: Forstpolitische Konsequenzen

Für forstpolitische Maßnahmen können im Modell drei Ansatzpunkte identifiziert werden. Der eine besteht darin, die Störgröße Waldsterben auszuschalten, das heißt auf eine drastische Reduzierung der Luftverschmutzung hinzuwirken, die in wohl entscheidendem Maße für die Walderkrankung verantwortlich ist. Ein zweiter Ansatzpunkt liegt in der Unterstützung von Maßnahmen zur Verjüngung geschädigter Wälder. Das bedeutet, alle Faktoren zu minimieren, die der Regeneration im Wege stehen, wie überhöhte Wildbestände, Waldweide, Schneegleiten. Ein dritter Ansatzpunkt beinhaltet eine raumordnerische Komponente. Die Katastrophen im Veltlintal 1987 zeigten einmal mehr, daß in der Vergangenheit Bereiche besiedelt wurden, die potentiell verschiedenen Gefahren ausgesetzt sind. Im bayerischen Alpenraum lassen sich, trotz verschärfter Bauvorschriften, ähnliche Phänomene beobachten. Eine Möglichkeit, derartige Fehlplanungen für die Zukunft zu verhindern, liegt in der Durchführung einer verbindlichen Gefahrenzonenkartierung nach Schweizer bzw. Österreichischem Vorbild. Die Forstpolitik könnte zusammen mit der Wasserwirtschaft ein solches Vorgehen initiieren.

2.3.8 Vom Prinzip der Regelung zum Prinzip der Steuerung

Bedingt durch mögliche Absterbeprozesse sowie durch die massive Störung der natürlichen Regeneration verliert der Schutzwald langfristig seine Fähigkeit zum Schutz, wenn keine Maßnahmen getroffen werden. Der natürlich geregelte Kreislauf wird durchbrochen. Soll ein Schutz gewährleistet werden, der dem zuvor durch den Schutzwald gegebenen vergleichbar ist, sind auf vielen Flächen technische oder biologisch-technische Maßnahmen notwendig. Ein derartiges künstliches, anthropogen gesteuertes System verliert die Fähigkeit zur Selbstregulation. Eine Nachhaltigkeit dieses Schutzes kann nur gewährleistet werden, wenn ein permanenter Energie-Input in das System erfolgt. Das System muß überwacht und gesteuert werden.

2.4 Die Theorie der unscharfen Mengen als Grundlage der Modellentwicklung

2.4.1 Einführungsbeispiel

Artikel 10 des Bayerischen Waldgesetzes definiert in Absatz 1 und 2 den Begriff Schutzwald. In Absatz 1, Satz 1 wird der permanent unbedingte, in Absatz 1, Satz 2 der permanent bedingte Schutzwald definiert. Um,

wie in Absatz 3 gefordert, Verzeichnisse anlegen zu können, war es notwendig, die genannten Kriterien für Schutzwald im einzelnen festzulegen. Dies geschah anhand eines Kriterienschlüssels (ZERLE, A., HEIN, W., STÖCKEL, H., 1985). Die Betrachtung des Kriterienschlüssels zeigt, daß in Bereichen, in denen keine objektiv meßbaren Kriterien vorliegen, die gutachtliche Entscheidung des Kartierers ausschlaggebend ist, ob es sich bei einem Waldstück um Schutzwald handelt oder nicht. Aus diesem Vorgehen resultiert eine scharfe Klassifikation der Menge aller Wälder in zwei Klassen: Schutzwälder und Nicht-Schutzwälder.
Formal läßt sich diese Klassifikation wie folgt darstellen:

$\sigma: x \rightarrow (0,1)$

Ein Waldstück x wird nach dieser Funktion σ entweder der Klasse der Schutzwälder (1) zugeordnet oder nicht (0).

Der Übergang zwischen beiden Klassen ist abrupt, obwohl die Ausscheidungskriterien eine derartige scharfe Trennung eigentlich nicht zulassen. So werden Begriffe mit eindeutig unscharfem Charakter verwendet wie zum Beispiel „hauptsächlich", „häufig", „besonders" oder „nicht sehr exponierte Lagen". Die scharfe Zuordnung erfolgt somit in vielen Fällen auf der Basis unscharf definierter Kriterien. Die Grenzziehung ist statischer Natur, da nach der Klassifikation ein immenser Informationsverlust eintritt, vor allem bei solchen Wäldern, die der Klasse der Nicht-Schutzwälder zugeordnet wurden. Wir treffen hier auf ein tückisches Problem binärer Logik.

Die Theorie der unscharfen Mengen oder Fuzzy-sets beruht auf folgendem einfachen Prinzip: Die genannte Funktion σ wird durch eine sogenannte „Zugehörigkeitsfunktion" μ ersetzt.

Die Funktion lautet:

$\mu: x \rightarrow [0,1]$

Die Zugehörigkeitsfunktion nimmt also Werte zwischen 0 und 1 an und nicht nur die Werte 0 oder 1. Die scharfen Klassen werden aufgelöst. Für das genannte Beispiel ergibt sich, daß für jeden Wald, der durch eine Zugehörigkeitsfunktion definiert ist, ein Wertepaar resultiert, wobei die Zugehörigkeitsfunktion den Grad der Mitgliedschaft in der Klasse der Schutzwälder angibt. Die scharfe Trennung wird aufgegeben, der Übergang wird fließend. Die Klassifikation entspricht eher den Verhältnissen, die in natürlichen Systemen angetroffen werden. Die Natur kennt keine scharfen Grenzen, es gibt lediglich Übergänge, Unklarheit, Zweideutigkeit und Verallgemeinerungen (VESTER, F., 1980 b).

Anhand eines Beispiels aus dem Bereich der Schutzwälder, mit denen sich die vorliegende Arbeit in erster Linie beschäftigt, wird die Theorie der unscharfen Mengen im folgenden näher erläutert. Auf eine ausführliche Darstellung der theoretischen und mathematischen Grundlagen wird hier verzichtet und auf die einschlägige Literatur im Literaturverzeichnis verwiesen. Eine gute Zusammenfassung findet sich bei KAUFFMANN (1975).

2.4.2 Die Theorie der unscharfen Mengen

Die Theorie der unscharfen Mengen geht auf den Systemtheoretiker ZADEH (1965) zurück. Der einfache und daher so plausible Grundgedanke der Theorie besteht darin, die Zugehörigkeit eines Gegenstandes oder einer Person zu einer Menge graduell anzugeben. Die Unsicherheit, die Vagheit und die daraus resultierende Abstufung der Zugehörigkeit werden dabei gezielt berücksichtigt (WAHLSTER, W., 1977). In vielen Gebieten der Wissenschaft und Technik, beispielsweise in der Informationstheorie, Klassifikation, Mustererkennung, Entscheidungsfindung oder bei der Konstruktion von Regelsystemen, gibt es Situationen, in denen die Bedingungen der Aufgabe oder die zu untersuchenden Objekte und Ziele nicht genau beschrieben werden können. Die Ungenauigkeit und Unsicherheit wird durch das Vorhandensein zufälliger Größen oder die Unkenntnis der Systemstruktur hervorgerufen (KUMMER, B., STRAUBE, B., 1977).

Ein Teil der Probleme kann mit Hilfe von wahrscheinlichkeitstheoretischen Überlegungen gelöst werden. Voraussetzung sind jedoch das Vorliegen von Massenerscheinungen und stationären Zuständen. In realen Situationen außerhalb von Labors, und vor allem beim Umgang mit natürlichen Systemen, sind diese Bedingungen nicht erfüllt. Die Theorie der unscharfen Mengen stellt einen Versuch dar, diese Unbestimmtheit zu erfassen, die Black Box in eine Grey Box zu verwandeln (VESTER, F., 1980 a).

Die im folgenden vorgestellten Definitionen sind der Dissertation von SCHWAB (1983) entlehnt.

Hiernach besteht eine unscharfe Menge U aus geordneten Wertepaaren:

$$U = \{(x, \mu_u(x)) / x \in X\}$$

wobei $\mu_u(x)$ den Grad der Zugehörigkeit von x zur unscharfen Menge U angibt. $\mu_u : X [0,1]$ heißt Zugehörigkeitsfunktion. Mit Hilfe dieser Funktion wird allen x auf der Menge X ein Wert aus dem Intervall zwischen 0 und 1 zugeordnet.

Im Kriterienschlüssel zur Ausscheidung von Lawinenschutzwäldern werden in Bayern fünf Kriterien aufgeführt. Es sind dies:

– die Hangneigung
– die Hanglänge

- die Oberflächenrauhigkeit
- die Meereshöhe
- Flächen im Umfeld vorhandener Lawinenbahnen

(ZERLE, A., HEIN, W., STÖCKEL, H., 1985).

Zieht man beispielsweise für die Ausscheidung des Lawinenschutzwaldes das Kriterium Hangneigung heran, könnte eine hier willkürlich gewählte Zugehörigkeitsfunktion

$$\mu_L(x) \begin{cases} 0 & \text{für } x \leq 15° \\ -0.00007x^3 + 0.00667x^2 - 0.15x + 1 & \text{für } 15° < x \leq 45° \\ 1 & \text{für } x > 45° \end{cases}$$

der Hangneigung Zugehörigkeitswerte zur unscharfen Menge der Lawinenschutzwälder (L) zuweisen. Für einen Hang mit der Hangneigung von 30 Grad ergäbe sich ein Zugehörigkeitswert von 0.5, bei 35 Grad von 0.74 und bei 45 Grad ein Wert von 1. Durch Einfügen einer weiteren Funktion könnte auch zum Beispiel berücksichtigt werden, daß ab Hangneigungen von 55 Grad die Lawinengefahr wieder abnimmt (vgl. viertes Kapitel).

Liegen, wie bei der Ausscheidung von Lawinenschutzwäldern, mehrere Indikatoren vor, um die Klassifikation durchzuführen, treten grundsätzlich vier Probleme auf:

- die Auswahl der Indikatoren
- die Festlegung der Indikatorenausprägung
- die Gewichtung der Indikatoren
- die Verknüpfung der Indikatoren

Von der Auswahl geeigneter Indikatoren für die Erfassung eines Objektes hängt in den meisten Fällen die Brauchbarkeit von Meß- und Bewertungsinstrumenten ab (Problem der Validität). Im nächsten Schritt müssen die jeweiligen Indikationsausprägungen nach Möglichkeit so festgelegt werden, daß verschiedene Indikatoren miteinander vergleichbar sind. Bei der anschließenden Verknüpfung der Indikatoren und einer hierbei zu berücksichtigenden Gewichtung werden die Indikatoren auf die Merkmalsausprägung des Objektes abgebildet.

Die gleichen Probleme treten auch bei der Anwendung der unscharfen Mengen auf, die können jedoch teilweise einfacher und eleganter gelöst werden.

Das Problem der Indikatorenauswahl bleibt grundsätzlich auch bei der Anwendung der unscharfen Mengen bestehen. Es können jedoch auch Indikatoren hinzugezogen werden, die teilweise linguistischer Natur sind, also nur durch Worte ausdrückbare Daten darstellen (VESTER, F., 1980a).

Für das Beispiel der Schutzwaldausscheidung in Lawinenschutzwäldern ohne Lawinenbahnen werden die vier Kriterien Hangneigung, Hanglänge, Meereshöhe und Oberflächenrauhigkeit berücksichtigt. Die Hanglänge und die Oberflächenrauhigkeit sind lediglich verbal deskriptiv festgelegt, die Hangneigung und Meereshöhe dagegen quantitativ. Abbildung 4 zeigt den Versuch, für diese Kriterien Zugehörigkeitsfunk-

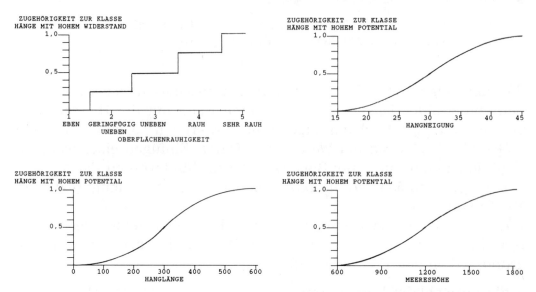

Abb. 4 Zugehörigkeitsfunktionen für die Indikatoren Hangneigung, Hanglänge, Meereshöhe und Oberflächenrauhigkeit

tionen bzw. -werte aufzustellen. Formal sind dabei die Zugehörigkeitswerte, die sich aus den jeweiligen Ausprägungen der Hangneigung, der Meereshöhe und der Hanglänge ergeben, der Klasse von Hängen mit hohem Lawinenpotential, die Oberflächenrauhigkeit der Klasse mit der Eigenschaft hoher Widerstand zugeordnet.

Auf eine Einbeziehung weiterer Kriterien (Exposition, Hangform) wird hier aus Gründen der Übersichtlichkeit verzichtet, da an dieser Stelle lediglich das Konzept der unscharfen Mengen vorgestellt werden soll.

Die Wahl der Zugehörigkeitsfunktionen stellt ein Problem von herausragender Bedeutung dar. Nach SCHWAB (1983) wird das Problem häufig dadurch umgangen, daß entweder die Wahl offen bleibt oder von einer gegebenen Zugehörigkeitsfunktion ausgegangen wird, ohne dafür eine Begründung anzuführen. Deren praktischer Nutzen wird somit nicht unerheblich eingeschränkt.

Eine Möglichkeit hier Zugehörigkeitswerte festzulegen liegt in der Befragung von Experten. Ein Fachmann ist jedoch häufig überfordert, wenn er dieses Bewertungsproblem für alle Kriterien intuitiv lösen soll. Die Aufspaltung des Problems in die Bewertung zunächst der einzelnen Kriterien wirft weiterhin die Frage auf, ob der Experte auf dieser Stufe der Problemzerlegung nicht noch überfragt ist (SCHWAB, K. D., 1983).

Liegen die Kriterien auf kardinalem Niveau vor, zum Beispiel durch die Meereshöhe, ist damit zu rechnen, daß die Lawinengefährdung stetig ab einem gewissen festzulegenden Grenzwert zunimmt und ab einem oberen Grenzwert keine weitere merkliche Zunahme des Risikos festzustellen ist. In der Natur sind zwischen diesen Extremwerten fast immer stetige Übergänge feststellbar.

Geht man davon aus, daß ein Experte den unteren und den oberen Grenzwert jedes Kriteriums schätzen kann und zusätzlich den Wert, bei dem die Zugehörigkeit 0.5 beträgt, besteht die Möglichkeit, diese Punkte mit einer kubischen Spline-Funktion (Polynom 3. Grades) zu verbinden. Diese Funktion ist nicht nur stetig, sondern auch stetig differenzierbar und monoton; sie weist eine minimale Krümmung auf. Das Konzept hierzu wurde von SCHWAB (1983) entwickelt. Zur Herleitung dieser Spline-Funktionen formulierte er 8 Grundgleichungen mit 8 Unbekannten, um die Parameter der Funktionen zu berechnen. Es genügt dann, drei Werte festzulegen (x_O: Wert, bei dem Zugehörigkeit 0 ist, x_D: Wert, bei dem Zugehörigkeitswert 0.5 ist und x_M: Wert, bei dem Zugehörigkeit 1 ist), um Kurven, wie in Abbildung 4, zu erhalten.

Um die Anforderung der Monotonie zu erfüllen, darf x_D nicht beliebig zwischen x_O und x_M gewählt werden. SCHWAB (1983) gibt folgende Grenzen an, zwischen denen x_D liegen muß:

% von $|x_M - x_O|$ Zulässiger Bereich x_D 29,3% – 70,7%

Liegt zum Beispiel x_O bei 0 und x_M bei 2, kann x_D zwischen 0,6 und 1,4 gewählt werden, um der Anforderung der Monotonie zu genügen.

Mit Hilfe einer Spline-Funktion kann dann jeweils für beliebige Werte zwischen x_O und x_M die Zugehörigkeit berechnet werden. Wie aus Abbildung 4 hervorgeht, wurde x_D jeweils in der Mitte zwischen den Extremen gewählt. x_D wurde so festgelegt, daß zum Beispiel ab einer Hangneigung von 30 Grad die Zugehörigkeit 0.5 oder mehr beträgt.

Das zweite Problem nach Ableitung der Spline-Funktionen stellt sich in der Auswahl eines geeigneten Aggregationsoperators, um die einzelnen Zugehörigkeitsfunktionen zu einer einzigen zusammenzufassen, die Gesamtinformation also auf den Punkt zu bringen. An die jeweiligen Aggregationsoperatoren können unterschiedliche Rationalitätsanforderungen gestellt werden, denen die Verknüpfung genügen muß. Eine ausführliche Darstellung findet sich wiederum bei SCHWAB (1983). Von den ebenfalls bei ihm diskutierten Verknüpfungsoperatoren (0_m) werden in dieser Arbeit lediglich vier angewendet. Dies sind:

- der Minimumoperator $\quad O_m(\mu_1\ldots\mu_m) = \min(\mu_1\ldots\mu_m)$
- das arithmetische Mittel $\quad O_m(\mu_1\ldots\mu_m) = 1/m\mu_1 + \ldots + 1/m\mu_m$
- die algebraische Summe $\quad O_m(\mu_1\ldots\mu_m) = 1 - \prod_{j=1}^{m}(1-\mu_j)$
- das algebraische Produkt $\quad O_m(\mu_1\ldots\mu_m) = \mu_1 \times \ldots \times \mu_m$

Beim min-Operator geht jeweils der Wert bei der Zusammenfassung mehrerer Zugehörigkeitsfunktionen in die resultierende Funktion ein, die im Minimum steht, also die geringste Zugehörigkeit aufweist. Beim hier nicht vorgestellten max-Operator geht umgekehrt jeweils der im Maximum stehende Wert ein. Ist zum Beispiel die Oberflächenrauhigkeit sehr groß, eine Lawinengefährdung somit minimal, bedeutet dies, daß etwa eine Auflichtung des Bestandes nicht zu einer Erhöhung der Gefährdung führt. Diesen Anforderungen genügt der min-Operator.

Das arithmetische Mittel kann angewandt werden, wenn sich zwei Einflüsse derartig beeinflussen, daß das Ergebnis in der Mitte zwischen beiden Zugehörigkeitsfunktionen liegt. Dies ist zum Beispiel der Fall beim Einfluß von Meereshöhe und Exposition auf die Lawinengefährdung; der Mittelwert der Zugehörigkeiten entspricht einer resultierenden Zugehörigkeit zur Klasse der lawinengefährdeten Hänge. Bei der Verknüpfung besteht die Möglichkeit, die einzelnen Zugehörigkeitswerte zu gewichten.

Die dritte Verknüpfung ist die algebraische Summe. Sie entspricht mengentheoretisch einer Addition. Sie kann angewandt werden, wenn sich die Indikatoren komplementär zueinander verhalten. Dieser Fall liegt zum Beispiel vor, wenn man die Beeinträchtigung der Verjüngung durch Wildverbiß und das Schneegleiten betrachtet. Der Wildverbiß kann durch Verringerung des Höhenwachstums bzw. der Pflanzenzahl indirekt fördernd auf das Schneegleiten wirken. Die Wirkungen durch Reduktion der Pflanzenzahlen addieren sich jedoch nicht. Die Pflanzen, die durch Schneegleiten ausfallen, können naturgemäß nicht mehr verbissen werden.

Das algebraische Produkt wird gebildet, indem die jeweiligen Zugehörigkeitswerte der ausgeschiedenen Zugehörigkeitsfunktionen miteinander multipliziert werden. Diese Verknüpfung wird angewandt, wenn zwei Kriterien antagonistisch wirken. Geht man davon aus, daß das Schneegleitpotential durch Widerstände beeinflußt werden kann, resultiert ein Zustand verminderten Potentials entsprechend der Intensität der auftretenden Widerstände. Liegen zum Beispiel sehr hohe Widerstände vor, muß der resultierende Zugehörigkeitswert gering sein. Diesen Anforderungen entspricht das algebraische Produkt am besten.

Das Konzept der unscharfen Mengen und deren Verknüpfung fordert schließlich, daß die Verknüpfungen innerhalb des Intervalls [0,1] abgeschlossen sind. Es existiert also keine Zugehörigkeit >1 oder <0. Mit Ausnahme des min-Operators bilden die oben genannten Verknüpfungsoperatoren im Hinblick auf ihre algebraische Struktur eine Halbgruppe (KUMMER, B., STRAUBE, B., 1977).

Die für das Beispiel Lawinenschutzwaldausscheidung geschätzten Zugehörigkeitswerte sollen also mit den aufgeführten Operatoren verknüpft werden. Hierbei wird davon ausgegangen, daß die Lawinenbildung ab einer Höhe NN von 600 m auftritt. Das Lawinenpotential wird neben der Meereshöhe auch durch die Hangneigung und die Hanglänge bestimmt. Je steiler ein Hang, desto höher ist die Zugehörigkeit zur Klasse von Hängen mit hohem Lawinenpotential. Umgekehrt wird angenommen, daß die Zugehörigkeit zur Klasse Hänge mit hohem Widerstand nur durch die Oberflächenrauhigkeit festgelegt ist.

Für die Verknüpfung dieser Potentialparameter der Lawinengefährdung wurde ein gewogenes arithmetisches Mittel gewählt, die Zugehörigkeitswerte der Hangneigung stärker berücksichtigt. Diese Gewichtung entspricht den Ergebnissen von RINK (1979), die im vierten Kapitel vorliegen. Um beide (die Zugehörigkeitsfunktionen von Hängen mit hohem Lawinenpotential und Hängen mit hohem Widerstand) miteinander zu verknüpfen, eignet sich das algebraische Produkt. Hierbei muß jedoch der Widerstand dem Potential angepaßt werden. Die gewählten Verknüpfungen wurden mehr oder weniger willkürlich getroffen. Als Ergebnis resultiert eine Zugehörigkeitsfunktion (I), die etwa folgendes Aussehen hat (vgl. Abbildung 5):

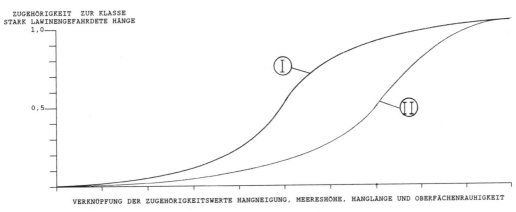

Abb. 5 Zugehörigkeitsfunktion: Stark lawinengefährdete Hänge

Es seien hier kurz drei Beispiele dargestellt:

	Hang 1	*Hang 2*	*Hang 3*
Hangneigung	30 Grad	40 Grad	20 Grad
Hanglänge	250 m	400 m	600 m
Höhe NN	1400 m	1000 m	1200 m
Oberflächenrauhigkeit	eben	leicht uneben	uneben

Bei Anwendung des entwickelten Konzeptes wurde für Hang 1 ein Zugehörigkeitswert von 0.5, für Hang 2 von 0.7 und für Hang 3 ein Wert von 0.2 ermittelt. Unter einem Übergangspunkt (Cross-over-point) versteht man den Wert, bei dem die Mitgliedschaft oder Zugehörigkeit von Faktorenausprägungen zur jeweiligen Klasse als markant angesehen wird. Legt man den Übergangspunkt bei 0.5 fest, kommt man zu dem Schluß, daß Hang 1 und Hang 2 zur Klasse der lawinengefährdeten Hänge gehören, Hang 3 dagegen aufgrund der geringen Zugehörigkeit dieser Klasse nicht angehört. Zwischen Hang 1 und Hang 2 besteht ein gradueller Unterschied, auf Hang 2 werden dabei an die Schutzfähigkeit eines Waldes höhere Anforderungen zu stellen sein. Grundsätzlich besteht die Möglichkeit, mit Hilfe eines derartigen Konzeptes mittels der Zugehörigkeitswerte eine Rangfolge lawinengefährdeter Hänge festzulegen.

Das gesamte Konzept ist relativ einfach zu handhaben. Die Berechnungen können computergestützt völlig problemlos durchgeführt werden. (Da keine Programmroutine zur Lösung des Gleichungssystems der Spline-Funktion zur Verfügung stand, wurde ein FORTRAN-Programm vom Verfasser entwickelt, das, basierend auf dem GAUSS'schen Algorithmus, das Gleichungssystem löst. Das Programm wird am Lehrstuhl für Forstpolitik und Forstgeschichte aufbewahrt und kann dort eingesehen werden.) Das entwickelte Modell kann zudem jederzeit erweitert, verfeinert und umgestaltet werden. Der Verlauf der Zugehörigkeitsfunktionen der Indikatoren für die Lawinengefahr kann, auch wenn neue wissenschaftliche Erkenntnisse vorliegen, angepaßt werden. Der Hauptvorteil dieses Verfahrens ist jedoch der geringe Informationsverlust gegenüber der Anwendung herkömmlicher Verfahren der Klassifikation von Lawinenhängen in solche mit und ohne Lawinengefahr.

Voraussetzung für die Anwendung des beschriebenen Verfahrens ist die Anlegung einer kleinen Datenbank. Die Daten können problemlos bei Geländebegehungen erhoben werden. Es besteht zudem die Möglichkeit, etwa die Hänge mit extremer Lawinengefährdung zu identifizieren. Dies kann nach ZADEH (1973) dadurch erreicht werden, daß die resultierenden Zugehörigkeitswerte mit sich selbst multipliziert eine neue Funktion ergeben, die die extremen Hänge erfaßt (der Wert 0.5 [gewählter Übergangspunkt] wird später erreicht [II]). Bezogen auf die Beispiele würde dies bedeuten, daß Hang 1 einen Zugehörigkeitswert zur Klasse der Hänge mit extremer Lawinengefährdung von 0.25, Hang 2 einen Zugehörigkeitswert von 0.5 aufweisen würde. Man bezeichnet diese Vorgehensweise als „linguistic approach".

Interpretiert man, was durchaus möglich ist, die Zugehörigkeitswerte als Wahrheitswerte, erhält man auch ein Maß über die Richtigkeit einer Aussage, nicht nur richtig oder falsch, sondern zum Beispiel sehr richtig, mehr oder weniger richtig, richtig, falsch, sehr falsch, etc. Die Übergänge sind fließend, nicht abrupt. Sie entsprechen eher der menschlichen Denkweise, frei nach dem Motto:

„The key elements of human thinking are not numbers, but labels of fuzzy sets"(ZADEH zitiert nach WAHLSTER, W., 1977).

Im folgenden werden Modellkonzepte auf der Basis der Theorie der unscharfen Mengen für die Bereiche Steinschlag (fünftes Kapitel) und zur Abschätzung der Folgevegetation (sechstes Kapitel „Einfaches Schätzverfahren zur Erfassung der resultierenden Folgevegetation nach Absterbeprozessen") vorgestellt.

3. Entwicklung von Schadenverlaufsvarianten des Waldsterbens für den bayerischen Alpenraum

3.1 Problemstellung

Die künftige Entwicklung des Waldsterbens spielt eine zentrale Rolle bei der Abschätzung von möglichen Auswirkungen und ihrer Bewertung. Aufgrund des hohen Komplexitätsgrades der maßgeblichen Wirkungszusammenhänge des Waldsterbens sind Prognosen des Waldzustandes in den nächsten Jahrzehnten nicht möglich (EWERS, H. J., JAHN, A., 1985). Die fehlende Erfahrung gegenüber der Erkrankung und die Ungewißheit der möglichen Wirkungen von Gegenmaßnahmen (OTT, W., 1984) sind weitere Gründe, daß Prognosen im Sinne einer rational abgeleiteten Vorhersage nicht aufgestellt werden können. KROTH (1987 b) charakterisiert diese Situation treffend als „objektive Unsicherheit".

Um diese Unsicherheit zu überbrücken und alternative Zukunftsbilder zu entwickeln, werden häufig Expertenmeinungen herangezogen, da angenommen wird, daß Spezialisten aufgrund profunder Kenntnisse der gegenwärtigen Situation zu einer Einschätzung möglicher Entwicklungen befähigt sind. Mit Hilfe solcher Einschätzungen können Szenarien entwickelt werden, die mögliche Entwicklungen und Zukunftsbilder des Waldzustandes beschreiben. Zweck solcher Szenarien ist die Entwicklung einer quantitativen Basis für die Störgröße Waldsterben. Auf dieser Grundlage wird die Möglichkeit geschaffen, eine Vorstellung über denkbare Auswirkungen und Schadensmaße zu gewinnen. Gegenmaßnahmen können für den Einzelfall vorgeschlagen werden, um die zu erwartenden Effekte rechtzeitig abzufangen.

3.2 Auswahl der Methode, Durchführung und Durchführungsbedingungen der Expertenbefragung

Für die Entwicklung von Szenariovarianten des Waldsterbens stehen verschiedene Verfahren zur Verfügung. Diese reichen von einfachen Annahmen bis hin zu komplexen Simulationsmodellen. Im Rahmen dieser Arbeit fiel die Auswahl auf eine standardisierte Expertenbefragung. Eine Diskussion verschiedener Methoden findet sich bei SUDA und GUNDERMANN (1986).

3.2.1 Methodenauswahl und Probleme

Die Expertenbefragung stellt einen Spezialfall einer allgemeinen Befragung dar. Im Gegensatz zu allgemeinen Befragungen interessieren weniger die Erkenntnisse über die Grundgesamtheit als vielmehr die Antworten auf fachlich nur schwer zu beantwortende Fragen.

Die Methode und die Probleme einer Expertenbefragung sind bei GUNDERMANN (1978) ausführlich dargestellt und sollen hier nur in komprimierter Form bei der Beschreibung der Durchführungsbedingungen für die Expertenbefragung besprochen werden.

3.2.2 Durchführung der Expertenbefragung

3.2.2.1 Expertenauswahl

Bei der Durchführung von Befragungen stellt sich grundsätzlich die Frage, wer an der Untersuchung teilnehmen soll. Ein weiteres, eher statistisches Problem ergibt sich bei der Festlegung der Anzahl der Teilnehmer an der Befragung. Für die hier auftretende Fragestellung erschien es sinnvoll, Wissenschaftler aus dem Bereich der Waldschadensforschung und Praktiker, die für die Bewirtschaftung bayerischer Gebirgswälder zuständig sind, zu befragen. Somit wurden zwei Spezialistengruppen befragt, die grundsätzlich das Problem aus verschiedenen Positionen heraus betrachten. Die Zahl der Teilnehmer sollte mindestens 30 auswertbare Fragebögen liefern. Da bei derartigen Untersuchungen (hypothetischer Charakter der Fragen) das Echo relativ gering ist, eine Erweiterung des Teilnehmerkreises bei zu geringem Rücklauf jedoch vermieden werden sollte, wurde die Teilnehmerzahl auf circa 100 festgelegt.

Auswahl der wissenschaftlichen Experten

Der Umweltforschungskatalog 1983 (ANONYMUS, 1985) enthält circa 4100 Forschungs- und Entwicklungsvorhaben, die nach dem 1. 1. 1981 beginnen oder enden. Im Stichwortverzeichnis sind zum Thema Waldsterben 249 Forschungsprojekte aufgeführt. Anhand der Kurzbeschreibung jedes Projektes wurden diejenigen ausgewählt, die den Themenkreisen Waldschadensinventur, Ursachenforschung, Folgen des Waldsterbens bzw. Waldschadensbewertung zugeordnet werden konnten. Als Experten wurden die jeweiligen Leiter der Forschungsprojekte ausgewählt. Diese Art der Auswahl wirft folgende Probleme auf:

– Die Expertenauswahl erfolgt indirekt über die von den Experten geleiteten Forschungsprojekte.

- Die Vollständigkeit der im Umweltforschungskatalog 1983 aufgeführten Forschungsprojekte zum Themenkreis Waldsterben konnte nicht hinreichend überprüft werden. Durch die Tatsache, daß der Umweltforschungsbericht 1983 den Stand Ende 1983/Anfang 1984 erfaßt, bestand die Möglichkeit, daß Experten, die neuere Projekte betreuen, nicht berücksichtigt werden konnten.

Um diese indirekte Auswahl zu überprüfen, sollte im Fragebogen eine Selbsteinschätzung der Kompetenz durch die Sachverständigen vorgenommen werden. Ferner wurde sie zur Bestätigung der Auswahl anhand von Veröffentlichungen der Jahre 1983, 1984 bis Mai 1985 in Fachzeitschriften vom Verfasser überprüft, gegebenenfalls verringert bzw. erweitert.

Auswahl der Praktiker

Bei der Auswahl wurden alle Leiter bayerischer Forstämter berücksichtigt, die mit der Bewirtschaftung von Wäldern im bayerischen Alpenraum (inclusive Saalforstämter) beauftragt sind. Es kann davon ausgegangen werden, daß dieser Teilnehmerkreis über genaue Kenntnisse der Situation vor Ort verfügt und daher zu Aussagen über mögliche Entwicklungen in der Lage ist.

Auswahl weiterer Experten

Als weitere Experten zum Thema wurden die Mitglieder des in Bayern seit 1984 bestehenden Szenario-Arbeitskreises Waldsterben bei der Auswahl berücksichtigt, sofern diese nicht durch andere Auswahlmodi erfaßt wurden.

1984 schlossen sich eine Reihe von forst- und holzwirtschaftlichen Verbänden zur „Aktionsgemeinschaft gegen das Waldsterben" zusammen. Da davon ausgegangen werden konnte, daß sich diese Gruppen ebenfalls mit dem Waldsterben intensiv auseinandergesetzt haben, wurden die Vorsitzenden der einzelnen Verbände auch noch in die Auswahl einbezogen.

Anhand der beschriebenen Auswahlkriterien wurden 107 Experten für die Teilnahme an der Befragung bestimmt.

3.2.3 Erstellung des Fragebogens

Anhand der Expertenbefragung sollten Antworten zu folgenden Fragen gefunden werden:
- Wie könnten sich die Waldschäden im bayerischen Alpenraum entwickeln, wenn man von einer optimistischen, mittleren und pessimistischen Schadenverlaufsvariante ausgeht?

Um diese Frage zu klären, wurden zunächst in einen Fragebogen (Anhang 1) drei Balkendiagramme untereinander vorgetragen und im obersten Balken die Ergebnisse der Waldschadensinventur 1984 eingezeichnet. Diese dienten als Basis für die von den Sachverständigen erbetene Schätzung. Diese Vorgehensweise erschien angebracht, da von den Experten ein direkter Vergleich der Varianten vorgenommen werden sollte. Die Einzelschätzungen sollten für einen Zeitraum von insgesamt 25 Jahren abgegeben werden, indem in die Balkendiagramme für die Jahre 1989, 1994, 1999 und 2004 die Anteile der Schadensklassen (0 bis 4) einer fiktiven Waldschadensinventur eingetragen werden sollten. Die Frage wurde auf Bestände, die älter als 60 Jahre sind, beschränkt, da in jüngeren Beständen bis zum Jahr 1984 nur wenige Schäden beobachtet wurden und diese im Alpenraum einen relativ geringen Flächenanteil (circa 25 Prozent) besitzen.

– Für wie wahrscheinlich halten die Experten die Eintrittswahrscheinlichkeit der drei Varianten?

Mit Hilfe dieser Frage sollte untersucht werden, welcher Variante die höchste Eintrittswahrscheinlichkeit zugeordnet wird, und ob die Experten die zukünftige Entwicklung eher optimistisch oder pessimistisch einschätzen. Die Summe aller drei Varianten sollte 100 Prozent betragen. Die Wahrscheinlichkeit für die einzelnen Varianten sollte in Prozentstufen geschätzt werden.

– Treten in der Zukunft auch Schäden in der I. Altersklasse auf?

Als Basis für einen möglichen Schadensverlauf in der I. Altersklasse wurden wiederum die Ergebnisse der Waldschadensinventur 1984 in den Fragebogen eingearbeitet. Die Experten sollten jedoch lediglich das durchschnittliche jährliche Ausfallprozent in der I. Altersklasse, das ausschließlich auf das Waldsterben zurückzuführen ist, für den Untersuchungszeitraum im fünfjährigen Turnus schätzen.

– Halten sich die Experten gegenüber der aufgeworfenen Fragestellung für kompetent?

Anhand einer fünfstufigen Skala (sehr kompetent – nicht kompetent) wurden die Experten aufgefordert, ihre Kompetenz gegenüber der im Fragebogen aufgeworfenen Fragestellung selbst einzuschätzen. Mit einer solchen Vorgehensweise sind eine Reihe von Problemen verbunden (GUNDERMANN, E., 1978), auf die hier nicht näher eingegangen werden kann. Im allgemeinen wird davon ausgegangen, daß mit steigender durchschnittlicher Selbsteinschätzung der Gruppenirrtum geringer wird und somit der Mittelwert dem wahren Wert näher kommt (GUNDERMANN, E., 1978). Grundsätzlich sollte die Hypothese untersucht werden, ob Experten hoher Selbsteinschätzung anders urteilen als solche mit geringer.

3.3 Durchführung der Befragung

Die schriftliche Befragung anhand des standardisierten Fragebogens fand im Mai 1985 statt. Dem Fragebogen wurde ein Begleitbrief beigefügt (Anhang 2), in dem die Zielsetzung der Befragung erläutert wurde. Die Sachverständigen wurden gebeten, den ausgefüllten Fragebogen binnen vier Wochen zurückzuschicken.

3.3.1 Rücklaufquote

Von den insgesamt 107 angeschriebenen Experten reagierten 77 (72 Prozent), von denen jedoch zwanzig sich außerstande sahen, den Fragebogen zu beantworten. Als Gründe für die Nichtbeantwortung wurden angegeben:

– fehlende Kenntnis der Situation im Alpenraum (9)
– keine Kompetenz (8)
– Fragebogen wissenschaftlich nicht haltbar (2)
– ohne Angabe von Gründen (1)

Somit reduzierte sich die Anzahl der auswertbaren Fragebögen auf 57. Dies entspricht einem Anteil von 53 Prozent der versandten Fragebögen. 47 Prozent wurden von der Gruppe Praktiker (und Sonstige), 53 Prozent der Gruppe Wissenschaftler zugeordnet. Die Unterscheidung bot die Möglichkeit, beide Gruppen miteinander zu vergleichen. Praktiker beantworteten den Fragebogen häufiger als Wissenschaftler.

Bei der Komplexität der Fragestellung ist die Rücklaufquote als hoch einzustufen.

3.4 Ergebnisse der Expertenbefragung

3.4.1 Vorbemerkung

Da für die Jahre 1984–2009 nach Werten einer fiktiven Waldschadensinventur gefragt wurde, charakterisieren die Ergebnisse lediglich den Schadenszustand in den vorgegebenen Stichjahren. Da mit Entnahme von geschädigten Bäumen bzw. mit natürlichem Ausfall abgestorbener Individuen gerechnet werden muß, können die Ergebnisse nicht als Gesamtschaden interpretiert werden. Dieser liegt in allen Fällen über den Ergebnissen der Befragung.

3.4.2 Berechnungsmethode

Bei der Auswertung von Ergebnissen von Fragebögen können verschiedene statistische Maßzahlen herangezogen werden. Hierbei bieten sich an:

- das arithmetische Mittel und dessen Standardabweichung
- der Median (jener Wert, der eine Verteilung rangmäßig geordneter Daten halbiert)
- der Modus (häufigster Wert einer Verteilung)
- Treamed mean (Mittelwert einer Datenreihe unter Ausschluß der Extremwerte)

Für die hier durchzuführenden Analysen war naheliegend, das arithmetische Mittel oder den Median zu berechnen. Eine vorgezogene Berechnung anhand von 36 Fragebögen ergab jedoch, daß das arithmetische Mittel im Durchschnitt nur 2,1 Prozent vom Median abweicht. Aufgrund der höheren Aussagekraft und der sich bietenden Möglichkeit, Varianzanalysen durchzuführen, wurde für die Auswertung aller Daten das arithmetische Mittel ausgewählt.

3.4.3 Ergebnisse der Expertenbefragung

Im folgenden werden die Ergebnisse der drei ausgeschiedenen Varianten im einzelnen vorgestellt.

3.4.3.1 Optimistische Schadenverlaufsvariante

Abbildung 6 zeigt die Ergebnisse der optimistischen Schadenverlaufsvariante.

Nach Meinung der Experten ist ein optimistischer Schadenverlauf während des gesamten Untersuchungszeitraumes gekennzeichnet durch:

- Eine starke Zunahme der Schadklasse 0 von 19 Prozent auf 36 Prozent,
- eine leichte Abnahme der Schadklasse 1 von 34 Prozent auf 28 Prozent und
- eine Abnahme der Schadklasse 2 von 37 Prozent auf 25 Prozent.
- Die Anteile der Schadklasse 3 und 4 schwanken in einem relativ geringen Bereich (11 Prozent bis 14 Prozent)
- Die deutlich sichtbaren Schäden sinken von 49 Prozent auf 36 Prozent.

Bei der optimistischen Variante fällt auf, daß die Sachverständigen davon ausgehen, daß im Vergleich zum Basisjahr 1984 die Schadklasse 4

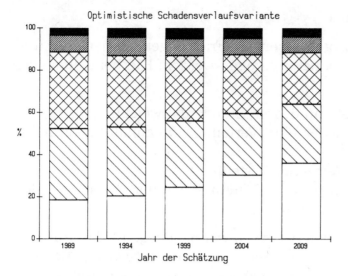

Abb. 6   Ergebnisse der optimistischen Variante

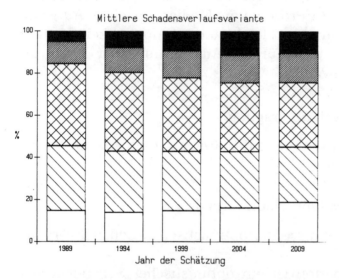

Abb. 7   Ergebnisse der mittleren Variante

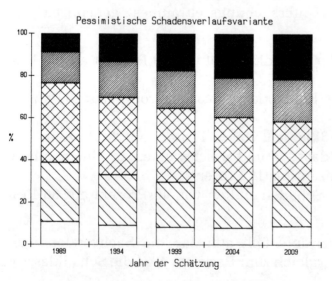

Abb. 8   Ergebnisse der pessimistischen Variante

um 3 Prozent zunimmt und auf diesem Niveau (5 Prozent) verharrt. Ähnliches zeichnet sich für die Schadklasse 3 ab.

Trotz der relativ starken Zunahme ungeschädigter Bestandteile gehen die Experten davon aus, daß es nicht zu einer drastischen Verbesserung der Waldschadenssituation im Alpenraum kommt.

Für die optimistische Schadenverlaufsvariante wurde eine durchschnittliche Eintrittswahrscheinlichkeit von 0,34 berechnet.

3.4.3.2 Mittlere Schadenverlaufsvariante

Betrachtet man die Ergebnisse der mittleren Variante auf Abbildung 7, so gehen die Experten aus von:

- Einer leichten Zunahme der Schadklasse 0, die aus einer Abnahme der Schadklasse 1 resultiert.
- Deutlich sichtbare Schäden (Schadklasse 2, 3, 4) betragen im Durchschnitt 57 Prozent. Während des Schätzungszeitraumes kommt es jedoch zu einer Verschiebung. Die Schadklasse 3 nimmt um 3 Prozent, die Schadklasse 4 um 6 Prozent zu.

Die mittlere Variante ist somit durch eine leichte Verbesserung im Bereich der schwach geschädigten Bestandesteile sowie durch eine Verschlechterung der Situation im Bereich der deutlichen Schäden gekennzeichnet.

Der mittleren Variante wurde die höchste Eintrittswahrscheinlichkeit zugeordnet. Sie beträgt im Durchschnitt 0,44.

3.4.3.3 Pessimistische Schadenverlaufsvariante

Abbildung 8 zeigt die Ergebnisse der für die pessimistische Variante berechneten Mittelwerte. Diese Variante ist gekennzeichnet durch:

- Eine drastische Verschlechterung des Gesamtzustandes.
- Der Anteil der Schadklasse 0 sinkt bis auf 8 Prozent
- Die Schadklassen 1 und 2 sinken um jeweils 10 Prozent auf 20 Prozent bzw. 30 Prozent
- Die Anteile der Schadklassen 3 und 4 nehmen drastisch zu. Ihr Anteil beträgt am Ende der Schätzungsperiode 42 Prozent.

Für diese Variante wurde eine Eintrittswahrscheinlichkeit von 0,23 errechnet. Die pessimistische Schadenverlaufsvariante ist durch eine drastische Verschlechterung der Gesamtsituation gekennzeichnet. Die deutlich sichtbaren Schäden nehmen während der gesamten Periode stetig zu. Ungeschädigte Bestände treten kaum mehr in Erscheinung. Bei dieser Variante ist der Begriff „Waldsterben" angebracht.

3.4.3.4 Einfluß des Waldsterbens auf die I. Altersklasse

Von den Experten waren 70 Prozent der Auffassung, daß in Zukunft mit Ausfällen durch Waldsterben in der I. Altersklasse zu rechnen sei. 18 Prozent verneinten die Frage. 12 Prozent entschieden sich für die Kategorie „weiß nicht". Bemerkenswert ist, daß ein Viertel der Praktiker der Auffassung ist, daß keine Schäden zu erwarten sind. Der Anteil der Wissenschaftler lag hier bei 10 Prozent und somit erheblich niedriger.

Abbildung 9 zeigt die Ergebnisse der geschätzten jährlichen Ausfallprozente.

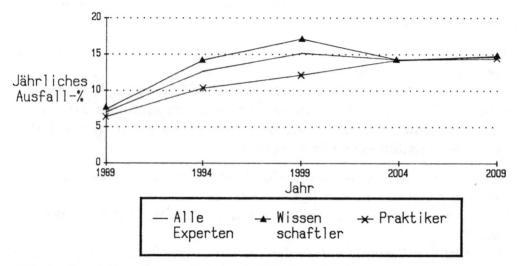

Abb. 9 Ergebnisse der geschätzten jährlichen Ausfallprozente

Die Probanden sind der Auffassung, daß in Zukunft zunehmend mit Ausfällen gerechnet werden muß. Das Ausfallprozent beträgt im Jahr 1989 etwa 7 Prozent, 1994 13 Prozent, 1999 15 Prozent, 2004 14 Prozent und im Jahr 2009 15 Prozent. Die berechneten Mittelwerte für die Gruppen Wissenschaftler und Praktiker zeigen zwar, daß Wissenschaftler von höheren Ausfallraten ausgehen, die Unterschiede sind jedoch nicht signifikant.

Der überwiegende Teil der Experten vertritt somit die Meinung, daß mit einem zunehmenden, drastischen Einfluß des Waldsterbens auf die I. Altersklasse zu rechnen ist. Eine Absterberate von 15 Prozent jährlich würde bedeuten, daß beim Übergang in die II. Altersklasse lediglich 4 Prozent der Ausgangspflanzen vorhanden wären (geometrische Reihe). Bei hinzukommenden biotischen und abiotischen Ausfällen ergibt sich dann die Frage, ob eine Verjüngung unter diesen Umständen überhaupt noch möglich wäre. Auf diese Frage wird im sechsten Kapitel näher eingegangen, in dem versucht wird, Aussagen über mögliche Folgevegetationen abzuleiten.

3.4.3.5 Ergebnisse der durchgeführten Varianzanalysen

Mit Hilfe der Varianzanalysen der Ergebnisse sollten folgende Fragen untersucht werden:

- Unterscheiden sich die entwickelten Varianten signifikant untereinander?
- Bestehen zwischen Wissenschaftlern und Praktikern Differenzen in der Einschätzung?
- Gibt es signifikante Unterschiede zwischen Experten verschiedener Kompetenzselbsteinschätzung?

Es konnte nachgewiesen werden, daß sich die drei Schadenverlaufsvarianten hochsignifikant voneinander unterscheiden ($p = 1$ Prozent). Dieses Ergebnis ist vor allem deshalb bemerkenswert, da für die Varianten keine Rahmenwerte oder Bedingungen formuliert, sondern lediglich assoziative Begriffe vorgegeben waren.

Zwischen Wissenschaftlern und Praktikern wurden bei einem Viertel der Einzelwerte signifikante Unterschiede festgestellt ($p = 5$ Prozent). Die Auswertung dieser Werte ergab, daß Praktiker den Schadensverlauf pessimistischer einschätzen als die Gruppe der Wissenschaftler.

Die Kompetenzeinschätzung wurde für die Auswertung in drei Klassen eingeteilt (hoch – mittel – gering). Die Varianzanalysen ergaben, daß bei 23 Prozent der Werte sich die Experten geringer bzw. hoher Selbsteinschätzung unterschieden. Zwischen den Gruppen geringer und mittlerer Kompetenz ergaben sich bei 12 Prozent, zwischen hoher und mittlerer Kompetenz bei 4 Prozent der Werte signifikante Unterschiede. Die Analyse der Werte ergab insgesamt, daß mit zunehmender Kompetenz der Experten der Schadensverlauf pessimistischer eingeschätzt wird.

3.5 Vergleich der Schadenverlaufsvarianten mit ähnlichen Untersuchungen

GROSSMANN et al. (1983) kamen anhand ihres Simulationsmodells zu dem Ergebnis, daß im Jahr 2002 die Walddichte in der Bundesrepublik auf annähernd Null absinkt. „Das Waldsterben erreicht sein Maximum in den neunziger Jahren, um dann schnell auf Null zu sinken, da praktisch kein Wald mehr existiert" (GROSSMANN et al., 1983).

Die Ergebnisse der Waldschadensinventuren 1983 bis 1986 lassen vermuten, daß dieses Modell den bisherigen Schadensverlauf weit überschätzt.

EVERS und JAHN (1985) entwickelten anhand einer Delphi-Befragung, an der acht Experten teilnahmen, drei Szenario-Varianten für Waldschäden bis zum Jahr 2060. Bedingt durch den langen Prognosezeitraum wird ein Vergleich mit den hier ausgeschiedenen Varianten erschwert. Grundsätzlich kann jedoch festgestellt werden, daß die von EVERS und JAHN entwickelten Varianten bis zum Jahr 2010 von einem optimistischeren Schadensverlauf ausgehen als die drei Varianten, die hier für den Alpenraum entwickelt wurden. Dies kann auch auf die Tatsache zurückgeführt werden, daß die Waldschadensinventuren für den Alpenraum signifikant schlechtere Ergebnisse ergaben als im Durchschnitt.

Der Szenario-Arbeitskreis Waldsterben in München entwickelte auf der Basis einer Befragung unter den Mitgliedern (8 auswertbare Fragebögen) drei Schadenverlaufsvarianten für Bayern. Der Verlauf ist bei allen drei Varianten optimistischer als die hier vorgestellten. Da die Mitglieder des Arbeitskreises auch bei der hier vorliegenden Befragung ihr Urteil abgaben, bestand die Möglichkeit, die Hypothese zu untersuchen, daß dieser Expertenkreis sich durch optimistischere Urteile hervorhebt. Ein Vergleich der Mittelwerte für die Schadklasse 4 ergab hier für alle 15 Werte signifikant optimistischere Schätzungen. Die Eintrittswahrscheinlichkeit für die optimistische Variante wurde auf 0,5 geschätzt und liegt somit weit über dem Gesamtergebnis von 0,34. 43 Prozent der Mitglieder des Szenario-Arbeitskreises rechnen mit Schäden in der I. Altersklasse, hingegen glauben 70 Prozent aller Experten an derartige Einflüsse. Somit kann davon ausgegangen werden, daß die Mitglieder des Szenario-Arbeitskreises den Verlauf der Waldschäden in der Zukunft eher optimistisch beurteilen.

3.6 Entstehung ideeller Freiflächen infolge von Absterbeprozessen

Die entwickelten Schadenverlaufsvarianten stellen, wie schon angedeutet, Momentaufnahmen des Schadens dar. Durch natürliche Ausfallprozesse stehender toter Bäume bzw. durch Entnahme liegt der aggregierte Schaden jedoch weit oberhalb. Abbildung 10 zeigt den Einfluß unterschiedlicher Entnahmeintensitäten von Bäumen der Schadklasse 4. Die Ergebnisse wurden auf der Basis einer Simulationsrechnung gewonnen. Hierbei wurden die Ergebnisse der Schadklasse 4 der Expertenbefragungen durch Mittelwertbildung für jedes Jahr berechnet und eine durchschnittliche jährliche Entnahme simuliert.

In den Jahren 1983 und 1984 wurden nach den Ergebnissen der bayerischen Waldschadensinventuren circa 20 Prozent der Bäume der Schadklasse 4 entnommen. Geht man davon aus, daß dieser Prozentsatz im Gebirge niedriger war und sein wird und circa 5 Prozent der toten Bäume jährlich durch natürliche Einflüsse (durchschnittliche Stand-

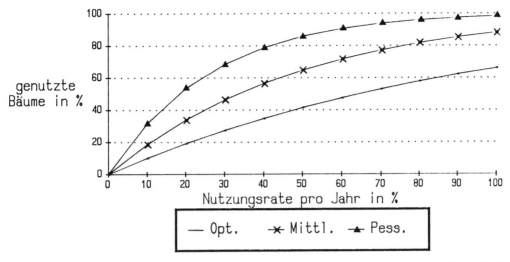

Abb. 10 *Simulation verschiedener Entnahmeprozente toter Bäume für die drei Schadenverlaufsvarianten*

dauer 10 Jahre) ausfallen, würden folgende ideelle Freiflächen entstehen:

- Optimistische Variante 19,2 Prozent Freiflächen, auf 3,4 Prozent der Fläche befinden sich tote Bäume.
- Mittlere Variante 33,8 Prozent Freiflächen, auf 7 Prozent der Fläche befinden sich tote Bäume.
- Pessimistische Variante 53,3 Prozent Freiflächen, auf 10,2 Prozent der Fläche befinden sich tote Bäume.

Die errechneten Prozentzahlen beziehen sich auf einen fiktiven Ausgangsbestand 1984, der zu 100 Prozent bestockt ist.

Die Simulationsrechnungen für die unterstellten Nutzungsprozente zeigen, in welchem Bereich der Gesamtschaden schwanken kann.

Um einen eventuellen drastischen Schadensfortschritt oder eine höhere Nutzungsintensität bei den Modellrechnungen auch noch berücksichtigen zu können, wurde als vierte Verlaufsvariante eine totale Entwaldung bis zum Jahr 2009 angenommen. Durch die Einführung dieser Variante ist es möglich, bei der Erfassung von denkbaren Auswirkungen sowie bei der Bewertung resultierender Schäden Maximalwerte zu berechnen.

Die hier abgeleiteten Szenariovarianten dienen als Eingangsgrößen für die Modellrechnungen, die für die Bereiche Lawinen, Steinschlag und Hochwassergefährdung durchgeführt werden. Für den Bereich des Fremdenverkehrs wird anhand dieser Szenarien der Versuch unternommen, die Auswirkungen auf einen Waldsterbensempfindungswert zu schätzen.

4. Mögliche Auswirkungen des Waldsterbens auf die Gefährdung von Siedlungen und Infrastruktureinrichtungen durch Lawinen

4.1 Einleitung

Die Ergebnisse der Waldfunktionsplanung von Bayern weisen 4 Prozent der Waldfläche als Wald mit besonderer Bedeutung für Lawinenschutz aus (BAYERISCHES STAATSMINISTERIUM FÜR ERNÄHRUNG, LANDWIRTSCHAFT UND FORSTEN, 1986). Dies entspricht einer Fläche von circa 100 000 Hektar. Der überwiegende Teil dieser Schutzwälder konzentriert sich im Wuchsgebiet 15 Bayerische Alpen. MÖSSMER, R. (1985) stellte fest, daß im Gebirgswald auf steileren Hängen mit Hangneigungen über 35 Grad deutlichere Schäden auftraten als in flacheren Hangpartien. Die Unterschiede sind signifikant. Dieser Befund unterstreicht sowohl, daß durch das Waldsterben die Schutzfähigkeit des Waldes gegen Lawinen verringert wird und somit vermehrt mit Lawinen aus bisher geschützten Bereichen als auch, daß durch Ausdehnung vorhandener Lawinenstriche mit stärkeren oder häufigeren Ereignissen gerechnet werden muß. KARL (1984) schätzt in diesem Zusammenhang, daß bei Verminderung der Schutzfähigkeit der Lawinenschutzwälder im bayerischen Alpenraum achtzig Straßenbereiche unterschiedlicher Länge und verkehrstechnischer Bedeutung zunehmend gefährdet würden.

Der permanente Ersatz von Lawinenschutzwald im Anrißgebiet durch technische Verbauung ist kostenaufwendig und wird im Durchschnitt mit einer Million DM pro Hektar veranschlagt. Da nicht alle Lawinenschutzwälder auf potentiellen Anrißgebieten stocken, ist eine einfache Hochrechnung (Hektar Lawinenschutzwald × durchschnittliche Kosten) nicht möglich. Ziel dieses Abschnitts der Arbeit ist es daher, eine Vorstellung von zu erwartenden Kosten bei unterschiedlichen Schadensverlaufsvarianten zu erhalten. Hierzu wurde ein komplexes Flächensimulations- und Bewertungsmodell entwickelt, das Aussagen über mögliche Folgen und Kosten bei verschiedenen Absterbevarianten zuläßt.

Aufbauend auf einer Abhandlung über den Wald und seine Schutzfähigkeit gegenüber Schneebewegungen werden zunächst die Voraussetzungen für das Simulations- und Bewertungsmodell dargestellt. Nach einer detaillierten Beschreibung des Modells wird das Untersuchungsgebiet und die Aufnahmemethodik charakterisiert und die Gesamtergebnisse der Simulation dargestellt.

4.2 Eigenschaften des Schnees und der Schneedecke

Bei der Definition von Schnee wird zwischen dem Niederschlag und der Ablagerung (DE QUERVAIN, M., 1980) unterschieden. Der Niederschlag besteht aus kristallisierten Formen des Eises, die Ablagerung aus einer festen Phase und dazwischenliegenden Poren, die mit Luft oder mit Wasser gefüllt sind (LACKINGER, B., 1986). Die Schneedecke eines Winters wird bei mehrfachen Schneefällen oder Schneetriebperioden in Schichten aufgebaut, von denen jede aufgrund ihrer Entwicklung unterschiedliche Eigenschaften aufweist. Dieser Aufbau bestimmt in entscheidendem Maß die Charakteristika der Schneedecke. Im folgenden werden die stattfindenden Umwandlungsprozesse und die daraus resultierenden Festigkeitseigenschaften der Schneedecke kurz dargestellt. Anschließend werden Schneebewegungsprozesse definiert und klassifiziert.

4.2.1 Umwandlungsprozesse der Schneedecke

Bedingt durch das Vorherrschen von Temperaturen nahe dem Nullpunkt ist Schnee ständigen Veränderungen unterworfen. Im Laufe eines Winters wandelt sich der abgelagerte Schnee hinsichtlich Korngröße, Kornform und Struktur. Diese Umwandlungen, die durch thermodynamische Gesetzmäßigkeiten gesteuert werden, werden als Schneemetamorphose bezeichnet (DE QUERVAIN, M., 1972). Die Schneemetamorphose wird formal in drei Phasen eingeteilt, die zu jeweils unterschiedlichen Stabilitätseigenschaften der Schneedecke führen und daher für die Lawinenbildung von besonderer Bedeutung sind. Abbildung 11 veranschaulicht die Umwandlungswege. Wie aus der Abbildung hervorgeht, sind direkte Übergänge zwischen den Phasen möglich. Es müssen also nicht zwangsläufig die im folgenden beschriebenen Umwandlungsstadien alle durchlaufen werden.

Abbauende Metamorphose

Neuschneekristalle besitzen eine komplizierte, verästelte Form. Beim Aufbau dieser Kristalle, vor allem bei milden Temperaturen in Nullpunktnähe, werden die Verästelungen eingezogen. Die Schneekristalle verkleinern ihre Oberfläche und werden in einfachere Kornformen umgewandelt. Aufgrund der vielen Berührungspunkte zwischen den Kristallen ergibt sich ein relativ stabiles Gefüge. Mit dem Abbauprozeß ist eine Setzung der Schneedecke verbunden; das Gesamtporenvolumen nimmt ab, die Dichte steigt. Bei Temperaturen von circa −5 Grad C dauert dieser Vorgang ein bis zwei Wochen. Je näher die Temperatur

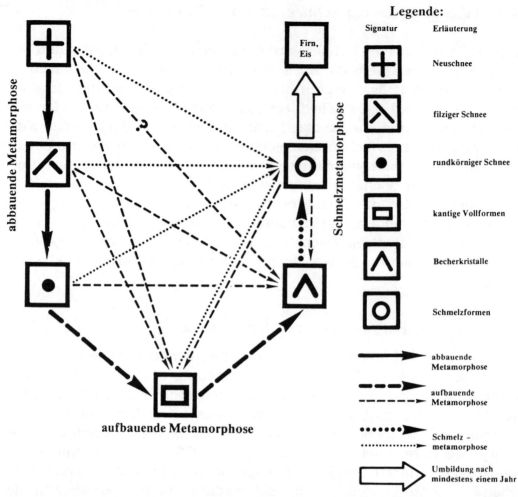

Abb. 11   Metamorphose von Schnee (nach LACKINGER, 1986)

beim Nullpunkt liegt, desto schneller werden die Phasen durchlaufen. Die abbauende Metamorphose verringert im allgemeinen die Lawinengefahr (DE QUERVAIN, M., 1972, 1980, GAYL, A., 1975, LACKINGER, B., 1986).

Aufbauende Metamorphose

Bei der aufbauenden Metamorphose kommt es zur Strukturierung neuer Kristallformen. Dieser Vorgang ist von außen nicht erkennbar. Die entstehenden Formen besitzen nur wenige Berührungspunkte untereinander, und zwischen den Kristallen befinden sich große Zwischenräume. Die aufbauende Metamorphose läuft langsamer ab als die abbauende. Voraussetzung ist ein Temperaturgefälle in der Schneedecke. Aus diesem Grund wird die aufbauende Metamorphose auch als Gradientenumwandlung bezeichnet. (Der Temperaturgradient muß mindestens 0,1°C pro cm Schneetiefe betragen, bei einem Wert von 0,5°C pro cm tritt der Prozeß deutlich in Erscheinung.) Besonders förderlich für die aufbauende Umwandlung sind stabile Witterungsverhältnisse, die einen großen, über längere Zeit konstanten Temperaturgradienten gewährleisten, zum Beispiel an Nord- und Nordosthängen. Die aufbauende Metamorphose hat bei der Bildung von Lawinen eine herausragende Bedeutung, da hierbei ein Gefüge mit geringer oder gänzlich fehlender Bindung entsteht. Das Endprodukt wird daher auch als Schwimmschnee bezeichnet (DE QUERVAIN, M., 1972, 1980, GAYL, A., 1975, LACKINGER, B., 1986).

Schneeumwandlung

Beträgt die Temperatur im Schnee 0°C, beginnen die Körner anzuschmelzen, sie runden sich, Hohlformen werden aufgefüllt und die Oberflächen sind mit einem Wasserfilm überzogen. Dieser Film führt zu einer Verminderung der Haftung. Kommt es zum Wiedergefrieren des Wassers, bilden sich größere Formen (Knollen, Aggregate) aus zusammenhängenden Schneekörnern. Vollständiges Wiedergefrieren führt zu einer sehr hohen Festigkeit der Schneeschicht. Der Abschmelzprozeß vermindert diese wiederum (LACKINGER, B., 1986).

4.2.2 Festigkeitseigenschaften der Schneedecke

In einer am Hang abgelagerten Schneedecke treten unterschiedliche Beanspruchungsarten auf. Hierbei wird unterschieden zwischen:

- der Zugfestigkeit,
- der Druckfestigkeit und
- der Scherfestigkeit der Schneedecke

Die Druckfestigkeit des Schnees ist circa zwei- bis fünfmal größer als dessen Zugfestigkeit (LACKINGER, B., 1986). Die wichtigste Größe für die Unterbindung von Schneebewegungen ist jedoch die Scherfestigkeit. Werden die bestimmten Festigkeitswerte überschritten, kommt es zu Bewegungsprozessen von Teilen oder der gesamten Schneedecke, die im folgenden kurz beschrieben werden.

4.2.3 Schneebewegungsprozesse

Der Setzungsprozeß am Hang besitzt eine hangparallele und eine vertikale Komponente. Die resultierende Bewegungsform wird als Schneekriechen bezeichnet (ZENKE, B., 1985). Die Kriechbewegung erreicht je nach Schneeart, Hangneigung und Temperatur Werte im Millimeter-

oder Zentimeter-Bereich pro Tag. Bei der reinen Kriechbewegung haftet der Schnee am Boden fest (DE QUERVAIN, M., 1972).

Die Verschiebung der gesamten Schneedecke wird als Schneegleiten bezeichnet. Voraussetzungen für diesen Schneegleitprozeß sind eine relativ glatte geneigte Unterlage und/oder eine nasse Basisschicht. Die Größenordnung der Bewegung kann sowohl im Millimeter- als auch im Meter-Bereich liegen (IN DER GAND, H., 1981).

Kommt es zu einem Absturz von Teilen der natürlichen Schneedecke, wird dieser Vorgang im landläufigen Sinn als Lawine bezeichnet. Die Lawinen werden nach verschiedenen Kriterien klassifiziert (DE QUERVAIN, M., 1980):

– Nach der Entfernung zwischen der Anrißstelle und dem Endpunkt der Ablagerung in
  • Schneerutsche   (Entfernung < 50 m)
  • Lawinen   (Entfernung > 50 m)
– Nach der Lawinenanrißform in
  • Lockerschneelawinen (birnenförmig, Hangneigung 40–60 Grad)
  • Schneebrettlawinen   (brettartig, Hangneigung 30–50 Grad)
– Nach der Lage der Gleitfläche in
  • Oberlawinen   (innerhalb der Schneedecke)
  • Bodenlawinen   (auf der Bodenoberfläche)
– Nach dem Wassergehalt des Schnees in
  • Trockenschneelawinen
  • Naßschneelawinen

Als weitere Klassifikationsmerkmale werden Parameter der Sturzbahn und des Ablagerungsgebietes herangezogen. Auf sie soll hier nicht näher eingegangen werden. Eine ausführliche Darstellung findet sich bei DE QUERVAIN (1972, 1980).

In Abhängigkeit von der Schneedichte und der Lawinengeschwindigkeit erreichen Lawinen sehr hohe Kraftwirkungen. DE QUERVAIN (1980) gibt folgende durchschnittliche Höchstwerte an:

– Staublawinen   < 80 kPa (circa 8 t/m^2)
– Fließlawinen trocken   < 500 kPa (circa 50 t/m^2)
– Fließlawinen naß   < 800 kPa (circa 80 t/m^2)
         kPa: Kilo Pascal

Bei diesen Werten wurden keine Extremwerte berücksichtigt. Eine Meldung aus Japan über eine Lawine berichtet über Druckwerte von 1360 kPa (139 t/m^2) (DE QUERVAIN, M., 1980).

4.3 Der Wald als Lawinenschutz

Eine Reihe von Veröffentlichungen über das Thema Wald und Lawinenschutz beginnt mit der historischen Feststellung, die verdeutlichen soll, daß sich der Mensch der Fähigkeit des Waldes, Lawinen zu verhindern, schon früh bewußt war (DE QUERVAIN, M., 1968, FIEBIGER, G., 1975, 1978, HASSENTEUFEL, W., 1953, IN DER GAND, H., 1976, MAYER-GRASS, M., IMBECK, H., 1985).

Der erste gesetzliche Niederschlag dieses Bewußtseins in Bayern findet sich im Forstgesetz vom 28. März 1852. Hier werden unter anderem Waldungen als Schutzwald definiert, die zur Verhütung von Bergstürzen und Lawinen dienen. Zunächst waren die Rodungen in Schutzwäldern unzulässig und kahle Abtriebe verboten. Die Neufassung des Forstgesetzes vom 17. Juni 1896 ändert an der Definition nichts. Das bisherige Verbot des Kahlschlags erwies sich allerdings als unzweckmäßig (von GANGHOFER, A., 1898) und wurde durch eine bedingte Erlaubnis ersetzt. Am Kern dieser Regelung hat sich bis heute nichts geändert. Für die Rodung besteht ein grundsätzliches Verbot mit Erlaubnisvorbehalt. Auf die Erteilung der Erlaubnis beim Kahlschlag besteht im Grundsatz Rechtsanspruch. Die Erlaubnis muß jedoch unter den Voraussetzungen des Artikels 14, Absatz 5 versagt werden.

4.3.1 Auswirkungen des Waldes auf Lawinen

Der Lawinenschutzwald kann im Hinblick auf seine Wirkung gegenüber Lawinen wie folgt charakterisiert werden:

- Verringerung der potentiellen Energie durch
  - Schneeinterzeption und dadurch verzögerte Abgabe des interzepierten Schnees an die Bodenoberfläche
  - Einfluß auf die Schneeverfrachtung
- Erhöhung des Widerstandes innerhalb der Schneedecke durch
  - Einfluß auf die Schneemetamorphose
  - die ausgleichende Wirkung auf das Bestandesklima
- Verhinderung der Umwandlung potentieller in kinetische Energie durch
  - Lawinenabbruchschutz
  - Minderung der Schneegleitprozesse
- Wandlung kinetischer Energie in Reibungsenergie (?) durch
  - Lenkung (?)
  - Bremsung (?)

Im folgenden werden die einzelnen Wirkungen von Wald kurz erläutert.

Schneeinterzeption

Im immergrünen geschlossenen Nadelwald wird ein Teil des Schneeniederschlages in den Kronen festgehalten. MAYER-GRASS und IMBECK (1985) geben an, daß Neuschneefälle bis zu 10 cm fast vollständig von den Baumkronen abgefangen werden. MAYER (1976) errechnete eine maximale Schneeauflagenhöhe von 30 Zentimetern. Bei höheren Werten würden die Kronen der Belastung nicht standhalten. Ein Teil des zurückgehaltenen Schnees verdunstet im Kronendach. Der größte Teil des interzeptierten Schnees wird zusammen mit organischen Bestandteilen der Bäume verzögert abgelagert. Das verhindert vor allem im Traufbereich die Ausbildung einer normal geschichteten Schneedecke. Im Extremfall führt dies zu völligem Verlust der hangparallelen Schneeschichtung (IN DER GAND, H., 1981). Der aus den Kronen herabfallende Schnee kann allerdings lokal zur Bildung von Lockerschneelawinen führen (DE QUERVAIN, M., 1968).

ZINGG (1958) charakterisiert die Schneehöhenverteilung im subalpinen Fichtenwald. Er stellt fest, daß in unmittelbarer Nähe des Stammes geringe, in der Traufzone normale Schneehöhen anzutreffen sind. Mit steigender Laubholzbeimischung (oder Lärche) geht der Interzeptionseffekt stark zurück. In Laubwäldern (Lärche) liegen dabei Verhältnisse vor, die denen des Freilandes angenähert sind.

Einfluß auf die Schneeverfrachtung

Der im Bestand abgelagerte Schnee ist den Einflüssen des Windes in geringerem Maße als im Freiland ausgesetzt. Der Schnee wird kaum verfrachtet, und es kommt selten zur Brettbildung (DE QUERVAIN, M., 1980). Hinzukommt, daß die Dichte des im Bestand abgelagerten Schnees bis zu 50 kg/m^3 höher ist als im Freiland (MAYER-GRASS, M., IMBECK, H., 1985). Dies ist auf die sekundäre Verdichtung, durch den herabfallenden Schnee aus dem Kronendach zurückzuführen.

Ausgleichende Wirkung des Waldes auf das Bestandsklima

Neben einer Störung des Schneedeckenaufbaus wird auch die Schneedeckenentwicklung selbst durch den Wald beeinflußt; dies gilt vor allem wieder für den Nadelwald. Dieser verringert den Zutritt der Sonne, beeinträchtigt die Erwärmung des Schnees am Tage. Dies führt zu einer Verzögerung der Setzung. Da die langwellige Ausstrahlung der Schneedecke durch das Kronendach vermindert wird, ist die Schneeoberflächentemperatur ausgeglichener als im Freiland. Der Temperaturgradient im Schnee ist verringert, die aufbauende Metamorphose (Schwimmschneebildung) wird verzögert (DE QUERVAIN, M., 1968). Ebenfalls tritt Reifbildung nur stark abgeschwächt auf.

Lawinenabbruchschutz

In Abhängigkeit von der Schneeart reicht die Stauwirkung eines Baumes nur wenige Dezimeter bis Meter (DE QUERVAIN, M., 1968).

FREY (1977) gibt folgende Baumzahlrichtwerte an, damit die Wirkung von Bäumen sich entfalten kann:

- Hangneigung circa 30 Grad   200– 300 Bäume/ha
- Hangneigung circa 35 Grad   500 Bäume/ha
- Hangneigung circa 40 Grad   800–1000 Bäume/ha

Voraussetzung ist jedoch, daß die Bäume die Schneedecke durchstoßen. SALM (1979) schließt anhand von theoretischen Überlegungen darauf, daß je nach Hangneigung 500 bis 1000 Bäume pro Hektar mit einem Durchmesser von mehr als 35 cm erforderlich sind, um die Lawinenbildung zu unterbinden (vgl. MAYER-GRASS, M., IMBECK, H., 1985).

Lawinenlenkung und -bremsung

Seit langer Zeit hält sich vor allem in populärwissenschaftlichen Veröffentlichungen das Vorurteil, daß Wald Lawinen lenken, bremsen oder sogar zum Stillstand bringen könnte (BAYERISCHES STAATSMINISTERIUM FÜR ERNÄHRUNG, LANDWIRTSCHAFT UND FORSTEN, 1985, 1986, DAV, 1985).

Diese Meinung führt häufig dazu, daß „ein starker Schutzwald bergseits des Schutzobjektes als sichernder Schild betrachtet wird. Eine Lawine oberhalb des Waldes gönnt dem Wald bisweilen Erholungspausen von Jahrzehnten bis Jahrhunderten, dann zerstört sie plötzlich in einem gewaltigen Schlag alle Illusionen der Widerstandskraft des Waldes und der gewonnenen Sicherheit" (DE QUERVAIN, M., 1968).

Rechnerische Abschätzungen, der auf einen immergrünen Hochwaldbaum wirkenden Lawinenkräfte liegen in diesem Zusammenhang von IN DER GAND (1976) und DE QUERVAIN (1980) vor. Nach diesen Berechnungen bricht

- eine Staublawine (Dichte 5 kg/m^3, Geschwindigkeit 50 m/s, Fließhöhe 15 m, Lawinendruck 6 kPa/m^2) einen Baum (Biegefestigkeit 6×10^4 kN/m^2) bis zu einem Durchmesser von 64 cm,
- eine Fließlawine (Dichte 300 kg/m^3, Geschwindigkeit 20 m/s, Fließhöhe 3 m, Lawinendruck 60 kPa/m^2) einen Baum (Biegefestigkeit 6×10^4 kN/m^2) bis zu einem Durchmesser von 28 cm.
kN: Kilo Newton

Diese Zahlen werden in neueren Veröffentlichungen immer wieder als Beispiel herangezogen (IN DER GAND, H., 1981, MAYER-GRASS, M., IMBECK, H., 1985) und dürften daher eine hohe Aussagekraft besitzen.

ZENKE (1985) kommt zu ähnlichen Ergebnissen und stellt fest, daß eine in Fahrt gekommene Lawine durchaus in der Lage ist, Bäume von mehreren Dezimetern Durchmesser zu brechen oder zu entwurzeln.

Darüberhinaus wird davon ausgegangen, daß eine holzführende Lawine höhere Zerstörungskraft als eine Lawine ohne Wildholz besitzt. Eindrucksvolle Beispiele finden sich bei DE QUERVAIN (1968) und bei IN DER GAND (1976).

Die Lawinenschutzwirkung des Waldes liegt somit primär in der Unterbindung der Lawinenbildung innerhalb seines Areals durch die zuvor genannten Effekte.

4.3.2 Grenzen der Schutzfähigkeit

Wie aus der Erörterung der Wirkungen des Waldes hervorgeht, ist vor allem der immergrüne Nadelwald befähigt, die Entstehung von Lawinen zu verhindern. Jedoch treten auch in diesen Wäldern Lawinen auf. IN DER GAND (1978) stellte fest, daß von den im Winter 1974/1975 in der Schweiz verzeichneten Schadlawinen circa 5 Prozent typische Waldlawinen waren.

Die umfassendste Untersuchung über Ursachen von Lawinenabgängen im Wald wurde von FIEBIGER (1978) durchgeführt. Als Gründe für Lawinenabgänge im Wald führt er an:

– die Steilheit der Abbruchgebiete,
– die ungünstige horizontale und vertikale Schneeverteilung, bedingt durch einen relativ hohen Anteil sommergrüner Holzarten,
– das Fehlen eines lebensfähigen Unterbaus zur Stabilisierung der Schneedecke,
– die ungünstige Bodenbedeckung durch großflächige Laubpolster oder langhalmige Gräser.

MAYER-GRASS und IMBECK (1985) sehen weitere ungünstige Bedingungen für den Wald, Lawinen an solchen Stellen im Schutzwald zu verhindern, die verlichtet sind, da sich hier durch Schneeverfrachtung und Schneeansammlung Wächten bilden, ferner in bewaldeten Schutzwaldlagen, die mit steilen Felspartien durchsetzt sind. Bereiche, die künstliche oder natürliche Blößen aufweisen, sind hierbei besonders prädestiniert für den Abgang von Lawinen (LAATSCH, W., 1977).

Im sommergrünen Laubwald oder in Blößen ist die Schutzwirkung gegenüber Lawinen weiter eingeschränkt. Es findet hier eine ähnliche ungestörte Schneedeckenentwicklung statt wie auf der Freifläche. Durch die Leewirkung der umstehenden Bäume kommt es dabei in Blößen zu einer vermehrten Schneeanhäufung. Diese beträgt nach MAYER-GRASS und IMBECK (1985) circa 120 Prozent der Freilandschneedecke. Im geschlossenen Nadelwald werden dagegen nur circa 70 Prozent abgelagert. IN DER GAND (1981) berichtet von Schneehöhenmessungen in Blößen, die 2,3 bis 3,7 mal so groß waren wie die Schneehöhen im Waldbestand. Vorhandene oder entstehende Blößen sind aufgrund dieser Tatsachen für die Einschätzung einer Lawinengefährdung in Wäldern von besonderer Bedeutung.

4.3.3 Wald und Lawinen – ein dynamisches System

Abbildung 12 versucht, die Zusammenhänge zwischen Bestandesentwicklungsphasen und Lawinenstadien aufzuzeigen.

Die natürliche Bestandesentwicklung führt über die Initialphase zur Optimalphase, Terminalphase und Zerfallsphase, schließlich über die Verjüngungsphase zur Initialphase zurück. Bei der Entwicklung von der Initialphase zur Zerfallsphase nimmt die Labilität des Systems gegenüber Lawinen stetig zu. In forstlich genutzten Beständen werden nicht alle Phasen der Bestandesentwicklung durchlaufen. Nach FIEBIGER

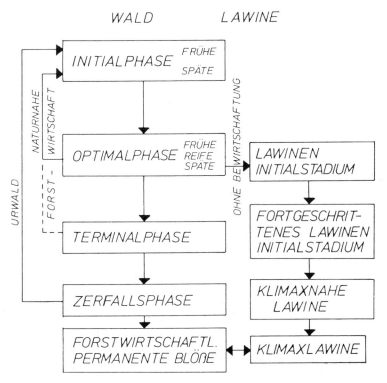

Abb. 12 Wald und Lawinen als dynamisches System (FIEBIGER, 1975)

(1975) führt das menschliche Eingreifen in die Optimal- bzw. Terminalphase zu einer Stabilisierung der Situation.

Die Dynamisierung des Systems erfolgt dadurch, daß durch kleinflächige Blößenbildung in der späten Optimalphase kleinflächiges Abgleiten von Schneemassen (Initialphase der Lawine) auftreten kann. Die natürliche Verjüngung des Bestandes wird hierdurch erschwert und es kommt, bedingt durch die Lawine, zu einer beschleunigten Phasenverschiebung. Die Blöße dehnt sich weiter aus, es ergibt sich ein fortgeschrittenes Lawineninitialstadium. Als Endresultat dieses Zusammenspiels zwischen Waldentwicklungsphasen und Lawinen ist an die Stelle des Waldes eine permanente Blöße getreten, die hinsichtlich des Lawinenstadiums als Klimaxlawine bezeichnet werden kann (FIEBIGER, G., 1975, 1978).

Bedingung für das Durchlaufen dieser Stadien ist, daß eine natürliche oder künstliche Wiederbegründung nicht gelingt. Ausschlaggebend können hier eine Reihe von Faktoren sein (vgl. im sechsten Kapitel „Einfaches Schätzverfahren zur Erfassung der resultierenden Folgevegetation nach Absterbeprozessen"). So sind neben Schneebewegungsprozessen das Wild, die Waldweide und eventuell Absterbeprozesse der Verjüngung durch Waldsterben von Bedeutung. Bedingt durch Absterbeprozesse infolge des Waldsterbens besteht die Gefahr, daß die ausgeschiedenen Bestandesentwicklungsphasen beschleunigt durchlaufen werden. Ebenfalls besteht die Möglichkeit, daß es zu einer Erweiterung vorhandener, bisher unkritischer Blößen kommt und somit die Schutzfähigkeit der Lawinenschutzwälder beeinträchtigt wird, auf Teilflächen möglicherweise ganz verschwindet.

4.4 Charakterisierung der Lawinengefahr

Der Begriff Lawinengefahr ist im Sinne der Schweizer Richtlinien von 1984 die Ursache für das langfristige objektive Risiko, dem Menschen, Tiere und Sachen durch die Wirkungen von Lawinen ausgesetzt sind. Dieses Risiko kann durch die Größen Lawinenhäufigkeit und Ausmaß der Lawinenkraft charakterisiert werden (BUNDESAMT FÜR FORSTWESEN, 1984).

Die Lawinengefahr ist einerseits von den örtlichen Gegebenheiten, andererseits von auftretenden Witterungsverhältnissen abhängig. Die Richtlinien zur Berücksichtigung der Lawinengefahr bei raumwirksamen Tätigkeiten unterscheiden zwischen einer zeitunabhängigen potentiellen Lawinengefahr und einer stark zeitabhängigen aktuellen Lawinengefahr. Hier seien einige Bemerkungen zum Risikobegriff und der Lawinengefahr eingefügt.

Unter einem Risiko versteht man allgemein die Wahrscheinlichkeit für das Auftreten eines unerwünschten Ereignisses. Die Akzeptanz bestimmter Risiken hängt jedoch nicht nur vom Risiko selbst ab, sondern wird sehr stark vom Nutzen einer erwarteten Situation überprägt. Bei freiwillig in Kauf genommenen Gefahren (Autofahren, Skifahren) wird ein wesentlich höheres Risiko akzeptiert als bei unfreiwilligen Gefahren. So liegt das Risiko für einen Todesfall bei einer Autofahrt bei 10^{-6} pro Stunde. Für Bewohner einer lawinengefährdeten Siedlung liegt das Risiko eines Todesfalls bei 10^{-8} pro Stunde und ist somit hundertmal kleiner (BUNDESAMT FÜR FORSTWESEN, 1984). Das Interesse, das sich aus der Reaktion der Medien auf Lawinenunglücke ablesen läßt, zeigt, daß das Risiko, durch Lawinen umzukommen, nicht toleriert wird. Durch das Waldsterben bedingt, kann es nun zu einer Erhöhung der Lawinentätigkeit und somit zu einer Vergrößerung des Risikos kommen. Da davon auszugehen ist, daß dieses Risiko nicht akzeptiert wird, sind zur Kompensation Maßnahmen zu treffen, welche die Risikoverschiebung abfangen.

4.5 Das Lawinenmodell

Bei der Entwicklung eines Modells zur Erfassung der Gefährdung von Siedlungen und Infrastruktureinrichtungen infolge von Absterbeprozessen in Wäldern können eine Reihe von Problemschwerpunkten identifiziert werden, die im folgenden kurz aufgezeigt werden. Anschließend werden einzelne Lösungsvorschläge dargestellt und diskutiert. Die Beschreibung eines computergestützten Flächenberechnungs- und Bewertungsmodells steht dabei im Mittelpunkt der Betrachtung.

4.5.1 Problemschwerpunkte

Als Problemschwerpunkte bei der Modellentwicklung wurden die Simulation der Blößenentstehung und Blößenentwicklung, die Lawinenabbruchswahrscheinlichkeit, die Reichweite von abgehenden Lawinen, die Erfassung der auftretenden Regenerationsbeschränkungen und die Bewertung der resultierenden Zustände identifiziert.

Blößenentstehung und Blößenentwicklung

Nach Beobachtungen von LAATSCH (1977) ist eine Bedingung für das Abbrechen von Lawinen in Beständen eine Mindestausdehnung vorhandener Blößen, die stark von der Hangneigung abhängt. Bei Absterbeprozessen an Altbäumen wird es zur Bildung von Blößen kommen.

Über deren Form, deren Ausdehnung in horizontaler und vertikaler Richtung kann keine verbindliche Aussage getroffen werden. Geht man von der vereinfachenden Annahme aus, daß sich alle abgestorbenen Individuen auf der Fläche konzentrieren, so würde dies zu einer Überschätzung der resultierenden Lawinengefährdung führen. Es kann jedoch auch nicht von einer systematischen Verteilung der absterbenden Bestandesglieder ausgegangen werden. Die Simulation der Verteilung abgestorbener Individuen stellt dabei den ersten Problemschwerpunkt bei der Modellentwicklung dar.

Lawinenabbruchwahrscheinlichkeit

Die Ausscheidung eines Waldes als Lawinenschutzwald erfolgt zumeist gutachtlich aufgrund von Erfahrungswerten (vgl. viertes Kapitel „Die Lawinenschutzwälder im Landkreis Traunstein"). Diese Ausscheidung sagt jedoch nichts über das auf einem Hang mögliche Lawinenpotential aus, da bei der Ausscheidung der Flächen auch Wald neben Lawinengassen als Lawinenschutzwald ausgewiesen wird. In diesen angrenzenden Schutzwaldungen, die auch im Auslauf der Lawine liegen können, müssen nicht zwangsläufig Lawinen abbrechen. Ein weiteres Problem wird somit deutlich: Auf welchen Flächenteilen ist mit Lawinen zu rechnen?

Reichweite von abgehenden Lawinen

Lawinen erreichen aufgrund verschiedener Parameter des Schnees und der Sturzbahn sehr unterschiedliche Reichweiten. Die Reichweite stellt einen Faktor von herausragender Bedeutung dar, wenn es darum geht, die Gefährdung von einzelnen Objekten abzuschätzen.

Regenerationsbeschränkungen

Wie aus der Betrachtung des Modells Wald und Lawine im vierten Kapitel („Wald und Lawine – ein dynamisches System") hervorgeht, spielt die Verjüngungssituation bei der Erfassung resultierender Gefährdungen eine entscheidende Rolle. Kleinflächig kann mit dem Modell Folgevegetation (sechstes Kapitel „Einfaches Schätzverfahren zur Erfassung der resultierenden Folgevegetation nach Absterbeprozessen") eine Abschätzung der Verjüngungssituation vorgenommen werden. Für größere Bereiche kann diese Frage nur pauschal beantwortet werden.

Bewertung der resultierenden Zustände

Wie bereits kurz erläutert, ist die Lawinengefahr mit einem Risiko verbunden, das allgemeingültig nicht akzeptiert wird. Diese Tatsache spielt für die Bewertung möglicher Folgen des Waldsterbens auf die Lawinengefahr eine bedeutende Rolle. So würde eine Bewertung von möglichen Schäden nur eine Komponente der Folgen erfassen, die psychologischen Aspekte würden nicht berücksichtigt. Aus diesem Grund schien es angebracht, im Rahmen eines Ersatzkostenansatzes (die Schutzfähigkeit des Waldes wird durch biologische, biologisch-technische und technische Maßnahmen ersetzt) auch den resultierenden Handlungsbedarf abzuschätzen, um so eine umfassende Bewertung zu ermöglichen. Die dabei abgeleiteten Werte dürften in vielen Fällen höher als der zu erwartende Schaden liegen. Die Differenz (Ersatzkosten – Schadenswert) kann jedoch als Maß für die psychologische Komponente herangezogen werden.

4.5.2 Die formale Struktur des Bewertungsmodells

Die Abbildung 13 zeigt die formale Struktur des entwickelten Bewertungsmodells. Die einzelnen Bewertungsschritte sollen zunächst kurz erläutert werden. Im folgenden werden, um die Bewertung offenzulegen, die durchgeführten Bewertungsschritte detailliert dargestellt.

Die Arbeitsgrundlage für das Modell bildet die Ausscheidung von Lawinenschutzwäldern im Rahmen der Waldfunktionsplanung. Die Ausweisung von Lawinenschutzwäldern wurde im Rahmen dieser Planung nach folgenden Kriterien durchgeführt:

– Genetische Bildungsbedingungen für Lawinen
– Neuschneehöhen
– Geländeverhältnisse

(ARBEITSKREIS ZUSTANDSERFASSUNG UND PLANUNG DER ARBEITSGEMEINSCHAFT FORSTEINRICHTUNG, ARBEITSGRUPPE LANDESPFLEGE, 1982).

Im bayerischen Alpenraum wurden dabei circa 100 000 Hektar als Wald mit Lawinenschutzfunktion auf Karten im Maßstab 1:50 000 kartiert. In einem ersten Schritt werden im Bewertungsmodell diese Schutzwaldkomplexe in Teilflächen gegliedert und hinsichtlich geschützter Siedlungen und Infrastruktureinrichtungen beurteilt. Wie aus der Modelldarstellung hervorgeht, werden hierbei Straßen, Siedlungen, Bahnanlagen, Einrichtungen der Energieversorgung und des Fremdenverkehrs unterschieden. Diese Objekte können aufgrund ihres Wertes in unterschiedliche Schutzwertigkeitsstufen gegliedert werden, was für den Handlungs- und Entscheidungsbereich von großer Bedeutung ist.

Durch Absterbeprozesse gemäß den auf der Basis der Sachverständigenurteile entwickelten Schadensverlaufsvarianten (drittes Kapitel), kommt es zur Bildung bzw. Erweiterung von Freiflächen. Diese Freiflächen werden innerhalb des Modells hinsichtlich der Abgangswahrscheinlichkeit und der Reichweite möglicher Lawinen weiter charakterisiert. Gleichzeitig wird versucht, auftretende Hindernisse der natürli-

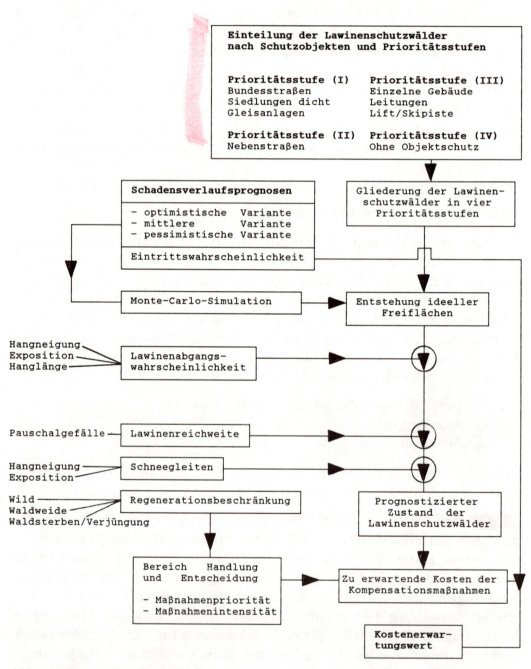

Abb. 13 *Bewertungsmodell zur Abschätzung der Auswirkungen des Waldsterbens auf die Lawinengefährdung*

chen Regeneration zu erfassen. Durch dieses Vorgehen besteht die Möglichkeit, den Zustand der Lawinenschutzwälder einerseits sowie das Risiko für einzelne zu schützende Objekte andererseits abzuschätzen. Diese Größen erlauben nun, für die einzelnen Objektwertigkeitsstufen Maßnahmen vorzuschlagen, um Auswirkungen des Waldsterbens auf die Lawinengefährdung abzufangen. Die hierbei zu erwartenden Kosten können als Indikator für den entstehenden Schaden interpretiert werden und erlauben eine Bewertung für die einzelnen Schadenverlaufsvarianten. Mit Hilfe der innerhalb der Expertenbefragung hergeleiteten Eintrittswahrscheinlichkeiten der Varianten ist es dann möglich, einen Kostenerwartungswert zu berechnen.

4.5.3 Gliederung der Lawinenschutzwälder nach Schutzobjekten und in Prioritätsstufen der Schutzwertigkeit

Im Modell werden in einem ersten Schritt die von den einzelnen Lawinenschutzwäldern geschützten Objekte kartographisch erfaßt. Hierbei werden fünf Objektklassen unterschieden. Es sind dies:

- Straßen,
- Siedlungen, Industrieanlagen
- Bahnanlagen
- Einrichtungen der Energieversorgung
- Einrichtungen des Fremdenverkehrs

Ferner werden im Modell auch die Schutzwaldflächen erfaßt, die gegenwärtig keine Schutzleistung gegenüber Objekten erbringen; diese könnten in Zukunft jedoch für Planungen von Interesse sein.

Um die Schutzwertigkeit der Objekte zu erfassen, kann der Geldwert des Objekts als Indikator herangezogen werden. Eine andere Möglichkeit, Rangfolgen zu erzeugen, besteht darin, für jedes Objekt einen GAU (größter angenommener Unfall) zu simulieren und mögliche Gesamtschäden zu schätzen. Hinzu kommt hier die Betrachtung von auftretenden Frequentierungen durch Menschen, um die mögliche Gefährdung von Leib und Leben zu erfassen. Für die Modellrechnungen erschien es sinnvoll, um die Übersichtlichkeit zu gewährleisten, vier Prioritätsstufen auszuscheiden. In der ersten Prioritätsstufe wurden Bundesstraßen, dichte Siedlungsbereiche und Bahngleisanlagen erfaßt, in der zweiten Nebenstraßen und zerstreute Siedlungsbereiche. Die übrigen Schutzobjekte wurden der dritten Prioritätsstufe zugeordnet. Die vierte Stufe erfaßt Bereiche ohne Objektschutz.

4.5.4 Die Simulation von Absterbeprozessen

Im dritten Kapitel wurden unterschiedliche Schadenverlaufsprognosen entwickelt, die zu angenommenen Freiflächen führen. Im Zusammenhang mit dem Auswirkungsbereich Lawinen taucht die Frage auf, wie sich einzelne ausfallende Bestandesglieder auf der Fläche verteilen. So führt eine geklumpte Verteilung zu einer starken, eine gleichmäßige Verteilung zu einer schwachen Beeinträchtigung der Schutzfähigkeit. Das Problem, das sich hier stellt, ist die Frage nach den Blößenformen, die entstehen dürften.

Eine Möglichkeit, dieses Problem zu lösen, findet sich bei SCHIRMER (1985) und AMMER et al. (1985), die davon ausgehen, daß alle Bäume der Schadklasse 3 bzw. der Schadklassen 2 und 3 absterben werden. Um diesen Lösungsweg zu beschreiten, benötigt man Kronenkarten mit zugehöriger Schadklassenansprache der Einzelbäume. Die Herstellung derartiger Karten für größere Bereiche ist jedoch ausgesprochen zeitaufwendig. Eine andere Möglichkeit, eine näherungsweise Lösung zu erhalten, besteht in der Auswahl der absterbenden Bäume mittels einer simulierten Stichprobe. Das simulierte Stichprobenverfahren besteht darin, die tatsächlichen Gegebenheiten durch ein theoretisches Abbild (stochastisches Simulationsmodell) zu ersetzen (SACHS, L., 1984). Eine derartige Vorgehensweise wird als Monte-Carlo-Methode bezeichnet.

Basierend auf einem Flächenraster von 5×5 m werden für ¼ Hektar Schutzwald 100 Einzelquadrate ausgeschieden. Bei der Simulation wird angenommen, daß jedes dieser Quadrate den Standraum eines Baumes charakterisiert. Die Anzahl wurde auf 100 Bäume je ¼ Hektar festgelegt. LÖW (1975) geht davon aus, daß 400 Bäume pro Hektar den unteren Grenzwert einer guten Stammzahlhaltung darstellen. Dieser Grenzwert entspricht ferner den Ergebnissen der Lawinenschutzwaldinventuren von FIEBIGER (1978) relativ gut. Auf diesen Flächen werden nun gemäß den Schadenverlaufsvarianten mittels Zufallszahlen Absterbeprozesse simuliert. Die hierbei entstehenden Blößenformen zeigt beispielhaft Abbildung 14.

Die Blößen wurden nach den auftretenden horizontalen Breiten sowie nach der zusammenhängenden Flächenausdehnung charakterisiert. LAATSCH (1977) gibt Grenzwerte für die Ausdehnung kritischer Blößenbreiten in Abhängigkeit von der Hangneigung an. Die Werte basieren auf Beobachtungen im bayerischen Alpenraum. Aufgrund dieser Schätzwerte muß davon ausgegangen werden, daß je nach Hangneigung unterschiedliche Blößenbreiten kritische Werte erreichen. Aus diesem Grund wurden bei der Auswertung in Anlehnung an LAATSCH (1977) vier Hangneigungsklassen gebildet. Auch die Flächenausdehnung der Blöße spielt aufgrund von Schneeakkumulationen, verminderter Störung der

Schneedeckenentwicklung und einem Quasi-Freilandeffekt eine bedeutende Rolle. Daher wurde auch die Flächenausdehnung in die Auswertung einbezogen.

Analog zur optimistischen Schadenverlaufsvariante wurden mittels Zufallszahlen die ausscheidenden Glieder des Bestandes ausgewählt. Abschließend wurde für jede Blöße die Breite und die Flächenausdehnung bestimmt und die Ergebnisse in einer Bewertungstabelle aufgenommen. Die Auswahl weiterer Bäume simulierte die mittlere Schaden-

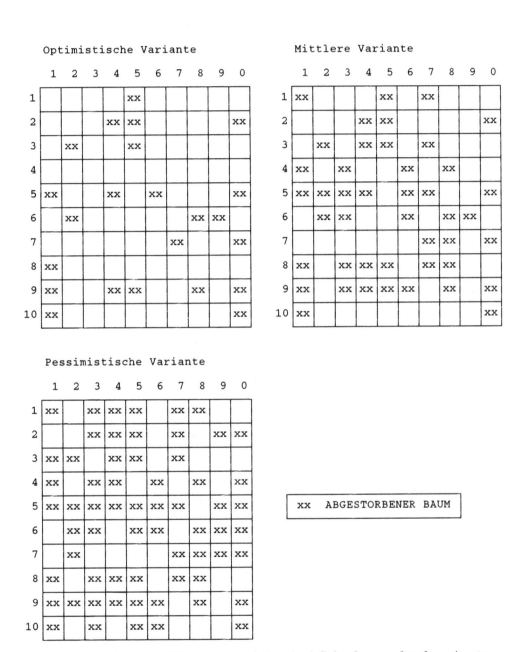

Abb. 14 Entstehende Blößenformen der drei Schadensverlaufsvarianten

verlaufsvariante. Die Blößen wurden analog ausgewertet. Um mögliche Konsequenzen bei einem pessimistischen Schadensverlauf zu erfassen, wurden schließlich weitere Bäume nach dem Zufallsprinzip ausgeschieden.

Insgesamt wurden für die drei Varianten sechzehn Simulationen durchgeführt. Der zu erwartende Fehler bei einer Monte-Carlo-Simulation verhält sich umgekehrt proportional zur Wurzel aus der Anzahl der Simulation (REINHARDT, F., SOEDER, H., 1978). Rechnerisch resultiert somit ein Fehler von +/− 25 Prozent. Um diesen Fehler zu halbieren, wären 64 Simulationen notwendig gewesen. Da die Simulationen und Auswertungen ausgesprochen zeitaufwendig sind, wurde dieser Fehler in Kauf genommen. Um jedoch zu überprüfen, ob bei den durchgeführten Simulationen eine Abweichung von einer zufälligen Verteilung festzustellen war, wurden die jeweiligen Diagonalen der Quadrate zur Erfassung von Abweichungen herangezogen. Anhand eines t-Testes wurde festgestellt, daß sich die Mittelwerte der Simulation nicht von den zu erwartenden Mittelwerten unterscheiden (Irrtumswahrscheinlichkeit 1 Prozent). Somit kann davon ausgegangen werden, daß die getroffene Auswahl zufällig ist und keine gesicherte Abweichung aufweist.

Ergebnisse der Simulation

Die Simulationsergebnisse zeigen, daß eine Entwaldung entsprechend der optimistischen Variante lediglich im Hangneigungsbereich über 40 Grad zu kritischen Blößen führt. Der Anteil der Entwaldung, der sich in kritischen Blößen konzentriert, beträgt 1,4 Prozent. Somit ist auf circa 0,3 Prozent der Flächen über 40 Grad mit entsprechenden Auswirkungen zu rechnen. In flacheren Hangneigungsbereichen liegen sowohl die errechneten Werte der Blößenbreiten als auch deren Flächenausdehnung unterhalb den von LAATSCH (1977) geschätzten Werten.

Die mittlere Schadenverlaufsvariante führt zur Bildung kritischer Blößen in Hangpartien über 35 Grad. Im einzelnen ergab die Simulation folgendes Bild: Im Hangneigungsbereich über 40 Grad liegt der Anteil der Entwaldung, der sich in kritischen Blößen konzentriert, bei 36,6 Prozent. Dieser Anteil verringert sich im Bereich zwischen 37,5 und 40 Grad auf 19,3 Prozent, im Bereich zwischen 35 und 37,5 Grad auf 7,6 Prozent. In flacheren Hangbereichen werden die kritischen Werte nicht überschritten.

Eine zunehmende Entwaldung entsprechend der pessimistischen Variante führt zu einer drastischen Erhöhung der Prozentanteile kritischer Blößen. So liegen im Hangneigungsbereich über 40 Grad 82,5 Prozent der Bäume innerhalb kritischer Blößen. Im Hangneigungsbereich zwischen 37,5 und 40 Grad beträgt der Anteil 66,9 Prozent, zwischen 35 und 37,5 Grad 43,7 Prozent, in noch flacheren Bereichen 1,9 Prozent.

Die Ergebnisse zeigen, daß hinsichtlich der Entstehung kritischer Blößen gravierende Unterschiede zwischen den Varianten einerseits und zwischen den ausgeschiedenen Hangneigungsbereichen andererseits bestehen. Mit der Entstehung kritischer Blößen ist es ab einer Entwaldung, die der mittleren Variante entspricht, zu rechnen.

An dieser Stelle erscheint es notwendig, darauf hinzuweisen, daß die Simulationsrechnungen, die hier durchgeführt wurden, von einem idealen, voll bestockten Bestand ausgehen. Löw (1975) stellte jedoch fest, daß auf 15,2 Prozent der Waldflächen des Werdenfelser Landes die Bestockungen unter schutztechnischen Gesichtspunkten als absolut unbefriedigend zu bewerten sind. Erste überschlägige Schätzungen auf der Basis von Daten des Schutzwaldsanierungsprogramms der Bayerischen Staatsforstverwaltung ergaben, daß circa 10 bis 15 Prozent der Schutzwälder des Allgäus sanierungsbedürftig sind (Schreyer, G., 1987). Die Simulation zeigt nun einen durchschnittlichen möglichen Entwicklungsgang der Lawinenschutzwälder auf; sie kann auf den Einzelbestand nur bedingt angewandt werden. So besteht durchaus die Möglichkeit, daß in lichten Lawinenschutzwäldern, die zudem über einen relativ hohen Laubholzanteil verfügen, bereits die optimistische Variante zur Bildung kritischer Blößen führt.

4.5.5 Erfassung der Lawinenabgangswahrscheinlichkeit

Anhand eines diskriminanzanalytischen Ansatzes gelang es erstmals Rink (1979), ein Modell auf mathematischer Basis für die Lawinenvorhersage zu entwickeln. Die Grundlage des entwickelten Modells bilden 562 Hänge im Arlberggebiet. Mit Hilfe von Geländeparametern berechnete Rink (1979) eine Trennfunktion, die Hänge ohne Lawinenabgänge von Hängen mit Lawinenabgängen trennt. Die günstigste Trennfunktion ergab sich bei der Einbeziehung der Geländeparameter Hangneigung (HN), Expositon (HE) und den rechnerischen Größen obere (HLO) und untere (HLU) Hanglänge. Aus diesen Parametern leitete Rink folgende Funktion zur Berechnung des Trennwertes T ab:

$$T = 0{,}03707 \times HE - 0{,}9979 \times HN + 0{,}0175 \times HLO + 0{,}01056 \times HLU$$

T: Trennwert
HE: Hangexposition
HN: Hangneigung
HLO: Obere Hanglänge
HLU: Untere Hanglänge

Aus diesem Trennwert errechnete er eine theoretische Lawinenabgangswahrscheinlichkeit. Dieser theoretische Wert wurde von RINK (1979) in einem weiteren Schritt praxisnah definiert. Durch die Verwendung einer linearen Zugehörigkeitsfunktion war es ihm aufgrund der Modellannahmen möglich, die Zugehörigkeit einzelner Hänge zur Klasse der Hänge mit Lawinenabgängen zu bestimmen. Er ging davon aus, daß bei einer großen Zugehörigkeit (Wert nahe 1) ein großer Teil des Hanges lawinengefährdet sei. Der Anteil entspricht dem Wert der Zugehörigkeitsfunktion. Berechnungsbeispiele sind bei RINK (1979) aufgeführt.

Modifikation des Modells

Die Ermittlung der rechnerischen Größen obere und untere Hanglänge erwies sich für uns bei der kartographischen Aufnahme als objektiv nicht durchführbar. Aus diesem Grund wurde bei der Modifikation unseres Modells angenommen, daß die Gesamthanglänge (HL) zu jeweils 50 Prozent den Parametern „obere" und „untere Hanglänge" zugeordnet ist. Eine an dieser Stelle durchgeführte Sensitivitätsanalyse ergab, daß der maximale Fehler für einen durchschnittlichen Hang bei +/− 6,25 Prozent liegt. Bei der Analyse wurde für den mittleren Hang (Hanglänge 500 m) jeweils die obere und die untere Hanglänge variiert. Daher wurde für die Berechnung der Lawinengefährdung folgende vereinfachte Formel verwendet:

$$T = 0{,}03707 \times HE - 0{,}9979 \times HN + 0{,}01403 \times HL$$

Um ein Nachschlagen in den von RINK (1979) abgeleiteten Tabellen für die Abgangswahrscheinlichkeit (P(E)) zu umgehen, wurde für die Tabellenwerte von RINK (1979) eine lineare Regression berechnet. Da diese einen sehr hohen Korrelationskoeffizienten aufwies (0,9995), war es möglich, mit folgender Formel

$$P(E) = -60{,}92 - 4{,}01 \times T$$

den lawinengefährdeten Anteil zu berechnen.

Bei der Anwendung dieser Formel ist zu beachten, daß für die Geländeparameter Exposition und Hangneigung von RINK (1979) Zuordnungstabellen erstellt wurden. So gehen Hangneigungswerte über 48 Grad und Expositionen zwischen 0 und 150 Grad nicht direkt in die Bewertung ein; der modifizierte Wert muß in einer Tabelle bei RINK (1979) nachgeschlagen werden.

4.5.6 Schätzverfahren zur Erfassung von Flächen mit hoher Schneegleitbelastung

Das RINKsche Modell erfaßt Flächen, aus denen Lawinen abgehen. Diese Flächen sind Teilflächen der kritischen Blößen. Im anderen Teil der kritischen Blößen ist zumindest aufgrund der Hangneigungsverhältnisse mit Schneegleitprozessen zu rechnen, die lokal zu einer Beeinträchtigung der Verjüngung führen können. Um diesen Tatbestand zu berücksichtigen, wurde analog dem RINKschen Modell versucht, mit Hilfe von Grenzwerten den Anteil schneegleitgefährdeter Fläche zu schätzen.

Die von der Bayerischen Staatsforstverwaltung für den bayerischen Alpenraum durchgeführte Hanglabilitätskartierung berücksichtigt bei der Ausscheidung von Gleitschneehängen die Ausprägung der Oberflächenrauhigkeit, die Hangneigung, die Exposition und möglichen Wasserzug. Schneegleitprozesse selbst können im Laufe der Zeit zu einer Verringerung der Oberflächenrauhigkeit führen. Geht man von mittleren Oberflächenrauhigkeitsverhältnissen aus und vernachlässigt möglichen Wasserzug, besteht die Möglichkeit, anhand der Geländeparameter Hangneigung und Exposition eine grobe Abschätzung für Gleitschneehänge vorzunehmen.

Unterstellt man, daß auf nordexponierten Hängen bis zu einer Hangneigung von 28 Grad kein Schneegleiten, auf südwestexponierten Hängen bei einer Hangneigung von 50 Grad auf der gesamten Fläche Schneegleiten auftritt, können bei Zugrundelegung der RINKschen Gewichtung analog die Anteile von schneegleitbelasteten Flächen (P(S)) geschätzt werden. Es ergibt sich die Formel:

$Ts = 0{,}03707 \times HE - 0{,}9979 \times HN$
Ts: Trennwert für Schneegleitbelastung.

Um den Anteil von Flächen mit Schneegleitprozessen zu berechnen, wurde eine lineare Beziehung angenommen. Der Anteil berechnet sich nach folgender Formel:

$P(S) = -58{,}04 - 3{,}56 \times Ts$

4.5.7 Berechnung der potentiellen Lawinenreichweite

LAATSCH et al. (1981) stellen ein statistisches Modell zur Berechnung von Lawinenreichweiten vor. Nach diesem Ansatz wird die Reichweite von Lawinen definiert als die Horizontalprojektion der Lawinenbahn (L). Das Verhältnis H (Höhenunterschied zwischen Anrißpunkt und Endpunkt der Lawinenbahn) zu L = $\tan\alpha$ entspricht dem Pauschalgefälle. Das Pauschalgefälle ist umgekehrt proportional der Reichweite. Es ist von Standortseigenschaften und der Ausprägung des Lawinenstrichs abhängig (HILDEBRANDT, M., 1982).

ZENKE (1985) stellt drei Häufigkeitsverteilungen von gemessenen Pauschalgefällen vor. Für die hier auftretende Fragestellung erschien die von ZENKE (1985) abgeleitete Verteilung anwendbar für fünfzig kleine Lawinen. Die Verteilung ist in Abbildung 15 mit den zugehörigen Summenwerten dargestellt.

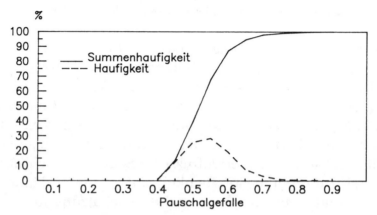

Abb. 15 Verteilung und Summenhäufigkeit gemessener Pauschalgefälle von Lawinen (verändert nach ZENKE, 1984)

Aus der Abbildung geht hervor, daß 100 Prozent der Lawinen ein Pauschalgefälle von 0,9 erreichten. Circa 40 Prozent wiesen ein Pauschalgefälle von mindestens 0,5 auf und lediglich 1 Prozent der Lawinen (Großereignisse!!) erreichten Werte von 0,4. Mit Hilfe der errechneten Summenwerte ist es möglich, die infolge von Absterbeprozessen resultierende Gefährdung einzelner Objekte zu schätzen.

4.5.8 Das Problem der Regenerationsbeschränkungen

Im Rahmen des Hochwassermodells wurde ein Ansatz entwickelt, der es erlaubt, für Bereiche geringer Flächenausdehnung die resultierenden Folgevegetationen abzuschätzen (siehe sechstes Kapitel „Einfaches Schätzverfahren zur Erfassung der resultierenden Folgevegetation nach Absterbeprozessen"). Da das Bewertungsmodell Lawinen die Auswirkungen des Waldsterbens auf Landkreisebene erfassen und bewerten sollte, war es nicht möglich, für jede Teilfläche die Intensität der auftretenden Regenerationsbeschränkungsfaktoren zu erfassen. Da diese jedoch auf mögliche Auswirkungen einen immensen Einfluß besitzen, wurden im Modell zwei Varianten unterschieden, die im folgenden kurz beschrieben werden.

Geringe Regenerationsbeschränkung:
Hier wird angenommen: Eine Regeneration der Baumarten der Oberschicht ist auf den resultierenden Freiflächen möglich. Der Wiederbewaldung (Wiederbegründung) stehen bis zum Ende des Untersuchungszeitraumes tolerierbare Widerstände entgegen.

Hohe Regenerationsbeschränkung:
Hier wird unterstellt: Eine Regeneration der Baumarten der Oberschicht ist auf den resultierenden Freiflächen sehr erschwert, auf Teilflächen unmöglich. Der Wiederbewaldung stehen bis zum Ende des Betrachtungszeitraums, teilweise in verstärktem Maße (Waldsterben an der Verjüngung, Schneegleiten) Widerstände entgegen.

Eine genaue Definition findet sich bei der Beschreibung des Modells Folgevegetation. Die Variante „Regenerationsbeschränkung hoch" beschreibt ungefähr den gegenwärtigen Zustand der Verjüngungssituation bayerischer Gebirgswälder auf weiter Fläche.

4.5.9 Erfassung der Zustände von Lawinenschutzwäldern nach Absterbeprozessen

Nachfolgend werden die Ergebnisse der Schadenverlaufsvarianten, der Monte-Carlo-Simulation sowie die Modelle zum Lawinenabgangspotential und zur Reichweite zusammengefaßt. Auf diese Weise ist es möglich, einen beliebigen Lawinenhang in Teilflächen zu zerlegen, die im folgenden kurz erläutert werden.

Teilfläche 1:	Flächen, aus denen Lawinen abgehen, die das Objekt erreichen.
Teilfläche 2:	Flächen, aus denen Lawinen abgehen, die das Objekt nicht erreichen. Für Flächen ohne Objektschutz werden die Teilflächen 1 und 2 nicht differenziert betrachtet.
Teilfläche 3:	Flächen, aus denen keine Lawinen abbrechen, die jedoch für Schneegleitprozesse ein hohes Potential aufweisen.
Teilfläche 4:	Kritische Teilflächen oder Bereiche von kritischen Freiflächen, aus denen keine Lawinen abgehen und die kein Schneegleiten aufweisen.
Teilfläche 5:	Freiflächen, die die kritischen Werte nicht überschreiten.
Teilfläche 6:	Teilflächen ohne Einfluß des Waldsterbens.

Die Berechnung der Teilflächen soll kurz anhand eines Beispieles demonstriert werden.

Gegeben sei folgende Situation:
Lawinenschutzwald (10 ha, vollbestockt)
Geländeparameter: Hangneigung 40 Grad
Exposition Südwest (225)
Hanglänge 350 m
Pauschalgefälle 0,55

Pessimistische Schadenverlaufsvariante

Die gesamte entstehende Freifläche beträgt 63 Prozent bzw. 6,3 Hektar. Aufgrund der Monte-Carlo-Simulation kann angenommen werden, daß sich 82,5 Prozent der Freiflächen in kritischen Blößen konzentrieren. Somit resultiert, daß auf 5,2 Hektar kritische Flächen entstehen. Die Berechnung der Lawinenabgangswahrscheinlichkeit ergab, daß auf 45,9 Prozent der Fläche mit Lawinenabgängen gerechnet werden muß. Die Fläche, aus denen Lawinen abgehen, reduziert sich somit auf 2,4 Hektar. Aufgrund des auftretenden Pauschalgefälles kann darauf geschlossen werden, daß 68 Prozent der Lawinen das Objekt erreichen. Die Fläche, aus der Lawinen abgehen, die das Objekt erreichen, beträgt somit 1,6 Hektar. In 54,4 Prozent der kritischen Blöße ist mit Schneegleiten zu rechnen. Dies entspricht 2,8 Hektar. Da auf 2,4 Hektar Lawinen abgehen, verbleibt ein Rest von 0,4 Hektar, auf dem zusätzlich mit starkem Schneegleiten zu rechnen ist.

Für die einzelnen Teilflächen liefert die Kalkulation folgende Ergebnisse:

Teilfläche 1: 1,6 ha (10 ha × 0,63 × 0,825 × 0,459 × 0,68)
Teilfläche 2: 0,8 ha (10 ha × 0,63 × 0,825 × 0,459 − TF1)
Teilfläche 3: 0,4 ha (10 ha × 0,63 × 0,825 × 0,544 − TF 1 − TF2)
Teilfläche 4: 2,4 ha (10 ha × 0,63 − TF 1 − TF 2 − TF3)
Teilfläche 5: 1,1 ha (10 ha × 0,63 − TF1 −TF2 −TF3 −TF4)
Teilfläche 6: 3,7 ha (10 ha × 0,37)

TF: Teilfläche

Diese Gliederung in Teilflächen bildet die Basis für weitere Handlungen und Entscheidungen.

4.5.10 Entscheidungs- und Handlungsbereich

Eine Reihe von Veröffentlichungen über Folgen des Waldsterbens zeigt, daß der Ersatz von 1 Hektar Lawinenschutzwald mit einer Million DM veranschlagt werden muß (KARL, J., 1984, DAV, 1985). Diese Kosten entstehen, wenn Anrißgebiete permanent mit Stahlkonstruktionen verbaut werden. Für den Bereich des Lawinenabbruchschutzes stehen jedoch auch temporäre Verbauungssysteme zur Verfügung, die entsprechend billiger sind. Wie die Modellbetrachtungen zeigen, ist nur auf Teilflächen der Lawinenschutzwälder mit Lawinenabgängen zu rechnen. Das Problem, das sich hier ergibt, liegt darin, daß für die einzelnen Teilflächen nunmehr geeignete Maßnahmen vorgeschlagen werden müssen.

Nach Artikel 7 der Bayerischen Haushaltsordnung ist die öffentliche Finanz- und Haushaltswirtschaft an die Grundsätze der Wirtschaftlichkeit und Sparsamkeit gebunden. Diese Grundsätze bedingen die Zweckmäßigkeit des Mitteleinsatzes. Die günstigste Zweck-Mittel-Relation wird durch die Anwendung des Rationalprinzips (ökonomisches Prinzip) erreicht. Sollte es zu drastischen Auswirkungen des Waldsterbens auf die Lawinengefährdung von Schutzobjekten kommen, sind Maßnahmen auf großen Flächen zu erwarten. Im Modell wird nun angenommen, daß die Maßnahmenintensität von der Schutzwertigkeit des Objektes abhängt. Ferner wird eine Abstufung zwischen den einzelnen Teilflächen und den Varianten der Regenerationsbeschränkung vorgenommen. Die hierauf aufbauende Bewertung entspricht einem Ersatzkostenansatz.

Obwohl Lawinenverbauungen ausgesprochen teuer sind, liegen bisher für den bayerischen Alpenraum keine Kosten-Nutzen-Analysen für einzelne Verbauungen vor (DEISENHOFER, H. W., 1987). Aus diesem Grund fehlen Anhaltspunkte für die Herleitung von Schadenserwartungsfunktionen, die im Zusammenhang mit der Abschätzung des veränderten Risikos interessant wären.

Wir halten es hier für sinnvoll, für unsere Teilflächen solche Maßnahmen vorzuschlagen, welche versuchen die Schutzfähigkeit des abgestorbenen Waldes teilweise zu ersetzen, teilweise wiederherzustellen. Letztlich entsprechen diese Maßnahmen einem aktiven vorbeugenden Katastrophenschutz.

Tabelle 1 zeigt die für die jeweiligen Schutzwertigkeitsstufen und Teilflächen vorgeschlagenen Maßnahmen und die kalkulierten durchschnittlichen Kosten pro Hektar. Diese Kosten können als Maß für die Auswirkungen des Waldsterbens auf die Lawinensituation interpretiert werden.

Überträgt man das Prinzip der Nachhaltigkeit auf die Schutzfunktion von Wäldern, läßt sich das Ziel ableiten, daß primär versucht werden sollte, die Schutzfähigkeit von Wäldern wiederherzustellen und mit geeigneten Maßnahmen zu erhalten. Der hier aufgezeigte Weg versucht, diesem Ziel gerecht zu werden. Der Bau von Lawinensprengbahnen im Wald stellt in diesem Zusammenhang eine durchaus wirkungsvolle und billige Maßnahme zur Verminderung des Lawinenrisikos einzelner

Tabelle 1 Maßnahmen und Kosten auf den ausgeschiedenen Teilflächen

LAWINEN-SCHUTZWALD	MASSNAHMEN	LAWINENABBRUCHSCHUTZ			SCHNEEGLEITSCHUTZ		WIEDERBEGRÜNDUNG		
		Stahlkonstruktion Schneerechen Schneebrücken	Holzkonstruktion Schneerechen Schneebrücken	Holzkonstruktion Schneegleitbock	Verpfählung	Erhöhung der Oberflächenrauhigkeit	Pflanzung (Anteil in %)	Naturverjüngung (Anteil in %)	Zäunung
	0 - KOSTEN in 1000 DM / ha	1000 *	400 *+	250 +	125 *	7,5	20	0	50
PRIORITÄTSSTUFE I	Schutzobjekt wird erreicht	H	G	G	---	---	20	0	H
	Schutzobjekt wird NICHT erreicht	---	H	H,G	H,G	---	H : 100 G : 60	H : 0 G : 40	H ---
	Schneegleiten hoch	---	---	---	---	H,G	H : 100 G : 40	H : 0 G : 60	H ---
	Restfläche		keine technische Massnahme				H : 100 G : 20	H : 0 G : 80	--- ---
PRIORITÄTSSTUFE II	Schutzobjekt wird erreicht	H	H,G	G	---	---	H : 100 G : 10	H : 0 G : 90	--- ---
	Schutzobjekt wird NICHT erreicht	---	H	H,G	G	---	H : 100 G : 50	H : 0 G : 50	H ---
	Schneegleiten hoch	---	---	---	---	H,G	H : 100 G : 20	H : 0 G : 80	H ---
	Restfläche		keine technische Massnahme				H : 100 G : 10	H : 0 G : 90	--- ---
PRIORITÄTSSTUFE III	Schutzobjekt wird erreicht	---	H,G	H,G	---	---	H : 100 G : 0	H : 0 G : 100	--- ---
	Schutzobjekt wird NICHT erreicht	---	---	H,G	---	G	H : 100 G : 40	H : 0 G : 60	H ---
	Schneegleiten hoch	---	---	---	---	H,G	H : 100 G : 20	H : 0 G : 80	--- ---
	Restfläche		keine technische Massnahme				H : 100 G : 0	H : 0 G : 100	--- ---
PRIORITÄTSSTUFE IV	KEIN Schutzobjekt vorhanden	---	---	H,G	H,G	H	H : 100 G : 30	H : 0 G : 70	H ---
	Schneegleiten hoch	---	---	---	---	G	H : 100 G : 10	H : 0 G : 90	--- ---
	Restfläche		keine technische Massnahme				H : 100 G : 0	H : 0 G : 100	--- ---

H = Massnahme bei HOHER Regenerationsbeschränkung
G = Massnahme bei GERINGER Regenerationsbeschränkung
--- = KEINE Massnahme

* = CHRISTA (1986)
\+ = MOSSMER (1986)

Objekte dar. Allerdings wird durch die dabei abgehenden Lawinen die Wiederbewaldung des Anrißgebietes verhindert und Auswirkungen in tieferliegenden Beständen in Kauf genommen. Einer zukünftigen Generation wird somit ein Schutzwaldsystem übergeben, das einer permanenten Betreuung und Überwachung bedarf. Da ein solches Vorgehen dem Prinzip der Nachhaltigkeit widerspricht, wurde auf die Einbeziehung von Lawinensprengbahnen in den Maßnahmenkatalog verzichtet. Ein derartiges Vorgehen hielt auch ZENKE (1987) für angebracht.

4.6 Anwendung des Bewertungskonzepts zur Erfassung möglicher Auswirkungen des Waldsterbens auf die Lawinengefährdung im Landkreis Traunstein

4.6.1 Die Lawinenschutzwälder im Landkreis Traunstein

Der Landkreis Traunstein verfügt über circa 55 000 Hektar Wald. Die Waldfunktionsplanung schied 11 588 Hektar als Lawinenschutzwald aus. Dies entspricht einem Anteil von 21,4 Prozent.

Im Lawinenkataster (BAYERISCHES LANDESAMT FÜR WASSERWIRTSCHAFT, Abteilung Lawinen), das zur Zeit unserer Untersuchung überarbeitet wurde, sind insgesamt 120 Lawinen verzeichnet. 75 Prozent dieser Lawinen brechen in einer Höhe unterhalb 1400 Metern über Normalnull ab. Die durchschnittliche Abbruchhöhe liegt bei 1200 Metern. Der größte Teil der Anrißgebiete liegt somit unterhalb der natürlichen Waldgrenze.

Gemäß dem Modell wurden die Lawinenschutzwälder in Einzelflächen gegliedert und hinsichtlich ihrer Schutzwertigkeit eingestuft. Insgesamt wurden 242 Einzelflächen auf der Basis der topographischen Karten (1:25 000) ausgeschieden. Von diesen wurden 49 (20,3 Prozent) der Schutzwertigkeitsstufe I, 27 (11,2 Prozent) der Stufe II und 7 (2,9 Prozent) der Stufe III zugeordnet. Unterhalb von weiteren 159 Flächen befinden sich keine Siedlungen oder Infrastruktureinrichtungen.

Unter Zuhilfenahme eines digitalen Planimeters wurden die Einzelflächengrößen bestimmt. Die Gesamtsumme dieser Flächen ergab einen Wert von 11 648,2 Hektar. Der Wert liegt somit 0,5 Prozent über der von der Waldfunktionsplanung ausgeschiedenen Fläche (der Wert liegt innerhalb des Meßfehlers des Planimeters (+/− 0,1 cm^2 pro Messung)). Die Auswertung nach Schutzwertigkeitsstufen ergibt folgendes Bild:

Schutzwertigkeitsstufe	Gesamtfläche	Anteil	⌀ Größe
I	2071,7 ha	17,8%	42,3 ha
II	973,0 ha	8,4%	36,0 ha
III	245,3 ha	2,1%	35,0 ha
IV	8358,2 ha	71,7%	52,6 ha
Summe I–III	3290,0 ha	28,3%	39,6 ha
Summe I–IV	11648,2 ha	100,0%	48,1 ha

Die durchschnittlich ausgeschiedene Flächengröße beträgt somit circa 48 Hektar und liegt damit im Bereich der Größe einer Unterabteilung im Gebirge der kleinsten forstlichen Planungseinheit.

4.6.2 Erfassung der Flächendaten

Für jede Fläche wurden zunächst folgende Daten erhoben:

Laufende Nummer

Ursprünglich sollte die Nummernvergabe von Ost nach West erfolgen. Dies erwies sich jedoch, da sechs Kartenblätter ausgewertet wurden, als schwierig. Daher wurde entschieden, die Nummern getrennt für jedes Kartenblatt zusammenhängend zu vergeben.

Forstamtsbereich

Die Lawinenschutzwälder liegen in drei Forstamtsbereichen (Marquartstein, Siegsdorf, Ruhpolding), deren Grenzen auf die topographischen Karten (1:25 000) übertragen wurden.

Flächengröße

Die Flächengröße wurde durch zweimalige Messung mittels eines digitalen Planimeters und anschließender Mittelung bestimmt.

Objektschutz

Hierbei wurde untersucht, ob sich unterhalb der Schutzwaldfläche ein schützenswertes Objekt befindet.

Objektschutzklassifikation

Bei der Aufnahme wurden zunächst die einzelnen Objekte erfaßt. Die Einteilung in Schutzwertigkeitsstufen erfolgte anschließend bei der computergestützten Kalkulation.

Für die Bestimmung der Parameter Hangneigung und Pauschalgefälle waren mehrere Messungen notwendig, da nicht von einheitlichen Verhältnissen auf der gesamten Fläche ausgegangen werden konnte. Die notwendige Stichprobenzahl errechnet sich nach BITTERLICH (1971) nach folgender Formel:

$n = t^2 \times s\%^2 / E\%^2$

- n: Stichprobenzahl
- t: t-Wert für $\alpha = 0{,}05$, t = 2
- s %: Variationskoeffizient
- E %: Relativer Vertrauensbereich

Anhand eines Pretests, der für 20 zufällig ausgewählte Flächen durchgeführt wurde, ergab sich bei einem relativen Vertrauensbereich von +/− 10 Prozent, daß fünf Messungen notwendig waren.

Hangneigung

Die durchschnittliche Hangneigung wurde durch Mittelung der fünf Meßwerte bestimmt sowie deren Standardabweichung berechnet.

Pauschalgefälle

Das Pauschalgefälle wurde ebenfalls durch Mittelwertbildung der fünf Messungen bestimmt. Die Meßpunkte wurden anhand eines Rasters zufällig auf dem Hang verteilt.

Hanglänge

Die Hanglänge wurde je nach Ausprägung der Fläche mittels fünf Messungen und anschließender Mittelwertbildung bestimmt.

Nach Abschluß der kartographischen Auswertungen wurde das Flächenmuster auf eine topographische Karte 1:50 000 übertragen und eine Karte der potentiell gefährdeten Siedlungen und Infrastruktureinrichtungen erstellt. Einen Ausschnitt aus dieser Karte zeigt Abbildung 16. Anschließend wurden die Daten auf Datenträger übernommen.

4.6.3 Das Kalkulationsprogramm LAWKAL

Mit Hilfe eines vom Verfasser in FORTRAN IV geschriebenen Programms war es möglich, für die Einzelflächen die erforderlichen Flächenberechnungen und Kostenkalkulationen für die vier Schadenverlaufsvarianten zu berechnen. Das Programm erzeugt einen Ausdruck, der getrennt nach den vier Schadenverlaufs- und den zwei Regenerationsbeschränkungsvarianten, folgende Daten enthält:

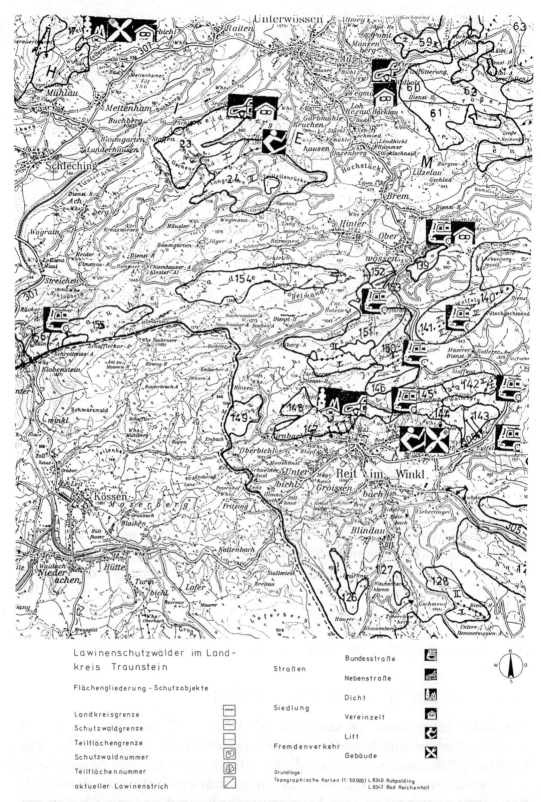

Abb. 16 Karte der potentiell gefährdeten Siedlungen und Infrastruktureinrichtungen im Landkreis Traunstein (Ausschnitt)

- Für jede Teilfläche die zu treffenden Maßnahmen. Hierbei bedeuten die Abkürzungen:
  PV: Permanente Verbauung
  TV: Temporäre Verbauung
  GB: Aufstellen von Gleitschutzböcken
  VP: Verpfählungen
  QU: Querlegen von Stämmen
  PF: Pflanzung
  ZA: Zaunbau
  NV: Naturverjüngung
- Die entsprechende Maßnahmenfläche in ha, bezogen auf die vier Teilflächen.
- Die kalkulierten Kosten je Teilfläche sowie die Durchschnittskosten pro Hektar.
- Das Arbeitsvolumen je Maßnahme (berechnet aus dem Erfahrungswert, daß bei Lawinenverbauungen der Arbeitskostenanteil fünfzig bis sechzig Prozent beträgt). Aus den durchschnittlichen Kosten je Arbeitsstunde kann dann das Arbeitsvolumen abgeschätzt werden.

Ein Beispiel eines Ergebnisausdruckes des Programms LAWKAL zeigt Tabelle 2 (viertes Kapitel Ergebnisse der Einzelflächenkalkulation)

Besonderheiten des Programms LAWKAL

Zur Verfeinerung des Modells wurden während der Programmentwicklung einige Erweiterungen vorgenommen.

- Berechnung von Hangneigungsklassen und deren Flächengröße
  Die Hangneigung spielt bei der Einschätzung des Lawinenpotentials eine entscheidende Rolle. Würde in die Berechnung lediglich der Mittelwert eingehen, bestünde die Gefahr, daß durch das „Abschneiden von Hangneigungsextremen" die Lawinengefahr über- bzw. unterschätzt wird. Um dieses Problem zu umgehen, wurde angenommen, daß die Neigung des Gesamthanges um den Mittelwert normalverteilt ist. Das ermöglicht, daß bei gegebener Standardabweichung bestimmte Prozentsätze der Fläche jeweils einem oberen bzw. unteren Hangneigungswert zugeordnet werden können. Durchgeführte Versuchsberechnungen ergaben, daß sich eine Ausscheidung in vier Hangneigungsbereiche anbot.
  Die Hangneigungsgliederungen und Prozentanteile sind in Abbildung 17 vorgetragen.
  Im einzelnen werden dem unteren Wert (Hangneigung minus Standardabweichung) 15,875 Prozent der Fläche, dem Mittelwert 34,125 Prozent, dem oberen Wert (Hangneigung plus Standardabweichung)

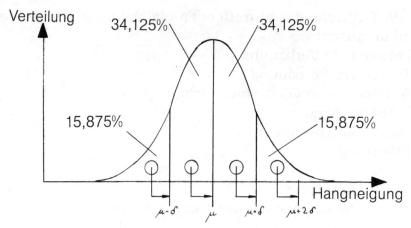

Abb. 17 *Verteilung der Hangneigung um den berechneten Mittelwert*

34,125 Prozent und dem Maximalwert (Hangneigung plus 1,96 × Standardabweichung) 15,875 Prozent zugeschlagen. In die Berechnung ging dann jeweils der obere Wert der Hangneigungsklasse ein. Die Berechnungen für die Fläche werden in vier Stufen durchgeführt und die jeweiligen Kalkulationsergebnisse zusammengefaßt.

– Berechnung des Kostenmodifikationsfaktors X (I)
In Abhängigkeit von der Hangneigung treten unterschiedliche Kosten für die Maßnahmen auf. Dies wird deutlich, wenn man die durchschnittliche Länge von Stützwerken in Abhängigkeit von der Hangneigung betrachtet (vgl. SCHWARZ, W., 1972).
Die Werte für die notwendige Laufmeterzahl sowie der durchschnittliche Pfahlabstand bei Verpfählungen wurden herangezogen, um die Durchschnittskosten in Abhängigkeit von der Hangneigung zu modifizieren. Hierbei wurde davon ausgegangen, daß der Durchschnittswert sich auf einen Hang mit 40 Grad Hangneigung bezieht. Mittels der Funktion
tan HN / 0,83909 × Anzahl der Pfähle (bei 40 Grad)
konnte die Anzahl der notwendigen Pfähle für andere Hangneigungen mit einem durchschnittlichen Fehler von 7 Prozent geschätzt werden. Daher erschien die Funktion geeignet, auch die Durchschnittskosten in Abhängigkeit von der Hangneigung zu modifizieren.

– Mindestflächenanforderungen für Maßnahmen
Von der Ausdehnung der Fläche wird es abhängen, ob Maßnahmen getroffen werden. Im Bereich des Lawinenabbruchschutzes war es möglich, auf der Basis des durchschnittlich von einem Werk geschützten Flächenanteils für unterschiedliche Hangneigungsbereich Mindestflächenanforderungen zu definieren. Bei Maßnahmen gegen Schneegleiten bzw. zur Verjüngung wurde angenommen, daß diese ab einer Flächenausdehnung von 0,1 Hektar durchgeführt werden.

Das Kalkulationsprogramm LAWKAL wird am Lehrstuhl für Forstpolitik und Forstgeschichte aufbewahrt und kann dort eingesehen werden.

4.6.4 Das Kalkulationsprogramm ENDKAL

Das Kalkulationsprogramm ENDKAL, das ebenfalls in FORTRAN IV entwickelt wurde, faßt die Ergebnisse der Einzelflächenberechnungen zusammen. Die Summenwerte werden für die vier Schutzwertigkeitsstufen, getrennt nach den vier Schadensverlaufsvarianten sowie den zwei unterstellten Regenerationsbeschränkungsintensitäten, berechnet. Für diese Varianten werden, nach den Teilflächen 1 bis 4 getrennt, die Gesamtkosten, die Kosten pro Hektar und das zu erwartende Arbeitsvolumen berechnet.

Auch das Kalkulationsprogramm ENDKAL wird am Lehrstuhl für Forstpolitik und Forstgeschichte aufbewahrt und kann dort eingesehen werden.

4.7 *Ergebnisse der Kalkulation*

Im folgenden werden zunächst die Ergebnisse einer Einzelflächenkalkulation beispielhaft dargestellt und erörtert. Anschließend werden die Ergebnisse der Gesamtkalkulation für den Landkreis Traunstein dargestellt.

4.7.1 Ergebnisse der Einzelflächenkalkulation

Tabelle 2 zeigt den Endausdruck des Kalkulationsprogramms LAWKAL für eine Teilfläche im Landkreis Traunstein.

Wie aus der Tabelle hervorgeht, liegt die Fläche 156 im Forstamtsbereich Marquartstein, oberhalb der B 305. Die optimistische Schadenverlaufsvariante führt zu keiner Gefährdung der Bundesstraße. Bei der mittleren Schadenverlaufsvariante treten kritische Blößen auf, in denen Maßnahmen getroffen werden müßten. Die Maßnahmenfläche beträgt hier 0,7 Hektar bzw. 11 Prozent der Gesamtfläche. Je nach Regenerationsbeschränkungsvariante werden gemäß der dargestellten Vorschläge unterschiedliche Maßnahmen auf den Teilflächen getroffen. Bei der pessimistischen Variante würde sich die Maßnahmefläche auf 40 Prozent erhöhen. Dies führt zu einer Vervierfachung der Kosten gegenüber der mittleren Variante. Bei totaler Entwaldung müßten auf der Gesamtfläche Maßnahmen getroffen werden. Jedoch sind aufgrund der Modellannahmen Verbauungen gegen Lawinen lediglich auf 53 Prozent notwendig. Hohe Regenerationsbeschränkung würde auf dieser

Tabelle 2 Computerausdruck für Fläche 156

```
FLAECHENUMMER :156         FLAECHENGROESSE :  6.2         OBJEKTSCHUTZ                        FORSTAMT : MARQUARTSTEIN
REGENERATIONSBESCHRAENKUNG : HOCH                         -BUNDESSTRASSE
                                                                                                          G E R I N G

 M A S S N A H M E N   FLAECHE   KOSTEN   KOSTEN/HA  ARBEITS-      M A S S N A H M E N    FLAECHE   KOSTEN    KOSTEN/HA  ARBEITS-
 PV TV GB VP QU PF ZA NV  IN HA    IN     IN         VOLUMEN       PV TV GB VP QU PF ZA NV   IN HA    IN       IN         VOLUMEN
                                 1000 DM  1000 DM    IN H                                           1000 DM   1000 DM    IN H

                        O P T I M I S T I S C H E   V A R I A N T E
  0  0  0  0  0  0  0  0   0.0     0.0      0.0       0.            0  0  0  0  0  0  0  0   0.0      0.0       0.0        0.
  0  0  0  0  0  0  0  0   0.0     0.0      0.0       0.            0  0  0  0  0  0  0  0   0.0      0.0       0.0        0.
  0  0  0  0  0  0  0  0   0.0     0.0      0.0       0.            0  0  0  0  0  0  0  0   0.0      0.0       0.0        0.

                        M I T T L E R E   V A R I A N T E
  1  0  0  0  0  1  1  0   0.1   173.1   1387.2    2626.            0  1  0  0  0  1  1  0   0.1     54.5     436.9      827.
  0  1  0  0  0  1  0  0   0.3   115.7    408.6    1755.            1  0  0  0  0  1  0  0   0.3    104.1     367.7     1580.
  0  1  0  1  0  0  0  1   0.3    10.0      0.0       0.            0  1  0  1  0  0  0  1   0.0      0.0       0.0        0.
                                   5.1     20.3      78.                                      0.3      0.5       2.0        8.

                        P E S S I M I S T I S C H E   V A R I A N T E
  1  0  0  0  0  1  1  0   0.5   697.1   1303.7   10575.            0  1  0  0  0  1  1  0   0.5    219.6     410.6     3331.
  0  1  0  0  0  1  0  0   1.0   406.8    400.0    6172.            1  0  0  0  0  1  0  0   1.0    366.1     360.0     5554.
  0  0  0  0  0  0  0  0   0.0     0.0      0.0       0.            0  0  0  0  0  0  0  0   0.0      0.0       0.0        0.
  0  1  0  1  0  0  0  1   1.1    23.4     20.7     355.            0  1  0  1  0  0  0  1   1.1      2.3       2.1       36.

                        V O E L L I G E   E N T W A L D U N G
  1  0  0  0  0  1  1  0   1.1  1391.1   1289.7   21103.            0  1  0  0  0  1  1  0   1.1    438.1     406.2     6647.
  0  1  0  0  0  1  0  0   2.2   843.3    388.1   12792.            1  0  0  0  0  1  0  0   2.2    758.9     349.3    11513.
  0  0  0  0  1  0  0  0   0.1    21.7     21.7      39.            0  0  0  0  1  0  0  0   0.1      5.5       9.4       17.
  0  1  0  1  0  0  0  1   2.7    54.9     20.3     833.            0  1  0  1  0  0  0  1   2.7      5.5       2.0       83.
```

Fläche jeweils zu einer Verdoppelung der Kosten für Sanierungsmaßnahmen führen.

Analog wurden die Berechnungen für alle 242 Flächen durchgeführt. Die Einzelergebnisse werden am Lehrstuhl aufbewahrt.

4.7.2 Ergebnisse der Gesamtkalkulation

Abbildung 18 zeigt die zu erwartenden Gesamtkosten für die vier Schadenverlaufsvarianten im Landkreis Traunstein. Die Darstellung wurde differenziert nach den zwei Regenerationsbeschränkungsstufen und den unterschiedlichen vier Klassen der Schutzwertigkeit.

Für beide Regenerationsbeschränkungsstufen zeigt sich, daß die optimistische Schadenverlaufsvariante nur zu geringen Kosten führen würde. Die mittlere Schadenverlaufsvariante führt bei hoher Regenerationsbeschränkung zu Gesamtkosten in Höhe von 106,1 Millionen DM, bei geringer Regenerationsbeschränkung sinken diese Kosten auf 44,8 Millionen DM. Ein pessimistischer Schadensverlauf würde in etwa zu 4½-fachen Kosten führen. Bei hoher Regenerationsbeschränkung sind hier Kosten von 460,1 Millionen DM, bei geringer von 191,4 Millionen DM zu erwarten. Der Kostenanteil für den Schutz von Siedlungen und Infrastruktureinrichtungen ist mit 50 Prozent zu veranschlagen. Die totale Entwaldung würde bei beiden Varianten nochmals zu einer Verdoppelung der Kosten führen. Der völlige Ausfall der Lawinenschutz-

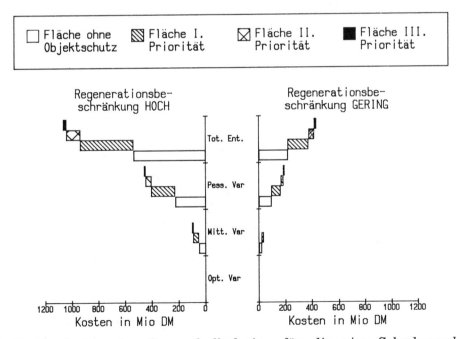

Abb. 18 Ergebnisse der Gesamtkalkulation für die vier Schadenverlaufsvarianten im Landkreis Traunstein

wälder bei gleichzeitig hoher Regenerationsbeschränkung führt nach den Modellrechnungen zu Kosten in Höhe von 1069,4 Millionen DM, bei geringer Regenerationsbeschränkung reduzieren sich die Kosten auf 433,0 Millionen DM. Auf den Schutz von Siedlungen und Infrastruktureinrichtungen entfallen wiederum circa 50 Prozent.

Die Ergebnisse zeigen, daß die Stärke der Regenerationsbeschränkungsfaktoren einen entscheidenden Einfluß auf die Kostenhöhe ausüben. Hohe Regenerationsbeschränkung führt bei allen Varianten zu Kosten in 2½-facher Höhe im Vergleich zur geringen Regenerationsbeschränkung.

Mit zunehmender Schadensintensität steigen die Gesamtkosten nicht linear, sondern exponentiell. Dieser Umstand dürfte den natürlichen Gegebenheiten weitgehend entsprechen.

Die durchschnittlich zu erwartenden Kosten pro Hektar Lawinenschutzwald betragen:

- bei hoher Regenerationsbeschränkung:
  - für die mittlere Variante: 9 000 DM/ha
  - für die pessimistische Variante: 39 500 DM/ha
  - bei totaler Entwaldung: 92 000 DM/ha,
- bei geringer Regenerationsbeschränkung:
  - für die mittlere Variante: 4 000 DM/ha
  - für die pessimistische Variante: 16 500 DM/ha
  - bei totaler Entwaldung: 37 000 DM/ha.

Das geschätzte Arbeitsvolumen für den Landkreis Traunstein in Mannjahren (2000 Arbeitsstunden pro Jahr incl. Überstunden) beträgt

- bei hoher Regenerationsbeschränkung
  - für die mittlere Variante: 804 Mannjahre
  - für die pessimistische Variante: 3 490 Mannjahre
  - bei totaler Entwaldung: 8 112 Mannjahre,
- bei geringer Regenerationsbeschränkung
  - für die mittlere Variante: 340 Mannjahre
  - für die pessimistische Variante: 1 452 Mannjahre
  - bei totaler Entwaldung: 3 285 Mannjahre.

Bei hoher Regenerationsbeschränkung liegt der Kostenanteil für Verbauungsmaßnahmen bei durchschnittlich 88,4 Prozent, bei geringer beträgt der Anteil 98,6 Prozent. Dies ist darauf zurückzuführen, daß bei geringerer Regenerationsbeschränkung fast ausschließlich technische bzw. biologisch-technische Maßnahmen in Extrembereichen notwendig, Verjüngungen großflächig natürlich möglich sind. Die Zahlen zeigen, daß Kosten vor allem für Verbauungen anfallen. Die Ergebnisse getrennt nach den vier Schutzwertigkeitsstufen sind in den Tabellen 3 bis 6 zusammengestellt.

Tabelle 3 Ergebnisse der Modellrechnungen für Flächen der Schutzwertigkeitsstufe I

```
FLÄCHEN        1.PRIORITÄT

GESAMTFLÄCHE                    2071.70 HA
ANZAHL DER TEILFLÄCHEN             49

OPTIMISTISCHE        VARIANTE
```

	KATEGORIE I	KATEGORIE II	KATEGORIE III	KATEGORIE IV	SUMMENWERTE
MASSNAHMENFLÄCHE (IN HA) % DER MASSNAHMENFLÄCHE	0.30 81 %	0.07 19 %	0.00 0 %	0.00 0 %	0.37 100 %

REGENERATIONSBESCHRÄNKUNG   HOCH

	KATEGORIE I	KATEGORIE II	KATEGORIE III	KATEGORIE IV	SUMMENWERTE
KOSTEN (IN 1000 DM) % DER GESAMTKOSTEN	378.10 94 %	22.70 6 %	0.00 0 %	0.00 0 %	400.80 100 %
KOSTEN / HA SANIERUNGSFLÄCHE	1 260.33	324.29	0.00	0.00	1 083.24
ARBEITSVOLUMEN (IN H)	5 736	344	0	0	6 080

REGENERATIONSBESCHRÄNKUNG   GERING

	KATEGORIE I	KATEGORIE II	KATEGORIE III	KATEGORIE IV	SUMMENWERTE
KOSTEN (IN 1000 DM) % DER GESAMTKOSTEN	119.20 85 %	20.50 15 %	0.00 0 %	0.00 0 %	139.70 100 %
KOSTEN / HA SANIERUNGSFLÄCHE	397.33	292.86	0.00	0.00	377.57
ARBEITSVOLUMEN (IN H)	1 806	311	0	0	2 117

```
MITTLERE             VARIANTE
```

	KATEGORIE I	KATEGORIE II	KATEGORIE III	KATEGORIE IV	SUMMENWERTE
MASSNAHMENFLÄCHE (IN HA) % DER MASSNAHMENFLÄCHE	30.65 23 %	16.22 12 %	17.76 13 %	68.19 51 %	132.82 100 %

REGENERATIONSBESCHRÄNKUNG   HOCH

	KATEGORIE I	KATEGORIE II	KATEGORIE III	KATEGORIE IV	SUMMENWERTE
KOSTEN (IN 1000 DM) % DER GESAMTKOSTEN	35 887.96 84 %	5 389.28 13 %	451.30 1 %	1 239.60 3 %	42 968.14 100 %
KOSTEN / HA SANIERUNGSFLÄCHE	1 170.90	332.26	25.41	18.18	323.51
ARBEITSVOLUMEN (IN H)	544 421	81 758	6 851	18 806	651 836

REGENERATIONSBESCHRÄNKUNG   GERING

	KATEGORIE I	KATEGORIE II	KATEGORIE III	KATEGORIE IV	SUMMENWERTE
KOSTEN (IN 1000 DM) % DER GESAMTKOSTEN	11 302.87 69 %	4 850.48 30 %	135.30 1 %	123.80 1 %	16 412.45 100 %
KOSTEN / HA SANIERUNGSFLÄCHE	368.77	299.04	7.62	1.82	377.57
ARBEITSVOLUMEN (IN H)	171 469	73 582	2 059	1 880	248 990

```
PESSIMISTISCHE       VARIANTE
```

	KATEGORIE I	KATEGORIE II	KATEGORIE III	KATEGORIE IV	SUMMENWERTE
MASSNAHMENFLÄCHE (IN HA) % DER MASSNAHMENFLÄCHE	129.24 18 %	79.74 11 %	109.08 15 %	408.42 56 %	726.48 100 %

REGENERATIONSBESCHRÄNKUNG   HOCH

	KATEGORIE I	KATEGORIE II	KATEGORIE III	KATEGORIE IV	SUMMENWERTE
KOSTEN (IN 1000 DM) % DER GESAMTKOSTEN	144 129.12 81 %	25 089.33 14 %	2 637.70 1 %	7 091.36 4 %	178 947.44 100 %
KOSTEN / HA SANIERUNGSFLÄCHE	1 115.21	314.64	24.18	17.36	246.32
ARBEITSVOLUMEN (IN H)	2 186 444	380 602	40 014	107 576	2 714 636

REGENERATIONSBESCHRÄNKUNG   GERING

	KATEGORIE I	KATEGORIE II	KATEGORIE III	KATEGORIE IV	SUMMENWERTE
KOSTEN (IN 1000 DM) % DER GESAMTKOSTEN	45 394.25 65 %	22 580.23 32 %	806.50 1 %	709.00 1 %	69 489.81 100 %
KOSTEN / HA SANIERUNGSFLÄCHE	351.24	283.17	7.39	1.74	95.65
ARBEITSVOLUMEN (IN H)	688 628	342 542	12 230	10 759	1 054 159

TOTALE ENTWALDUNG

	KATEGORIE I	KATEGORIE II	KATEGORIE III	KATEGORIE IV	SUMMENWERTE
MASSNAHMENFLÄCHE (IN HA)	289.14	193.16	315.93	1 271.26	2 069.49
% DER MASSNAHMENFLÄCHE	14 %	9 %	15 %	61 %	100 %

REGENERATIONSBESCHRÄNKUNG HOCH

	KATEGORIE I	KATEGORIE II	KATEGORIE III	KATEGORIE IV	SUMMENWERTE
KOSTEN (IN 1000 DM)	313 837.31	59 057.63	7 342.75	20 959.13	401 196.81
% DER GESAMTKOSTEN	78 %	15 %	2 %	5 %	100 %
KOSTEN / HA SANIERUNGSFLÄCHE	1 085.42	305.74	23.24	16.49	193.86
ARBEITSVOLUMEN (IN H)	4 760 924	895 897	111 391	317 952	6 086 164

REGENERATIONSBESCHRÄNKUNG GERING

	KATEGORIE I	KATEGORIE II	KATEGORIE III	KATEGORIE IV	SUMMENWERTE
KOSTEN (IN 1000 DM)	98 844..06	53 151.82	2 046.10	2 095.70	156 137.62
% DER GESAMTKOSTEN	63 %	34 %	1 %	1 %	100 %
KOSTEN / HA SANIERUNGSFLÄCHE	341.86	275.17	6.48	1.65	75.45
ARBEITSVOLUMEN (IN H)	1 499 472	806 313	31 040	31 795	2 368 620

Tabelle 4   Ergebnisse der Modellrechnungen für Flächen der Schutzwertigkeitsstufe II

FLÄCHEN   2. PRIORITÄT

GESAMTFLÄCHE   973.00 HA
ANZAHL DER TEILFLÄCHEN   27

OPTIMISTISCHE VARIANTE

	KATEGORIE I	KATEGORIE II	KATEGORIE III	KATEGORIE IV	SUMMENWERTE
MASSNAHMENFLÄCHE (IN HA)	0.07	0.00	0.00	0.00	0.07
% DER MASSNAHMENFLÄCHE	100 %	0 %	0 %	0 %	100 %

REGENERATIONSBESCHRÄNKUNG HOCH

	KATEGORIE I	KATEGORIE II	KATEGORIE III	KATEGORIE IV	SUMMENWERTE
KOSTEN (IN 1000 DM)	64.10	0.00	0.00	0.00	64.10
% DER GESAMTKOSTEN	100 %	0 %	0 %	0 %	100 %
KOSTEN / HA SANIERUNGSFLÄCHE	915.71	0.00	0.00	0.00	915.71
ARBEITSVOLUMEN (IN H)	972	0	0	0	972

REGENERATIONSBESCHRÄNKUNG GERING

	KATEGORIE I	KATEGORIE II	KATEGORIE III	KATEGORIE IV	SUMMENWERTE
KOSTEN (IN 1000 DM)	27.80	0.00	0.00	0.00	27.80
% DER GESAMTKOSTEN	100 %	0 %	0 %	0 %	100 %
KOSTEN / HA SANIERUNGSFLÄCHE	397.14	0.00	0.00	0.00	397.14
ARBEITSVOLUMEN (IN H)	423	311	0	0	423

MITTLERE VARIANTE

	KATEGORIE I	KATEGORIE II	KATEGORIE III	KATEGORIE IV	SUMMENWERTE
MASSNAHMENFLÄCHE (IN HA)	8.56	8.11	7.80	32.53	57.00
% DER MASSNAHMENFLÄCHE	15 %	14 %	14 %	57 %	100 %

REGENERATIONSBESCHRÄNKUNG HOCH

	KATEGORIE I	KATEGORIE II	KATEGORIE III	KATEGORIE IV	SUMMENWERTE
KOSTEN (IN 1000 DM)	7 147.89	2 335.00	197.30	589.10	10 278.28
% DER GESAMTKOSTEN	70 %	23 %	2 %	6 %	100 %
KOSTEN / HA SANIERUNGSFLÄCHE	835.03	287.92	25.29	18.39	180.32
ARBEITSVOLUMEN (IN H)	108 434	35 422	2 995	9 072	155 923

REGENERATIONSBESCHRÄNKUNG GERING

	KATEGORIE I	KATEGORIE II	KATEGORIE III	KATEGORIE IV	SUMMENWERTE
KOSTEN (IN 1000 DM)	3 109.70	1 069.90	68.30	0.00	4 247.89
% DER GESAMTKOSTEN	73 %	25 %	2 %	0 %	100 %
KOSTEN / HA SANIERUNGSFLÄCHE	363.28	131.92	8.76	0.00	74.52
ARBEITSVOLUMEN (IN H)	47 174	16 233	1 035	0	64 442

PESSIMISTISCHE VARIANTE

	KATEGORIE I	KATEGORIE II	KATEGORIE III	KATEGORIE IV	SUMMENWERTE
MASSNAHMENFLÄCHE (IN HA)	36.12	41.53	49.70	198.92	326.27
% DER MASSNAHMENFLÄCHE	11 %	13 %	15 %	51 %	100 %

REGENERATIONSBESCHRÄNKUNG HOCH

	KATEGORIE I	KATEGORIE II	KATEGORIE III	KATEGORIE IV	SUMMENWERTE
KOSTEN (IN 1000 DM)	38 836.96	11 370.89	1 024.90	3 476.60	44 879.34
% DER GESAMTKOSTEN	64 %	25 %	3 %	8 %	100 %
KOSTEN / HA SANIERUNGSFLÄCHE	789.09	273.80	24.24	17.48	137.55
ARBEITSVOLUMEN (IN H)	437 305	172 493	18 275	52 742	680 815

REGENERATIONSBESCHRÄNKUNG GERING

	KATEGORIE I	KATEGORIE II	KATEGORIE III	KATEGORIE IV	SUMMENWERTE
KOSTEN (IN 1000 DM)	12 541.68	5 210.59	416.10	0.00	18 168.37
% DER GESAMTKOSTEN	69 %	29 %	2 %	0 %	100 %
KOSTEN / HA SANIERUNGSFLÄCHE	347.22	125.47	8.37	0.00	55.69
ARBEITSVOLUMEN (IN H)	190 258	79 039	6 312	0	275 609

TOTALE ENTWALDUNG

	KATEGORIE I	KATEGORIE II	KATEGORIE III	KATEGORIE IV	SUMMENWERTE
MASSNAHMENFLÄCHE (IN HA)	82.46	105.35	148.75	637.01	973.57
% DER MASSNAHMENFLÄCHE	8 %	11 %	18 %	65 %	100 %

REGENERATIONSBESCHRÄNKUNG HOCH

	KATEGORIE I	KATEGORIE II	KATEGORIE III	KATEGORIE IV	SUMMENWERTE
KOSTEN (IN 1000 DM)	63 837.97	27 947.97	3 466.20	10 551.28	105 803.37
% DER GESAMTKOSTEN	60 %	26 %	3 %	10 %	100 %
KOSTEN / HA SANIERUNGSFLÄCHE	774.17	265.29	23.30	16.56	108.68
ARBEITSVOLUMEN (IN H)	968 423	423 971	52 577	160 069	1 605 040

REGENERATIONSBESCHRÄNKUNG GERING

	KATEGORIE I	KATEGORIE II	KATEGORIE III	KATEGORIE IV	SUMMENWERTE
KOSTEN (IN 1000 DM)	27 773.576	12 806.69	1 197.30	0.00	41 777.55
% DER GESAMTKOSTEN	66 %	31 %	3 %	0 %	100 %
KOSTEN / HA SANIERUNGSFLÄCHE	336.81	121.56	8.05	0.00	42.91
ARBEITSVOLUMEN (IN H)	421 326	194 273	18 163	0	633 762

Tabelle 5   Ergebnisse der Modellrechnungen für Flächen der Schutzwertigkeitsstufe III

FLÄCHEN 3.PRIORITÄT

GESAMTFLÄCHE   245.30 HA
ANZAHL DER TEILFLÄCHEN   7

OPTIMISTISCHE VARIANTE

	KATEGORIE I	KATEGORIE II	KATEGORIE III	KATEGORIE IV	SUMMENWERTE
MASSNAHMENFLÄCHE (IN HA)	0.03	0.00	0.00	0.00	0.03
% DER MASSNAHMENFLÄCHE	100 %	0 %	0 %	0 %	100 %

REGENERATIONSBESCHRÄNKUNG HOCH

	KATEGORIE I	KATEGORIE II	KATEGORIE III	KATEGORIE IV	SUMMENWERTE
KOSTEN (IN 1000 DM)	11.70	0.00	0.00	0.00	11.70
% DER GESAMTKOSTEN	100 %	0 %	0 %	0 %	100 %
KOSTEN / HA SANIERUNGSFLÄCHE	390.00	0.00	0.00	0.00	390.00
ARBEITSVOLUMEN (IN H)	178	0	0	0	178

REGENERATIONSBESCHRÄNKUNG GERING

	KATEGORIE I	KATEGORIE II	KATEGORIE III	KATEGORIE IV	SUMMENWERTE
KOSTEN (IN 1000 DM)	9.90	0.00	0.00	0.00	9.90
% DER GESAMTKOSTEN	100 %	0 %	0 %	0 %	100 %
KOSTEN / HA SANIERUNGSFLÄCHE	330.00	0.00	0.00	0.00	330.00
ARBEITSVOLUMEN (IN H)	150	0	0	0	150

MITTLERE   VARIANTE

	KATEGORIE I	KATEGORIE II	KATEGORIE III	KATEGORIE IV	SUMMENWERTE
MASSNAHMENFLÄCHE (IN HA) % DER MASSNAHMENFLÄCHE	4.16 26 %	1.19 7 %	1.90 12 %	8.80 55 %	16.13 100 %

REGENERATIONSBESCHRÄNKUNG   HOCH

	KATEGORIE I	KATEGORIE II	KATEGORIE III	KATEGORIE IV	SUMMENWERTE
KOSTEN (IN 1000 DM) % DER GESAMTKOSTEN	1 776.70 77 %	303.40 13 %	49.20 2 %	168.90 7 %	2 298.20 100 %
KOSTEN / HA SANIERUNGSFLÄCHE	427.09	254.96	25.89	19.02	142.48
ARBEITSVOLUMEN (IN H)	26 952	4 602	747	2 564	34 865

REGENERATIONSBESCHRÄNKUNG   GERING

	KATEGORIE I	KATEGORIE II	KATEGORIE III	KATEGORIE IV	SUMMENWERTE
KOSTEN (IN 1000 DM) % DER GESAMTKOSTEN	1 497.60 90 %	159.30 10 %	13.40 0 %	0.00 0 %	1 670.30 100 %
KOSTEN / HA SANIERUNGSFLÄCHE	360.00	133.87	7.05	0.00	103.55
ARBEITSVOLUMEN (IN H)	22 722	2 415	205	0	25 342

PESSIMISTISCHE   VARIANTE

	KATEGORIE I	KATEGORIE II	KATEGORIE III	KATEGORIE IV	SUMMENWERTE
MASSNAHMENFLÄCHE (IN HA) % DER MASSNAHMENFLÄCHE	18.38 21 %	6.77 8 %	11.29 13 %	51.08 58 %	87.50 100 %

REGENERATIONSBESCHRÄNKUNG   HOCH

	KATEGORIE I	KATEGORIE II	KATEGORIE III	KATEGORIE IV	SUMMENWERTE
KOSTEN (IN 1000 DM) % DER GESAMTKOSTEN	7 487.60 72 %	1 627.00 16 %	284.50 3 %	931.90 9 %	10 330.99 100 %
KOSTEN / HA SANIERUNGSFLÄCHE	407.82	240.32	25.20	18.24	118.07
ARBEITSVOLUMEN (IN H)	113 586	24 682	4 315	14 136	156 719

REGENERATIONSBESCHRÄNKUNG   GERING

	KATEGORIE I	KATEGORIE II	KATEGORIE III	KATEGORIE IV	SUMMENWERTE
KOSTEN (IN 1000 DM) % DER GESAMTKOSTEN	6 312.20 87 %	854.10 12 %	77.60 1 %	0.00 0 %	7 234.89 100 %
KOSTEN / HA SANIERUNGSFLÄCHE	343.80	126.16	6.87	0.00	82.79
ARBEITSVOLUMEN (IN H)	95 756	12 957	1 177	0	109 890

TOTALE   ENTWALDUNG

	KATEGORIE I	KATEGORIE II	KATEGORIE III	KATEGORIE IV	SUMMENWERTE
MASSNAHMENFLÄCHE (IN HA) % DER MASSNAHMENFLÄCHE	41.62 17 %	17.76 7 %	32.41 13 %	153.69 63 %	245.48 100 %

REGENERATIONSBESCHRÄNKUNG   HOCH

	KATEGORIE I	KATEGORIE II	KATEGORIE III	KATEGORIE IV	SUMMENWERTE
KOSTEN (IN 1000 DM) % DER GESAMTKOSTEN	16 581.30 69 %	4 120.40 17 %	782.70 3 %	2 664.40 11 %	24 148.79 100 %
KOSTEN / HA SANIERUNGSFLÄCHE	398.40	232.00	24.15	17.34	98.37
ARBEITSVOLUMEN (IN H)	251 540	62 508	11 874	40 419	366 341

REGENERATIONSBESCHRÄNKUNG   GERING

	KATEGORIE I	KATEGORIE II	KATEGORIE III	KATEGORIE IV	SUMMENWERTE
KOSTEN (IN 1000 DM) % DER GESAMTKOSTEN	13 978.59 85 %	2 163.20 13 %	213.40 1 %	0.00 0 %	16 355.19 100 %
KOSTEN / HA SANIERUNGSFLÄCHE	335.86	121.80	6.58	0.00	66.63
ARBEITSVOLUMEN (IN H)	212 056	32 814	3 238	0	248 108

Tabelle 6   Ergebnisse der Modellrechnungen für Flächen der Schutzwertigkeitsstufe IV

```
FLÄCHEN      4.PRIORITÄT

GESAMTFLÄCHE                   8 358.20 HA
ANZAHL DER TEILFLÄCHEN         159

OPTIMISTISCHE       VARIANTE
```

	KATEGORIE I	KATEGORIE II	KATEGORIE III	KATEGORIE IV	SUMMENWERTE
MASSNAHMENFLÄCHE (IN HA) % DER MASSNAHMENFLÄCHE	– –	1.41 100 %	0.00 0 %	0.00 0 %	1.41 100 %

REGENERATIONSBESCHRÄNKUNG   HOCH

	KATEGORIE I	KATEGORIE II	KATEGORIE III	KATEGORIE IV	SUMMENWERTE
KOSTEN (IN 1000 DM) % DER GESAMTKOSTEN	– –	406.30 100 %	0.00 0 %	0.00 0 %	406.30 100 %
KOSTEN / HA SANIERUNGSFLÄCHE	–	288.16	0.00	0.00	288.16
ARBEITSVOLUMEN (IN H)	–	6 165	0	0	6 165

REGENERATIONSBESCHRÄNKUNG   GERING

	KATEGORIE I	KATEGORIE II	KATEGORIE III	KATEGORIE IV	SUMMENWERTE
KOSTEN (IN 1000 DM) % DER GESAMTKOSTEN	– –	210.90 100 %	0.00 0 %	0.00 0 %	210.90 100 %
KOSTEN / HA SANIERUNGSFLÄCHE	–	149.57	0.00	0.00	149.57
ARBEITSVOLUMEN (IN H)	–	3 196	0	0	3 196

```
MITTLERE            VARIANTE
```

	KATEGORIE I	KATEGORIE II	KATEGORIE III	KATEGORIE IV	SUMMENWERTE
MASSNAHMENFLÄCHE (IN HA) % DER MASSNAHMENFLÄCHE	– –	160.92 30 %	89.67 17 %	279.04 53 %	529.63 100 %

REGENERATIONSBESCHRÄNKUNG   HOCH

	KATEGORIE I	KATEGORIE II	KATEGORIE III	KATEGORIE IV	SUMMENWERTE
KOSTEN (IN 1000 DM) % DER GESAMTKOSTEN	– –	43 070.90 85 %	2 340.99 5 %	5 143.76 10 %	50 555.65 100 %
KOSTEN / HA SANIERUNGSFLÄCHE	–	267.66	26.11	18.43	95.46
ARBEITSVOLUMEN (IN H)	–	653 392	35 512	78 036	766 940

REGENERATIONSBESCHRÄNKUNG   GERING

	KATEGORIE I	KATEGORIE II	KATEGORIE III	KATEGORIE IV	SUMMENWERTE
KOSTEN (IN 1000 DM) % DER GESAMTKOSTEN	– –	22 329.82 85 %	170.70 5 %	0.00 0 %	22 500.52 100 %
KOSTEN / HA SANIERUNGSFLÄCHE	–	138.76	1.90	0.00	42.48
ARBEITSVOLUMEN (IN H)	–	338 753	2 581	0	341 334

```
PESSIMISTISCHE      VARIANTE
```

	KATEGORIE I	KATEGORIE II	KATEGORIE III	KATEGORIE IV	SUMMENWERTE
MASSNAHMENFLÄCHE (IN HA) % DER MASSNAHMENFLÄCHE	– –	721.04 25 %	509.48 18 %	1 647.52 57 %	2 878.05 100 %

REGENERATIONSBESCHRÄNKUNG   HOCH

	KATEGORIE I	KATEGORIE II	KATEGORIE III	KATEGORIE IV	SUMMENWERTE
KOSTEN (IN 1000 DM) % DER GESAMTKOSTEN	– –	184 440.44 82 %	12 626.84 6 %	28 916.98 13 %	225 984.19 100 %
KOSTEN / HA SANIERUNGSFLÄCHE	–	255.80	24.78	17.55	78.52
ARBEITSVOLUMEN (IN H)	–	2 798 001	191 552	438 685	3 428 238

REGENERATIONSBESCHRÄNKUNG   GERING

	KATEGORIE I	KATEGORIE II	KATEGORIE III	KATEGORIE IV	SUMMENWERTE
KOSTEN (IN 1000 DM) % DER GESAMTKOSTEN	– –	95 622.31 99 %	917.89 1 %	0.00 0 %	96 540.19 100 %
KOSTEN / HA SANIERUNGSFLÄCHE	–	132.62	1.80	0.00	33.54
ARBEITSVOLUMEN (IN H)	–	1 450 620	13 930	0	1 464 550

TOTALE ENTWALDUNG

	KATEGORIE I	KATEGORIE II	KATEGORIE III	KATEGORIE IV	SUMMENWERTE
MASSNAHMENFLÄCHE (IN HA) % DER MASSNAHMENFLÄCHE	– –	1 673.24 20 %	1 457.20 17 %	5 229.18 63 %	8 359.62 100 %
REGENERATIONSBESCHRÄNKUNG HOCH					
KOSTEN (IN 1000 DM) % DER GESAMTKOSTEN	– –	417 101.69 77 %	34 532.50 6 %	86 642.00 16 %	538 276.12 100 %
KOSTEN / HA SANIERUNGSFLÄCHE	–	249.28	23.70	16.57	64.39
ARBEITSVOLUMEN (IN H)	–	6 327 475	523 864	11314 377	8 165 716
REGENERATIONSBESCHRÄNKUNG GERING					
KOSTEN (IN 1000 DM) % DER GESAMTKOSTEN	– –	216 243.62 99 %	2 512.19 1 %	0.00 0 %	218 755.75 100 %
KOSTEN / HA SANIERUNGSFLÄCHE	–	129.24	1.72	0.00	26.17
ARBEITSVOLUMEN (IN H)	–	3 280 458	38 101	0	3 318 559

Gewichtet man die Ergebnisse der Varianten mit den von den Experten geschätzten Eintrittswahrscheinlichkeiten, erhält man einen Kostenerwartungswert. Dieser beträgt bei hoher Regenerationsbeschränkung circa 150 Millionen DM, bei geringer circa 70 Millionen DM.

4.8 Zusammenfassung

Ziel dieses Kapitels war es, einen Bewertungsansatz zu entwickeln, der geeignet ist, mögliche Auswirkungen des Waldsterbens auf die Lawinengefährdung von Siedlungen und Infrastruktureinrichtungen zu erfassen.

Das vorgestellte Konzept, das in einem Testlauf auf die Lawinenschutzwälder des Landkreis Traunstein angewendet wurde, erlaubt Aussagen über die Konsequenzen der verschiedenen Schadenverlaufsvarianten auf die Lawinentätigkeit und ermöglicht die Bewertung der Folgen mit Hilfe eines Ersatzkostenansatzes.

Ausgangspunkt der Betrachtung bildeten sogenannte Monte-Carlo-Simulationen von Absterbeprozessen. In dem von uns gewählten Beispiel wurden diese Simulationen auf einen ausreichend bestockten Lawinenschutzwald bezogen. Wie die Inventurergebnisse des Schutzwaldsanierungsprogramms der Bayerischen Staatsforstverwaltung zeigen, ist jedoch ein Teil der Lawinenschutzwälder nicht ausreichend bestockt, die natürliche Verjüngung gestört bzw. die Nachhaltigkeit der Schutzfähigkeit nicht gegeben. Bei weiteren Anwendungen des von uns erstellten Modells sollten daher nach Möglichkeit weitere Simulationen von Absterbeprozessen in Wäldern durchgeführt werden, die den natürlichen Bedingungen näher kommen.

Im Modell werden im folgenden Schritt sogenannte kritische Blößen ausgeschieden. Die hier definierten Schwellenwerte, ab denen bei einer gegebenen Hangneigung mit der Bildung von Lawinen gerechnet werden muß, beruhen auf Beobachtungen von LAATSCH (1977). Die Datenbasis muß als ausgesprochen schwach angesehen werden. Beim Bayerischen Landesamt für Wasserwirtschaft wird gegenwärtig ein Projekt (4422.7 – ZENKE, B. und KONETSCHNY, H.) durchgeführt, das weitere Erkenntnisse über diese Zusammenhänge liefern wird. Unter anderem werden hierbei, mit Hilfe von Luftaufnahmen von Lawinenhängen verschiedene Stadien der Lawinenbildung innerhalb und außerhalb von Waldbeständen beobachtet. Durch Auswertung dieser Bilderserien und nach detaillierten Geländeaufnahmen besteht hier die Chance, neue Erkenntnisse über Schwellenwerte kritischer Blößen zu erhalten.

Unser Modellansatz ermöglichte es, nach Ausscheidung von Blößenanteilen die jeweiligen Flächenanteile zu schätzen, aus denen Lawinen abbrechen bzw. die dem Schneegleiten ausgesetzt sind. Für diese Flächen wurden Maßnahmen bzw. Maßnahmenkombinationen vorgeschlagen, um die sich hier einstellenden Verluste an Schutzfähigkeit zu kompensieren. Das Modell erlaubt daher für unterschiedliche Schutzwertigkeitsstufen die Bewertung der Auswirkungen des Waldsterbens auf die Lawinentätigkeit. Die Bewertung entspricht formal einem Ersatzkostenansatz.

Aus den Ergebnissen der Modellrechnungen für den Landkreis Traunstein wird deutlich, daß bei Zunahme des Waldsterbens die notwendigen Aufwendungen zur Sanierung der Bestände annähernd exponentiell steigen. Bei der optimistischen Variante errechneten sich bei beiden Regenerationsbeschränkungsvarianten nur geringe Kosten (< 1 Million DM). Die mittlere Variante führt bei hoher Regenerationsbeschränkung zu Gesamtkosten in Höhe von circa 100 Millionen DM, bei geringer belaufen sie sich auf lediglich 45 Millionen DM. Der pessimistische Schadenverlauf führt zu einer wesentlichen Steigerung der Summe. Bei hoher Regenerationsbeschränkung sind Kosten von 460 Millionen DM, bei geringer von 190 Millionen DM zu erwarten. Die Totalentwaldung würde gegenüber der pessimistischen Variante zu einer weiteren Verdopplung dieser Kosten führen. Sie liegen bei circa 1070 Millionen DM bei hoher und 430 Millionen DM bei geringer Regenerationsbeschränkung. Diese Werte beziehen sich jeweils auf alle untersuchten Lawinenschutzwälder im Landkreis Traunstein, also auch auf solche, die gegenwärtig keine Objekte schützen. Um die Sicherheit von Siedlungen und Infrastruktureinrichtungen zu gewährleisten, fallen etwa 50 Prozent der errechneten Kosten an.

Die Kosten beziehen sich lediglich auf den Zeitraum bis zum Jahr 2009. Bei der Kalkulation wurden, da ausreichendes Datenmaterial fehlte, die Unterhaltungskosten nicht berücksichtigt. Bei einer durchschnittlichen Lebensdauer temporärer Verbauungen zwischen 25 und

40 Jahren sind aufgrund unserer Modellannahmen bei geringer Regenerationsbeschränkung keine weiteren Maßnahmen nötig. Sollte sich jedoch die Gesamtsituation im Alpenraum beim Zustand hoher Regenerationsbeschränkung stabilisieren, führt das dynamische Ineinandergreifen von Wildverbiß und Schneebewegungsprozessen dazu, daß die Sanierungsmaßnahmen wiederholt durchgeführt werden müssen. Die Gesamtkosten steigen somit nicht unerheblich. Letztlich kann unter diesen Bedingungen nicht mehr von einer nachhaltigen Schutzfähigkeit der Lawinenschutzwälder gesprochen werden.

5. Mögliche Auswirkungen des Waldsterbens auf die Steinschlaggefährdung von Infrastruktureinrichtungen

5.1 Einleitung

Neben der Schutzfähigkeit gegenüber Lawinen (viertes Kapitel) und Hochwasser (sechstes Kapitel) besitzt Wald eine große Bedeutung bei der Verhinderung und Minderung von Massenstürzen, insbesondere von Steinschlag. Dieser Einfluß beruht einerseits auf der direkten Wirkung, einer Stabilisierung des Bodens durch das Wurzelsystem, andererseits auf indirekten Mechanismen, bei denen der Niederschlag in seinen unterschiedlichen Erscheinungsformen als Schnee und Regen als auslösender Faktor vom Wald beeinflußt wird.

In einer Reihe von Veröffentlichungen über mögliche Folgen des Waldsterbens wird im besonderen Maße auf das Massenverlagerungsphänomen Steinschlag hingewiesen (MEISTER, G., 1984, SCHWARZENBACH, F. H., 1984, DAV, 1985, KARL, J., 1984). Die Hervorhebung dieses Phänomens wird jedoch von keinem der Autoren begründet.

Es gibt bislang keine Untersuchungen über den Steinschlag in Zusammenhang mit den neuartigen Walderkrankungen. Diese Tatsache deutet darauf hin, daß der Steinschlag, im Gegensatz zu Lawinen, nur eine untergeordnete Rolle bei der Gefährdung von Siedlungs- oder Infrastruktureinrichtungen im Zusammenhang mit den neuartigen Waldschäden zu spielen scheint. Da jedoch Argumente über mögliche Folgewirkungen durch Steinschlag häufig in die Diskussion Waldsterben getragen werden, erscheint eine intensive Auseinandersetzung mit dieser Thematik im Rahmen der Arbeit angebracht.

Die Basis für die nachfolgenden Überlegungen bildet ein Modell, das versucht, die Entstehungsbedingungen und Bewegungsprozesse beim Steinschlag nachzuvollziehen, um zu einer Vorstellung über dessen mögliche Folgen, Schäden und die entstehenden Kosten für Gegenmaßnahmen zu gelangen.

5.2 Definition und Klassifikation des Steinschlags

Steinschlag kann in Anlehnung an LAATSCH und GROTTENTHALER (1972) als eine am Steilhang ablaufende, den freien Fall einschließende Bewegungsform definiert werden. Die Bewegung selbst kann als Rollen, Rutschen, Springen und Fallen bezeichnet werden.

BUNZA (1975) klassifiziert den Steinschlag als Massenselbstbewegung und ordnet ihn innerhalb dieser Klasse von Massenverlagerungen den Stürzen zu.

5.3 Charakterisierung des Steinschlagprozesses

Der Steinschlag kann für die Modellanalyse in seinem Entstehungs- wie in seinem Bewegungsprozeß betrachtet werden.

Die Vegetationsform Wald kann somit Steinschlag auf zwei unterschiedliche Arten verhindern:

- Verhinderung bzw. Verringerung der Entstehung von Steinschlag durch Abdeckung oder Fixierung des steinschlagfähigen Materials.
- Bremsung und Unterbindung der Steinschlagbewegung.

Was das zuerst genannte Kriterium anbelangt, so weist AULITZKI (1982) darauf hin, daß viele Waldbäume Chasmophyten sind, die selbst felsige Übersteilungen besiedeln. Durch das Eindringen von Wurzeln in Spalten kann eine allmähliche Lockerung von Gesteinspartien erfolgen. Der Wurzeldruck, den die Bäume bei der Besiedlung von Gesteinen ausüben, beträgt circa 10 bis 15 kg/cm^2. Bei der Frostsprengung ist der Druck erheblich größer und beträgt circa 2000 kg/cm^2 (SCHEFFER, SCHACHTSCHABEL, 1976). Ebenso kann in die entstehenden Klüfte Wasser eindringen, das diese Spalten vor allem in Frostwechselperioden erweitert. Durch diese Mechanismen kann der Wald sogar vereinzelt zu Steinschlag führen.

Die Bildung von Steinschlagmaterial ist abhängig von der Art des anstehenden Gesteins. Durch Verwitterungsprozesse entsteht aus dem mehr oder weniger anfälligen Material durch Zertrümmerung steinschlagfähiges Material. Die entstehenden Anbruchformen hängen in erster Linie von geologischen Gegebenheiten und geomechanischen Eigenschaften der anstehenden Gesteine ab (BUNZA, G., 1975).

Beim Verwitterungsprozeß werden die Lösungs- und die physikalische Verwitterung unterschieden. Die Lösungsverwitterung tritt hauptsächlich bei Kalkgesteinen auf. Die physikalische Verwitterung (Frostsprengung, Temperaturwechsel) kann bei allen Gesteinen registriert werden. Die Intensität der Verwitterung nimmt mit zunehmender Meereshöhe zu (Rückgang der Vegetation, zunehmender Einfluß von Niederschlag- und Temperaturextremen). Ferner ist im allgemeinen auf der Hauptwindrichtung zugeneigten und auf sonneneinstrahlungsintensiven Hängen mit erhöhter Verwitterung zu rechnen (AULITZKI, H., 1982, GRIMM, W.-D., 1986). Nach HÖLLERMANN (1964) ist jedoch auf schattenseitigen Hängen mit bevorzugtem Auftreten von Steinschlag zu rechnen, wegen häufiger Bildung von Spalteis und einer verminderten Verdunstung, was zu einer schnelleren Zermürbung des Gesteins führt.

Der Bewegungsvorgang beim Steinschlag, also seine Geschwindigkeit, Energie und sein Impuls, wird von Eigenschaften des Materials und der Ausprägung der Steinschlagsturzbahn bestimmt.

Charakteristische Eigenschaften des Materials sind Größe, Masse, Form und Brüchigkeit. Es kann grundsätzlich davon ausgegangen werden, daß mit zunehmender Größe und Masse sowie abgerundeter Form und geringer Brüchigkeit vom Material selbst nur geringe Widerstände für die Bewegung resultieren. Da der Einfluß dieser Größen nur schwer quantifizierbar und unter natürlichen Bedingungen eine breite Streuung zu erwarten ist, wurde auf eine detaillierte Beurteilung dieser Parameter verzichtet.

Die Sturzbahn kann mit folgenden Größen charakterisiert werden: Länge, Steilheit, Hangform, Oberflächenrauhigkeit und Vegetation.

Abbildung 19 stellt in formalisierter Form diese Größen dar, welche die Basis für das nachfolgende Steinschlagmodell bilden.

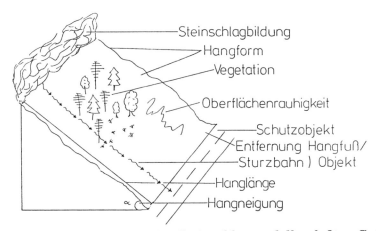

Abb. 19 Formale Darstellung der im Steinschlagmodell erfaßten Größen

BROILLI (1974) untersuchte das Verhalten von abgesprengten Felsteilen auf einem Hang oberhalb der Stadt Lecco in Italien mit Hilfe von sieben Kameras. Nach genauer Auswertung der Aufzeichnungen schlug er folgende Zoneneinteilung des Hanges vor:

– Aufschlagzone
– Bereich springender Bewegung
– Bereich stetiger, hauptsächlich rollender Bewegung

Die Aufschlagzone ist gekennzeichnet durch Zerplatzen und andere Zerkleinerungsvorgänge, wobei bereits der größte Teil der kinetischen Energie verloren geht (75–80 Prozent beim Aufprall auf einen 30 Grad geneigten Hang). An die Aufschlagzone schließt der Bereich der Sprungbewegungen an. Die Bewegungen können annähernd durch Wurfparabeln erfaßt werden. Der dritte Bereich stetiger, hauptsächlich rollender Bewegung, ist dadurch gekennzeichnet, daß sich die Blöcke rollend talwärts bewegen, nur unterbrochen durch sekundäre Sprünge. Die Fallhöhe bei diesem Versuch betrug circa 210 Meter, wobei ein Felskomplex aus einer Wand gesprengt wurde. Die gewonnenen Ergebnisse sind daher auf das Phänomen Steinschlag nicht unmittelbar anwendbar. Hingegen erwiesen sich die Zoneneinteilungen sowie grundsätzliche Erkenntnisse über Bewegungsabläufe beim Sturz von Materialien an Hängen als sehr brauchbar.

5.4 Vorschlag eines Modells zur Erfassung des Steinschlagrisikos und dessen Veränderung infolge des Waldsterbens

5.4.1 Formale Modellstruktur

Als Grundlage für das entwickelte Modell wurde wieder ein Regelkreis herangezogen. Abbildung 20 zeigt diesen Regelkreis und die in die Modellrechnung einbezogenen Größen.

Der als Regelgröße definierte Gleichgewichtszustand wird durch das Standortspotential und die Widerstände erzeugt. Diese formale Tren-

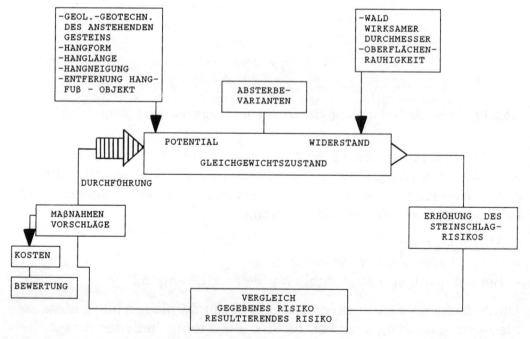

Abb. 20   Regelkreismodell Steinschlag

MODELL-PARAMETER	GLEICHGEWICHTZUSTAND	
	ABNEHMENDE LABILITÄT	ZUNEHMENDE LABILITÄT
VERWITTERUNGS-ANFÄLLIGKEIT DES GESTEINS	gering	hoch
HANGFORM	konkav	konvex
HANGLÄNGE	groß	klein
HANGNEIGUNG	flach	steil
ENTFERNUNG HANGFUß - OBJEKT	weit	nah
OBERFLÄCHEN RAUHIGKEIT	gering	hoch
WALD WIRKSAMER DURCHMESSER	hoch	niedrig

Abb. 21 *Einfluß von Modellparametern auf den resultierenden Gleichgewichtszustand*

nung einzelner Komponenten kann bei näherer Betrachtung jedoch nur unscharf vorgenommen werden. Die Abbildung 21 zeigt, welchen Einfluß die oben aufgeführten Größen auf den Gleichgewichtszustand haben.

Grundsätzlich gilt folgendes:

Bei gegebenem hohem Potential werden sich Veränderungen des Widerstandes stärker auf das Risiko auswirken als bei geringem Potential. Das gegebene Risiko wird im Regelkreis als Sollwert gedeutet. Die Veränderung dieses Risikos für ein Objekt wird als Istwert definiert. Die Verschiebung des Risikos, bedingt durch die Absterbeerscheinung an Waldbäumen, wird im Modell so interpretiert, daß sich bei zunehmender Gefährdung eine Notwendigkeit zum Handeln ergibt (Stellglied), um einen Zustand ohne Waldsterben wieder herzustellen. Die Kosten für diese Maßnahmen, die ohne Waldsterben nicht entstehen würden, können dabei als Indikator für mögliche Schäden interpretiert werden. Grundproblem dieses Vorgehens ist, daß bisher keine Beziehungen zwischen einzelnen Parameterausprägungen und deren Einfluß auf das Steinschlagrisiko bekannt sind. Daher müssen Annahmen über die Parameterladungen getroffen werden. Das Modell besitzt also lediglich vorläufigen Charakter; die Zugehörigkeitsfunktionen sind Vorschläge. Durch die einfache Handhabbarkeit des Systems sind jedoch Veränderungen einzelner Funktionen einfügbar.

5.4.2 Erstellung von Zugehörigkeitsfunktionen für die Parameter des Steinschlagmodells

Die von uns nach der Theorie der unscharfen Mengen entwickelten Zugehörigkeitsfunktionen bestimmen über die Zugehörigkeit einzelner Parameterausprägungen zu den Klassen Potential und Widerstand, aus deren Verknüpfung dann eine Zugehörigkeitsfunktion zur Klasse der steinschlaggefährdeten Objekte resultiert. Es wird bei diesem Vorgehen keine scharfe Klassifikation vorgenommen, sondern lediglich eine Mitgliedschaft der Objekte zur Klasse der gefährdeten Objekte bestimmt. Dieses Vorgehen scheint beim gegebenen Kenntnisstand angebracht. Eine scharfe Klassifikation würde ein nicht vorhandenes Wissen vorspiegeln, dessen Grundlage erst in eingehenden Untersuchungen geschaffen werden könnte. Der gegebene Zustand ist also mit einem hohen Grad an Ungewißheit belastet. So liegen weder quantitative noch qualitative Erkenntnisse über Input- und Outputgrößen vor.

Bei diesem Vorgehen stehen, wie bei allen Anwendungen der Theorie der unscharfen Mengen, zwei Problemkreise im Mittelpunkt des Interesses. Auf der einen Seite ist zu klären, wie die Zugehörigkeitsfunktionen beschaffen sein können, auf der anderen, wie die einzelnen Funktionen miteinander verknüpft werden sollen (SCHWAB, K.-D., 1983).

5.4.3 Bestimmung des Steinschlagpotentials

Im folgenden werden Zugehörigkeitsfunktionen für die Parameter des Potentials vorgeschlagen und ein Verknüpfungsoperator diskutiert.

Die Bildung von steinschlagfähigem Material

Im Mittelpunkt der Betrachtung steht die Verwitterungsanfälligkeit des Ausgangsmaterials und somit die mineralische Zusammensetzung des Gesteins. BUNZA (1982) schlägt für die Beurteilung der Gesteinslabilität als Ausdruck der Anfälligkeit gegenüber Witterung und Niederschlagsereignissen eine vierstufige Skala vor, die von dauerfesten Gesteinen bis zu Lockergesteinen reicht. Seine Bewertung erscheint für die auftretende Problemstellung durchaus anwendbar. Da Verwitterungsprozesse bei allen Gesteinen auftreten, ist auch bei dauerfesten Gesteinen, die nicht durch Boden überdeckt sind, mit dem Auftreten von steinschlagfähigem Material zu rechnen. So befinden sich beispielsweise auf Hängen unterhalb von Felswänden, die aus Wettersteinkalk aufgebaut sind, zum Teil erhebliche Mengen von Steinschlagmaterial. Aufgrund der genannten Tatsachen wird folgende in Abbildung 22 wiedergegebene Zugehörigkeitsfunktion angeboten.

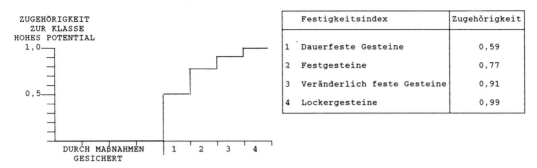

Abb. 22 Zugehörigkeitsfunktion Steinschlagfähigkeit des Materials

Der in Abbildung 22 vorgeschlagene Zugehörigkeitswert wird durch die Faktoren Meereshöhe und Exposition modifiziert. In Abbildung 23 wurden daher für diese Faktoren ebenfalls Zugehörigkeitsfunktionen zur Klasse hohe Verwitterungsintensität entwickelt. Da hier Meßwerte auf kardinalem Niveau vorlagen, konnte das von SCHWAB (1983) vorgeschlagene und im zweiten Kapitel dargestellte Konzept für die Erstellung herangezogen werden. Da über den Einfluß der beiden Größen im Vergleich keine Aussage getroffen werden kann, wird angenommen, daß beide hinsichtlich der Wirkung gleich zu gewichten sind. Als Verknüpfungsoperator bot sich das arithmetische Mittel an.

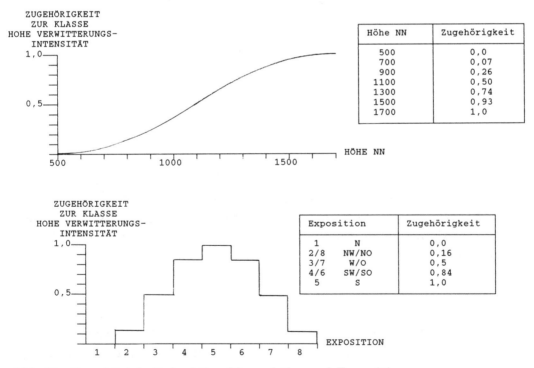

Abb. 23 Zugehörigkeitsfunktion Meereshöhe und Exposition

Die Verknüpfung der modifizierenden Größen mit der Zugehörigkeit zur Klasse mit hohem Potential wurde anhand eines Zuschlags durchgeführt. Die Höhe des Zuschlags sollte im Maximum (Südexposition, 1700 Meter über Normalnull) nicht zu einem Klassensprung führen. Dies wird gewährleistet, wenn der Zugehörigkeitswert der modifizierenden Faktoren maximal 0,1 beträgt. Dieser Wertumfang wird erzeugt, wenn das arithmetische Mittel beider Zugehörigkeitswerte durch 10 dividiert wird. Den Faktoren wird somit nur geringes Gewicht eingeräumt. Das dürfte dem gegenwärtigen Kenntnisstand über die Wirkung der Faktoren entsprechen.

Parameter der Steinschlagbewegung

Hangneigung

Die Hangneigung spielt bei Massenbewegungen am Hang eine entscheidende Rolle. BROILLI (1974) wies nach, daß auf einem Hang mit circa 30 Grad Hangneigung Gesteinsbrocken noch eine Beschleunigung erfahren. Die Neigung der Ablagerungszone beträgt nach BRIOLLI dage-

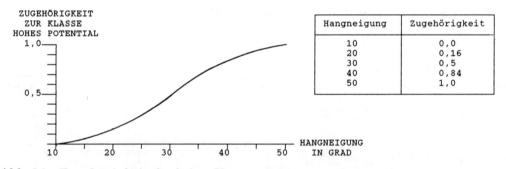

Abb. 24 Zugehörigkeitsfunktion Hangneigung

gen etwa 25 Grad. Das bedeutet, daß das Gesteinsmaterial in diesem Hangneigungsbereich eine negative Beschleunigung (Verlangsamung) erfährt. Abbildung 24 zeigt die auf dieser Basis erstellte Zugehörigkeitsfunktion. Als unterer Grenzwert wurde eine Hangneigung von 10 Grad angenommen.

Hangform

Die durchschnittliche Hangneigung liefert, isoliert betrachtet, zwar grundsätzliche Anhaltspunkte über das bestehende Potential, die Hangform spielt jedoch eine gleichwertige Rolle.

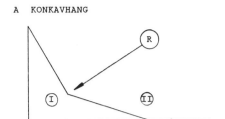 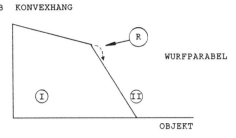

Abb. 25 Formale Darstellung eines Konkav- und Konvexhanges zur Beschreibung der auftretenden Bewegungsformen

Um dies zu verdeutlichen, werden in Abbildung 25 zwei hypothetische Steinschlaghänge vorgestellt, die beide eine durchschnittliche Hangneigung von 40 Grad aufweisen.

Im Falle A (Konkavhang) findet im Teilbereich 1 eine starke Beschleunigung statt, im Teilbereich 2 eine Bremsung des Materials. Der Richtungswechsel im Punkt R führt zu einem hohen Energieverlust.

Im Falle B (Konvexhang) erfährt das Material im Teilbereich 1 eine schwache Beschleunigung, im Teilbereich 2 eine starke. Beim Übergang am Punkt R tritt eine Wurfbewegung auf (vgl. LAATSCH, W., et. al., 1981). Der auftretende Energieverlust ist geringer als im Fall A.

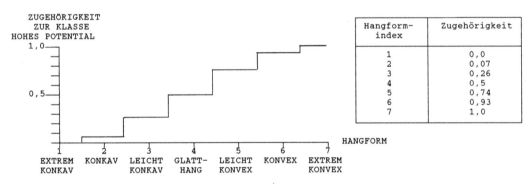

Abb. 26 Zugehörigkeitsfunktion Hangform

Dieser Umstand wird durch die Zugehörigkeitsfunktion Hangform erfaßt (Abbildung 26). Hierbei war es lediglich möglich, die Einzelwerte auf der Basis von deskriptiven Aussagen zu schätzen. Die Normalform eines Hanges ist konvex-konkav. Diese Hänge erhielten eine mittlere Zugehörigkeit.

Entfernung Hangfuß-Objekt

Liegt, wie Geländebeobachtungen zeigen, zwischen dem Hangfuß und dem Objekt eine ebene Zone, nimmt die Steinschlaggefährdung des

Objektes ab (als Hangfuß wurde diejenige Stelle definiert, bei der die Hangneigung weniger als 10 Grad beträgt). Hierbei treten ähnliche Effekte auf, wie sie bei konkaven Hangformen zu erwarten sind. Aufgrund der Geländebeobachtungen wird die in Abbildung 27 dargestellte Zugehörigkeitsfunktion vorgeschlagen.

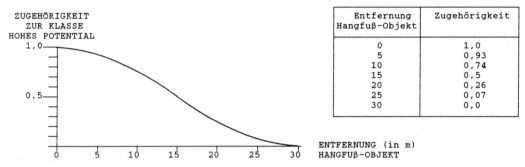

Abb. 27 *Zugehörigkeitsfunktion Entfernung Hangfuß-Objekt*

Verknüpfung der Potentialparameter

Die Suche nach einem geeigneten Verknüpfungsoperator des Steinschlagpotentials wurde deshalb erschwert, da bei den Parametern Entfernung Hangfuß-Objekt und Hangform Überschneidungen auftreten. Als Verknüpfungsoperator bot sich der Min- oder Max-Operator an, um eine Doppelbewertung zu vermeiden. Wie im zweiten Kapitel erläutert, wird hierbei die resultierende Zugehörigkeit durch den die geringste (bzw. größte) Mitgliedschaft repräsentierenden Parameter bestimmt. Für die auftretende Fragestellung wurde der Min-Operator gewählt. Zur Begründung sei angeführt:

Für die Bestimmung des Potentials, das als Indikator für die mögliche Steinschlaggefährdung aufgefaßt werden kann, wurden subjektiv die Parameter Hangneigung, Hangform, Steinschlagfähigkeit des Materials und die Entfernung Hangfuß-Objekt ausgewählt. Betrachtet man nun den Bewegungsvorgang eines sich lösenden Gesteinsbrockens, zeigt sich, daß ein einzelner Parameter das Potential minimieren kann. Beträgt zum Beispiel die Entfernung Hangfuß-Objekt vierzig Meter, kann eine Gefährdung des Objektes ausgeschlossen werden und nicht durch einen anderen Parameter (zum Beispiel hohe Steinschlagfähigkeit des Ausgangsgesteins) kompensiert werden. Dieser Anforderung genügt neben dem Min-Operator auch das geometrische Mittel. Da bei der Ausscheidung der einzelnen Zugehörigkeitsfunktionen unterschiedliche Skalenniveaus zur Verfügung standen, ist die Verwendung des geometrischen Mittels nicht zulässig, da hier die Datenbasis auf relationalem Niveau vorliegen muß. Daher wurde auch aufgrund der einfachen Handhabung der Min-Operator als Verknüpfungsoperator gewählt.

Somit resultiert folgende Verknüpfungsregel:

$\mu_P(x) = \min(\mu_{SG}(x), \mu_{HN}(x), \mu_{HF}(x), \mu_{EO}(x))$

P: Potential
SG: Steinschlagfähigkeit des Materials
HN: Hangneigung
HF: Hangform
EO: Entfernung Hangfuß-Objekt

5.4.4 Bestimmung der Widerstandsparameter

5.4.4.1 Wald und Steinschlag

Um den Widerstand, den der Wald dem Steinschlag entgegensetzt, zu quantifizieren, wird im folgenden eine theoretische Betrachtung der möglichen Effekte angestellt. Aufbauend auf die Stoßgesetze der Mechanik wird zunächst versucht, die Vorgänge beim Aufprall eines Steines auf einen Einzelbaum zu analysieren. Anschließend wird eine Berechnung auf der Basis der Ertragstafelmodelle versucht, um die Steinschlagschutzwirkung ganzer Bestände unterschiedlicher Ausprägung zu quantifizieren.

Die Stoßgesetze

Unter einem Stoßprozeß versteht man in der Physik einen Vorgang, bei dem sich zwei oder mehr Energie-Impuls-Transporte gegenseitig beeinflussen und dabei Energie und Impuls austauschen. Dazu ist eine Wechselwirkung zwischen den Transporten erforderlich; sie bestimmt, in welchem Maß sich die Transporte „im Wege stehen", wie stark sie sich beeinflussen, das heißt, wieviel Energie und Impuls sie unter gegebenen Bedingungen miteinander austauschen. Unabhängig von den auftretenden Wechselwirkungen gelten dabei die Erhaltungssätze für Energie und Impuls (FALK, G., RUPPEL, W., 1973).

Wichtig ist in diesem Zusammenhang die Unterscheidung zwischen elastischem und unelastischem Stoß; beim elastischen Stoß ist die Summe der kinetischen Energien beider Körper vor und nach dem Stoß gleich; in der Regel findet jedoch eine Übertragung von kinetischer Energie und von Impuls von einem auf den anderen Stoßpartner statt (KUIPER, 1980).

Im Zusammenhang mit Steinschlag spielt der elastische Stoß eine Rolle beim Aufprall eines sich in Bewegung befindlichen Steines auf ein ruhendes Gestein. Bei ausreichender Energie kann hierbei im Extremfall durch eine Kettenreaktion eine Geröllawine entstehen.

Beim unelastischen Stoß wird ein Teil der Energie, der vor dem Stoß vorhanden war, in eine oder mehrere andere Energieformen umgewandelt. Der unelastische Stoß ist beim Steinschlag dann zu beobachten, wenn Steine auf feststehende Gegenstände (Bäume, Fangzäune) auftreffen. Da die Summe der kinetischen Energie nach dem Stoß geringer ist als vorher, wird die Geschwindigkeit des Steinschlagmaterials beim Aufprall verringert. Geht die vorhandene kinetische Energie beim Stoß vollkommen in andere Energieformen über, spricht man von einem total unelastischen Stoß (FALK, G., RUPPEL, W., 1973).

Die Festlegung der Kinematik der Stoßbewegung makroskopischer Körper erfolgt durch die Dynamik des Stoßvorganges. Hierbei spielt vor allem die Form, die Oberflächenbeschaffenheit, die Elastizitäts- und die Deformationseigenschaften der Körper eine entscheidende Rolle (KUIPER, 1980).

Der Aufprall eines Steines auf einen Baum kann formal als unelastischer Stoß definiert werden. Beim Zusammenstoß wird ein Teil der kinetischen Energie in Deformationsenergie umgesetzt. Dieser Anteil ist um so höher, je näher der Zusammenstoß dem Zentrum liegt. Mit zunehmender Entfernung vom Zentrum ist der Energieverlust und die nach dem Aufprall resultierende Richtungsänderung geringer. Abbildung 28 versucht formal diese Zusammenhänge aufzuzeigen.

Geht man davon aus, daß eine merkliche Wirkung (Richtungsänderung, Verminderung der kinetischen Energie) bis zu einem Auftreffwin-

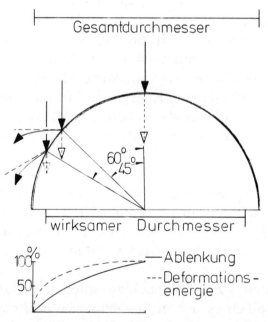

Abb. 28 Formale Darstellung von Zusammenstößen zwischen Steinen und Bäumen als Stoßpartner

kel von 60 Grad auftritt, wirken 86,6 Prozent des Durchmessers gegen Steinschlag. Dieser Wert ist lediglich eine Schätzgröße und kein durch Stoßuntersuchungen abgeleiteter Wert.

Die Wirkung von Steinschlagwäldern

Im folgenden werden für die Ertragstafelmodelle von GUTENBERG (Fichte), HAUSSER (Tanne) und WIEDEMANN (Buche) für einen fiktiven, ein Hektar großen Steinschlagschutzwald die Entwicklung des wirksamen Durchmessers untersucht.

Wie aus Abbildung 29 hervorgeht, nimmt im Gegensatz etwa zur Grundflächenentwicklung der wirksame Durchmesser gegenüber Steinschlag mit zunehmendem Alter bei allen Baumarten ab.

Bei der Fichte ergeben sich innerhalb der Ertragsklassen nur geringe Schwankungen. Mit abnehmender Ertragsklasse steigt der wirksame Durchmesser leicht an, mit Ausnahme der Ertragsklasse V, die den geringsten Wert aufweist. Der wirksame Durchmesser liegt im Durchschnitt bei 249 Meter im Alter von 40 Jahren und nimmt um 31 Prozent bis zum Alter von 140 Jahren ab.

Die Tanne weist innerhalb der Ertragsklassen größere Schwankungen auf, die allerdings mit zunehmendem Alter geringer werden. Bis zum Alter 80 weisen Tannenbestände hinsichtlich des wirksamen Durchmes-

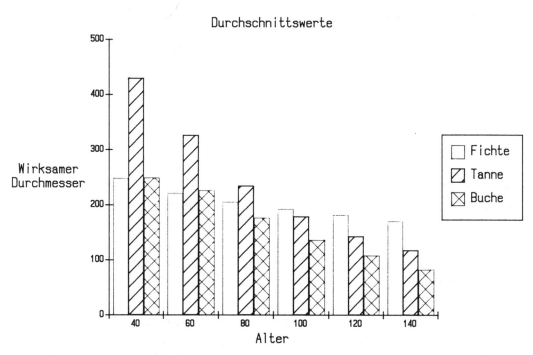

Abb. 29 *Entwicklung des wirksamen Durchmessers für die Baumarten Fichte, Tanne und Buche in Abhängigkeit von Alter und Ertragsklasse*

sers höhere Werte als Fichtenbestände auf, ab dem Alter von 120 Jahren kehrt sich dieses Verhältnis um. Zwischen dem Betrachtungszeitraum fällt der wirksame Durchmesser um 73 Prozent.

Buchenbestände weisen anfangs ähnliche Werte auf wie Fichtenbestände. Ab dem Alter von 80 Jahren ist jedoch eine starke Abnahme festzustellen. Die Schwankungen innerhalb der Ertragsklasse zeigen Werte zwischen denen für Fichten- und Tannenbestände.

Die Berechnungen zeigen, daß zwischen den Baumarten Fichte, Tanne und Buche hinsichtlich der Schutzfähigkeit gegenüber Steinschlag Unterschiede bestehen. Bei der Fichte ergeben sich während der Altersentwicklung die geringsten Schwankungen. Die krasseste Abnahme kann bei der Tanne festgestellt werden. Geht man davon aus, daß ab einem BHD von 10 cm ein Steinschlagschutz gewährleistet werden kann, so erreicht die Fichte diesen Wert im Durchschnitt 15 Jahre früher als Tanne und Buche.

Zusammenfassend kann festgestellt werden, daß aufgrund der Kalkulationen Fichtenbestände gegenüber Steinschlag als am wirksamsten zu beurteilen sind. Tannenbestände weisen eine etwas höhere Schutzfähigkeit auf als Buchenbestände. Die dünnborkige Buche ist außerdem gegenüber Steinschlag wesentlich anfälliger als Tanne und Fichte (HOCHBICHLER, E., MAYER, H., 1982).

Zum Vergleich sei nun folgendes angefügt: Für unterschiedliche Bestandsentwicklungsphasen geben HOCHBICHLER und MAYER (1982) folgende Schutzwirksamkeiten gegenüber Steinschlag an:

Bestandesphasen	*Schutzwirksamkeit*
Initialphase	beschränkt
Optimalphase	hoch (schutzwirksam)
Terminalphase	beschränkt
Zerfallsphase	ungenügend
Verjüngungsphase	unwirksam

Die Autoren kommen somit zu einer ähnlichen Bewertung, wie sie Berechnungen des wirksamen Durchmessers ergeben hat.

Für die Ableitung der Zugehörigkeitsfunktion wurde deshalb angenommen, daß die Schutzfähigkeit gegenüber Massensturz dann voll erfüllt ist, wenn der wirksame Durchmesser eines Bestandes doppelt so hoch ist wie die mittlere Breite der gefährdeten Strecke. Zur weiteren Begründung sei folgendes angeführt:

BROILLI (1974) weist nach, daß auf einem 30 Grad geneigten Hang das Steinschlagmaterial eine Beschleunigung erfährt. Trifft nun ein Stein auf einen Baum auf, wird ein Teil der kinetischen Energie in Deformationsenergie umgewandelt, und es findet beim Aufprall eine Richtungsänderung statt. Da nicht die gesamte Energie in andere Energieformen überführt wird, besteht die Möglichkeit, daß die Steinschlagbewegung bei einmaligem Aufprall nicht unterbrochen wird, sondern lediglich seine Richtung ändert, der Stein weiter springt oder kollert.

Abbildung 30 zeigt die vorgeschlagene Zugehörigkeitsfunktion für den Widerstandsparameter Wald auf.

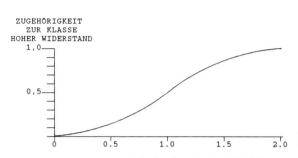

Abb. 30 Zugehörigkeitsfunktion Wald

5.4.4.2 Oberflächenrauhigkeit und Steinschlag

Neben dem Wald als Widerstandsparameter gegen Steinschlag spielt auch die Bodenoberflächenrauhigkeit eine entscheidende Rolle. Mit zunehmender Rauhigkeit werden dabei der Steinschlagbewegung Widerstände entgegengesetzt. Als Rauhigkeitsparameter kommen die Geländerauhigkeit des Hanges selbst bzw. die Rauhigkeit erhöhende Gegenstände in der Sturzbahn (Stöcke, Felsbrocken, Kronen, querliegende Stämme, Büsche, etc.) in Frage. Aufgrund dieser Tatsache ist es schwierig, der Oberflächenrauhigkeit ein geeignetes Maß zuzuordnen.

LAATSCH und GROTTENTHALER (1972) unterscheiden drei Rauhigkeitsstufen (glatt, mäßig rauh, rauh), die sie jedoch nicht näher definieren. SCHÖNENBERGER (1978) klassifiziert Hänge mit kleinflächigen Höhenunterschieden von mehr als 10 Zentimeter als rauh. Ein detailliertes System zu Bestimmung von Rauhigkeitsklassen stellen LÖFFLER et. al. (1977) vor. Zur Ableitung der Stufen wird die Anzahl der Hindernisse (Erhöhungen und Vertiefungen) sowie deren Höhe (Tiefe) bestimmt. Aufgrund dieser Parameter lassen sich fünf Rauhigkeitsklassen bestimmen. Nach diesem System führen Höhenunterschiede von 10 bis 30 Zentimetern bei häufigem Auftreten zur Klassifikation geringfügig uneben.

Das System von LÖFFLER et. al. (1977) schien für die Fragestellung (Quantifizierung der Oberflächenrauhigkeit) sehr brauchbar. Aus der Klasseneinteilung wurde die in Abbildung 31 entwickelte Zugehörigkeitsfunktion abgeleitet.

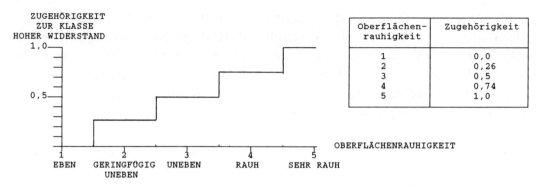

Abb. 31 Zugehörigkeitsfunktion Oberflächenrauhigkeit

5.4.4.3 Verknüpfung der Widerstandsparameter

Eingangs wird hier unterstellt, daß Wald und Oberflächenrauhigkeit der Steinschlagbewegung ähnliche Widerstände entgegensetzen. Treten beide Größen auf einem Hang auf, ist zu erwarten, daß sich deren Wirkung addiert. Der Wert der Zugehörigkeitsfunktion kann jedoch 1 nicht überschreiten. Dieser Anforderung genügt die beschränkte Summe und die algebraische Summe. Formal kann das Problem dabei wie folgt dargestellt werden:

Die Menge aller abgehenden Steine wird in einem vollbestockten Bestand mit hoher Oberflächenrauhigkeit entweder durch Aufprall auf Bäume und/oder durch die Rauhigkeit gebremst. Ferner sind kombinatorische Wirkungen der beiden Parameter denkbar. Es treten zwischen (mithin in der „Sprache" der Mengenlehre ausgedrückt) den Mengen der gebremsten Steine Schnittmengen auf. Der Verknüpfungsoperator algebraische Summe entspricht der Vereinigung von Mengen und ist daher in diesem Zusammenhang anwendbar.

Somit resultiert folgende Verknüpfungsregel:

$$\mu_W(x) = \mu_{WW}(x) + \mu_{WO}(x) - \mu_{WW}(x) \times \mu_{WO}(x)$$

W: Widerstand
WW: Widerstand Wald
WO: Widerstand Oberflächenrauhigkeit

5.4.5 Beurteilung des resultierenden Steinschlagrisikos

Um nun das resultierende Steinschlagrisiko abzuschätzen, ist es erforderlich, für die Zugehörigkeitsfunktionen des Potentials und des Widerstandes wiederum einen geeigneten Verknüpfungsoperator zu finden, der folgende Kriterien erfüllt:

Bei gegebenem Potential sollte sich bei zunehmendem Widerstand ein vermindertes Risiko ergeben und umgekehrt.

Liegt der Widerstand bei 0, entspricht das Risiko dem geschätzten Potential.

Liegt der Widerstand bei 1, sollte das Risiko 0 sein.

Diesen Kriterien genügt formal folgender Verknüpfungsoperator:

$$\mu_R(x) = \mu_P(x) - \mu_P(x) \times \mu_W(x)$$

R: Risiko
P: Potential
W: Widerstand

Durch die Einführung einer Zugehörigkeitsfunktion $1 - \mu_H(x) = \mu_W(x)$ läßt sich nachweisen, daß der dargestellte Operator dem algebraischen Produkt entspricht.

5.4.6 Definition geeigneter Gegenmaßnahmen

Abbildung 32 zeigt die formale Struktur des Steinschlagmodells. In der Abbildung sind vier Maßnahmenfelder ausgeschieden, die im folgenden kurz erläutert werden.

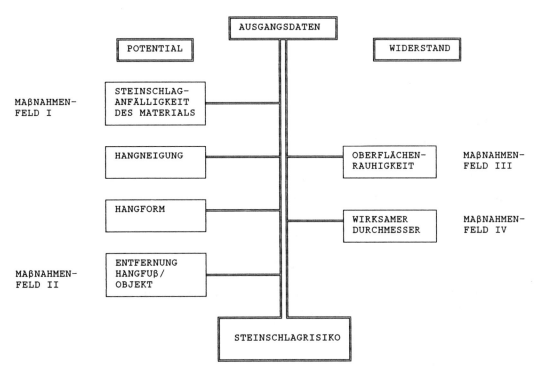

Abb. 32 Formale Struktur des Steinschlagmodells und Identifikation von Maßnahmenfeldern

Maßnahmenfeld I

Das steinschlagfähige Material wird mit Nylonnetzen oder Maschendraht abgedeckt. Eine weitere Möglichkeit besteht darin, das Material durch bindende Mittel (Beton) zu sichern. Diese Verfahren werden von Straßenbaubehörden angewandt, wenn Felswände direkt an die Straße angrenzen.

Maßnahmenfeld II

Maßnahmen im Feld II sind vor allem für die Planungen von Interesse. Theoretisch sind allerdings Objektverlagerungen denkbar.

Maßnahmenfeld III

Die Oberflächenrauhigkeit kann durch einfache Maßnahmen (Querlegen von Stämmen bzw. durch Anlegen von Bermen) erhöht werden.

Maßnahmenfeld IV

Dieses Feld kann in zwei Bereiche gegliedert werden. Der erste Bereich erfaßt waldbauliche Maßnahmen, der zweite technische, um ein gegebenes Risiko zu vermindern.

Waldbaulich sind folgende Gegenmaßnahmen denkbar:

- Belassen hoher Stöcke und Entrindung
- Förderung der Verjüngung
- Schaffung und Erhaltung einer Mittelschicht
- Plenterartige Bewirtschaftung
- Dauerbestockung
- Zaunbau in Kombination mit Fangnetzen
- Belassen des Restholzes im Bestand und eventuelle einfache Befestigung

Technische Gegenmaßnahmen sind:

- Verstärkung der Leitplanken (doppelte Leitplanke)
- Vertiefung des Straßengrabens
- Bau von Mauern
- Bau von Galerien

5.5 Anwendung des entwickelten Konzepts auf ein Fallbeispiel und Abschätzung der Folgen des Waldsterbens auf die Steinschlaggefährdung

5.5.1 Auswahl des Untersuchungsgebietes

Bei der Datenerhebung zur Steinschlaggefährdung zeigte sich, daß zwischen dem Lawinen- und dem Steinschlagmodell grundsätzliche Parallelen auftreten. Aus diesem Grund sollte die „Anwendung" des Steinschlagmodells ebenfalls im Landkreis Traunstein liegen. Um möglichst verschiedene geologische und geotechnische Voraussetzungen untersuchen zu können, fiel die Wahl auf die Bundesstraße 305 zwischen Marquartstein und Zwing (circa 4 Kilometer südlich von Inzell).

5.5.2 Auswahl der zu untersuchenden Schutzwälder

Die Hanglabilitätskartierung im Landkreis Traunstein weist insgesamt 1984 Hektar Steinschlagflächen aus. Dies entspricht circa 5 Prozent der erfaßten Fläche. Hierbei entfallen auf die Gesteinszonenbereiche:

- Flysch 12 Hektar (1 Prozent)
- Kalkalpine Randzone 76 Hektar (4 Prozent)
- Karbonatgesteinszone 1547 Hektar (78 Prozent)
- Muldenzone 357 Hektar (18 Prozent)

Die Flächen befinden sich vor allem (72,5 Prozent) in Höhen über 1400 Metern über Normalnull (1300 Meter auf der Schattseite) (OBERFORSTDIREKTION MÜNCHEN, 1985).

Die Labilitätsform S (Steinschlag) erfaßt neben Hängen unter verwitternden Felswänden, auf denen Wald den Steinschlag auffängt und tiefere Hangteile schützt, auch Gesteinsschutthalden und felsdurchsetzte oder mit grob skelettreichen Hangschutt überdeckte Steilhänge (LAATSCH, W., GROTTENTHALER, W., 1972). Diese Festlegung der Steinschlaghänge erschien für die Identifikation von Gefährdungsbereichen sehr brauchbar.

Entlang der Bundesstraße 305 weist die Hanglabilitätskartierung fünf Steinschlagflächen mit einer Größe von circa 40 Hektar auf. Die Ausscheidung von lediglich fünf Flächen deutete zunächst auf ein geringes Gefährdungspotential der B 305 durch Steinschlag hin. Um dies zu überprüfen, wurde die B 305 systematisch abgefahren, zusätzlich die Steinschlaghänge oberhalb der B 305 auf Steinschlagmaterial bzw. anstehende Felswände untersucht. Dabei wurde festgestellt, daß die bei der Hanglabilitätskartierung getroffene Ausscheidung nur einen Teil der potentiellen Steinschlagflächen erfaßt.

Um nun bei der Ausscheidung der neu hinzukommenden Steinschlagflächen ein systematisches Vorgehen zu gewährleisten, wurde mit Hilfe der topographischen Karte (1 : 25 000) alle der Bundesstraße zugeneigten Hänge auf Felswände hin untersucht. Durch dieses Auswahlverfahren wurden 13 zusätzliche Flächen ausgewiesen. Bei diesem Verfahren wurden gleichzeitig die fünf Flächen der Hanglabilitätskartierung erfaßt.

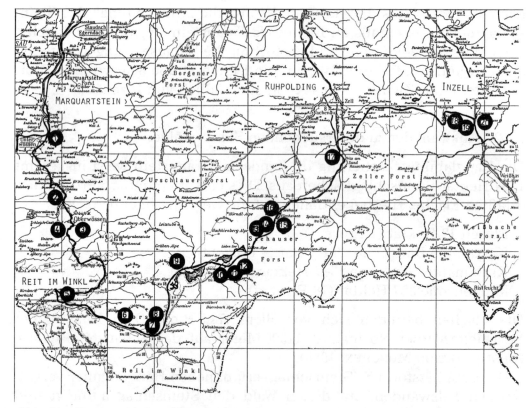

Abb. 33 Nachweis der 20 Probeflächen

Die erneute Begehung der Flächen ergab, daß durch dieses Verfahren circa 90 Prozent der potentiellen Steinschlagflächen erfaßt werden können. Bei der Begehung wurden weitere zwei Flächen in die Untersuchung einbezogen.

Die Abbildung 33 zeigt die Lage der zwanzig ausgeschiedenen Steinschlagareale.

5.5.3 Datenerhebung

Tabelle 7 zeigt zunächst die Ergebnisse der Datenerhebung, die im folgenden zusammenfassend erläutert werden.

Tabelle 7   Ergebnisse der Datenerhebung

Flächen nummer	ZUGEHÖRIGKEITS WERTE								gefährdete Länge (m)
	Ausgangs- gestein	Hang- neigung	Hang- form	Entfernung Hangfuß/Objekt	Potential	Oberflächen- rauhigkeit	wirksamer Durchmesser	Widerstand	
1I	0.81	0.32	0.50	0.93	0.32	0.26	0.94	0.96	100
1II	0.81	0.32	0.50	0.93	0.32	0.26	0.27	0.46	50
2	0.77	0.46	0.50	0.93	0.50	0.26	0.40	0.56	60
3	0.79	0.62	0.07	0.00	0.00	-	-	-	
4	0.81	0.39	0.93	1.00	0.39	0.26	0.69	0.77	225
5	0.82	0.54	0.07	0.00	0.00	-	-	-	
6	0.83	0.39	0.26	0.74	0.26	0.07	1.00	1.00	200
7	0.83	0.36	0.07	0.50	0.07	0.74	1.00	1.00	250
8	0.83	0.62	0.50	0.93	0.50	0.00	0.99	0.99	80
9	0.83	0.52	0.00	0.00	0.00	-	-	-	
10	0.63	0.36	0.07	0.00	0.00	-	-	-	
11	0.59	0.37	0.26	0.07	0.07	0.74	1.00	1.00	120
12	0.59	0.27	0.00	0.00	0.00	-	-	-	
13	0.64	0.66	0.00	0.00	0.00	-	-	-	
14	0.64	0.94	0.07	0.26	0.07	0.26	0.29	0.29	500
15	0.61	0.82	0.07	0.26	0.07	0.00	0.20	0.20	100
16I	0.64	0.90	1.00	1.00	0.64	0.13	0.84	0.84	100
16II	0.64	0.90	1.00	1.00	0.64	0.13	0.30	0.30	275
17	0.60	1.00	1.00	1.00	0.60	nicht bewaldet	Felswand oberhalb Straße		0
18	0.60	0.29	0.50	0.97	0.29	0.26	1.00	1.00	80
19	0.63	0.54	0.74	0.82	0.54	0.00	0.68	0.68	100
20	0.63	0.50	0.26	0.74	0.26	0.26	0.72	0.72	70

Ausgangsgestein

Das Ausgangsgestein wurde mit Hilfe der geologischen Karte bestimmt. Das Ausgangsmaterial besteht überwiegend aus Kalken der Trias. Auf 45 Prozent der Flächen scheidet die Karte Wettersteinkalk, auf 30 Prozent Hauptdolomit aus. Auf 10 Prozent wurden Dolomit, auf jeweils 5 Prozent Rätkalk bzw. Roter Knollenfaserkalk ermittelt.

Hangneigung

Die Hangneigung auf den Flächen schwankt zwischen 20 und 46 Grad. Auf 65 Prozent der Flächen wurde eine Hangneigung zwischen 30 und 40 Grad gemessen.

Hangform

Wie aus der Tabelle 7 ersichtlich, traten bei den Steinschlagflächen alle Arten von Hangformen auf, 60 Prozent der Hänge wiesen konkave, 15 Prozent konvexe Hangformen auf, 25 Prozent zeigten überwiegend Glatthangformen.

Entfernung Hangfuß-Objekt

Die Entfernung schwankte zwischen 0 und 70 Metern. Bei 50 Prozent der Flächen betrug die Entfernung 10 Meter und weniger, auf 25 Prozent der Flächen 30 Meter und mehr. Auf 25 Prozent der Flächen konnte somit aufgrund der Modellannahmen eine Gefährdung ausgeschlossen werden.

Oberflächenrauhigkeit

Auf 7 Flächen wurden keine Widerstandsparameter bestimmt, da eine Gefährdung der Bundesstraße 305 ausgeschlossen werden konnte. Drei Hänge wurden als glatt, ein Hang als geringfügig uneben, ein Hang als uneben und zwei als rauh klassifiziert.

Wirksamer Durchmesser/Tiefe der Steinschlagschutzwälder

Das Verhältnis schwankt zwischen 0,24 und 7,15. Auf lediglich vier Flächen kann aufgrund der Modellvoraussetzungen der Steinschlagschutzwald die Straße sichern. Auf fünf (sechs) Flächen kann die Schutzfähigkeit als ausreichend auf vier (fünf) als unzureichend bezeichnet werden (die in Klammer stehenden Zahlen berücksichtigen die unterschiedlichen Verhältnisse auf den Flächen 1 und 16, auf denen jeweils zwei Teilflächen unterschieden wurden).

Die Schätzung der potentiell durch Steinschlag gefährdeten Straßenlänge belief sich auf circa 2,2 Kilometer. Dies entspricht circa 5 Prozent der untersuchten Straßenlänge.

5.5.4 Simulation von Absterbevarianten und deren Auswirkung auf die Steinschlaggefahr

Um mögliche Auswirkungen des Waldsterbens abzuschätzen, wurden auf den Flächen gemäß den entwickelten Schadenverlaufsvarianten Absterbeprozesse simuliert.

Tabelle 7 zeigt in diesem Zusammenhang die für Potentialparameter und die Widerstandsgrößen errechneten Zugehörigkeitswerte der zwanzig Flächen.

Abbildung 34 zeigt in graphischer Form noch einmal für die einzelnen Flächen die Veränderung des Steinschlagrisikos bei zunehmender Entwaldung. Um die Ergebnisse dann noch besser interpretieren zu können, wurde die Klasse der Steinschlaghänge systematisch in fünf sich überschneidende Bereiche gegliedert und jedem Bereich eine Zugehörigkeitsfunktion zugeordnet, die wiederum als Maß der Veränderung innerhalb einer Klasse interpretiert werden kann.

Um die Ergebnisse übersichtlich darstellen zu können, wurden drei unterschiedliche Gruppen von Steinschlaghängen ausgeschieden:

Gruppe 1:

Bei zunehmender Entwaldung resultiert keine oder nur eine geringe Veränderung der Gefährdungsklasse.

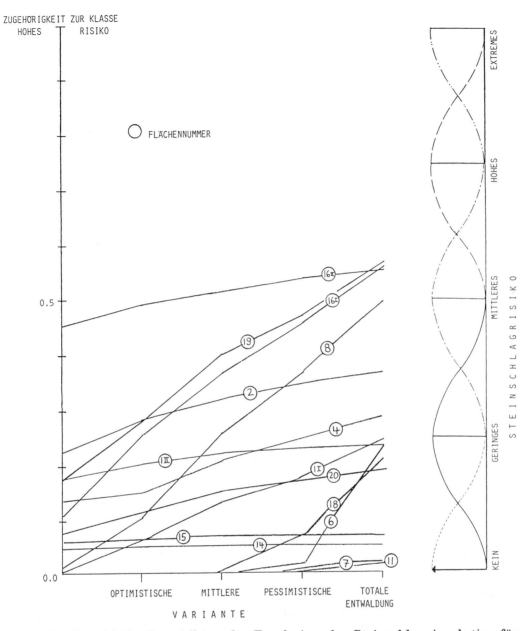

Abb. 34 *Graphische Darstellung der Ergebnisse der Steinschlagsimulation für die ausgeschiedenen Flächen*

Von den Hängen 7, 11, 14 und 15 geht aufgrund der Modellrechnungen gegenwärtig keine Steinschlaggefährdung aus. Auch bei totaler Entwaldung ist mit einer Gefährdung der Straße nicht zu rechnen. Bedingt durch die konkave Hangform liegt auf diesen Flächen ein geringes Potential vor. Auf den Abschnitten 1 II und 4 wurde für den Status quo eine geringe Steinschlaggefährdung berechnet. Innerhalb dieser Klasse findet bei totaler Entwaldung eine Verschlechterung statt. Rechnerisch bleibt jedoch die geringe Steinschlaggefährdung bestehen. Der Abschnitt 16 II weist für den Status quo ein mittleres Steinschlagrisiko auf. Auf dieser Fläche befindet sich eine temporäre Lawinenverbauung (Holzbrücken, Lawinenfangnetz). Durch das Fangnetz wurden Steine abgefangen, ein Teil der temporären Verbauung zerstört. Bedingt durch die unzureichende Bestockung ergibt sich keine Veränderung des Steinschlagrisikos.

Gruppe 2:

Flächen, auf denen zunehmende Entwaldung zu einer Verschiebung der Gefährdungsklasse führt.

Von den Abschnitten 6 und 18 geht zur Zeit keine Gefährdung aus. Bei Waldverlusten in Höhe der pessimistischen Variante und darüberhinaus ergibt sich eine Verschiebung zur Klasse der geringen Steinschlaggefährdung. Im Gegensatz zu diesen Abschnitten ist auf den Flächen 1 I und 20 bei zunehmender Entwaldung mit einer stetigen Zunahme des Risikos zu rechnen. Durch das geringe Potential bedingt, kommt es bei totaler Entwaldung jedoch nur zu einer geringen Steinschlaggefährdung. Auf Abschnitt 19 führt die mittlere Schadenverlaufsvariante zu einer Verschiebung von der geringen zur mittleren Gefährdungsklasse. Weitere Absterbeprozesse bedingen auf dieser Fläche eine Verschiebung innerhalb der mittleren Gefährdungsklasse.

Gruppe 3:

Durch zunehmende Intensität des Schadenverlaufs ergibt sich eine Verschiebung der Gefährdung um mehr als eine Klasse.

Für die Flächen 16 I und 8 wurde für den Status quo keine Steinschlaggefährdung errechnet. Die optimistische Schadenverlaufsvariante führt auf der Fläche 16 I zu einer geringen, die pessimistische Variante zu einer mittleren Steinschlaggefährdung. Fläche 8 weist für die mittlere Verlaufsvariante ein geringes, für die pessimistische ein mittleres Steinschlagrisiko auf.

Grundsätzlich ergibt sich für 40 Prozent der Flächen keine drastische Veränderung durch das Waldsterben. Auf 13 Prozent führt eine Entwaldung in Höhe der pessimistischen Schadenverlaufsvariante zu einem sprunghaften Anstieg des Risikos. Auf den restlichen Flächen (47 Prozent) nimmt mit zunehmender Entwaldung das Risiko stetig zu.

Bedingt durch die geringen Potentiale treten keine hohen oder extremen Risikobereiche auf dem untersuchten Straßenabschnitt auf.

Zusammenfassend läßt sich sagen: Die optimistische Schadenverlaufsvariante führt auf zwei Flächen zu einer rechnerischen Erhöhung der Steinschlaggefährdung. In einem Fall resultiert eine Verschiebung der Gefährdungsklasse. Die mittlere und die pessimistische Schadenverlaufsvariante leiten auf fünf Flächen eine Verschiebung der Gefährdungsklasse ein. Totale Entwaldung würde auf sieben Flächen zu einer Verschiebung der Gefährdungsklasse führen.

5.6 Versuch einer monetären Bewertung des resultierenden Steinschlagrisikos

Die hier betrachtete Steinschlagschutzfähigkeit der Wälder besteht darin, abgehendes Material zu bremsen und zum Stillstand zu bringen. Diese Fähigkeit bewirkt einen positiven externen Effekt, da hierdurch die Bundesstraße vor Steinschlag mehr oder weniger geschützt wird. Begünstigt wird durch diese Leistung jeder, der die Bundesstraße nutzt, der Eigentümer des Verkehrsweges und schließlich der Eigentümer des Schutzwaldes, der aus Gründen der Verkehrssicherung verpflichtet ist, absehbare Gefahren abzuwenden (BGB und Bundesfernstraßengesetz, Paragraph 11). Je nach Intensität der Schutzfähigkeit ergibt sich eine unterschiedliche Schutzleistung der Wälder. Zur Bewertung dieser Leistung läßt sich als Indikator der verhinderte Schaden heranziehen. Da jedoch der Vorgang des Steinschlags im Detail sowie die Wirkungsmechanismen von Wald gegen Steinschlag weitgehend unbekannt sind, ist es nicht möglich, das Risiko exakt zu quantifizieren. Zur Bewertung eines möglichen Schadens wäre eine Datenbasis notwendig, die bisherige Ergebnisse erfaßt, und die dazu geeignet ist, Häufigkeitsverteilungen abzuleiten. Im Gegensatz zu Hochwasser- und Lawinenereignissen sind für Steinschlagphänomene solche Häufigkeitsverteilungen zwar theoretisch denkbar, praktisch aber nicht vorhanden, da die Ableitung einen ungerechtfertigten Aufwand bedeuten würde. Somit sind bei dem gegenwärtigen Datenstand mit diesem Vorgehen keine Aussagen über mögliche in der Zukunft durch das Waldsterben erzeugte Schäden ableitbar.

Ein anderer Indikator für die Bewertung der Leistung von Schutzwaldungen gegenüber Steinschlag kann mit Hilfe der Verkehrssicherungspflicht, die dem Eigentümer des angrenzenden Steinschlagschutzwaldes auferlegt ist, begründet werden. Geht in Folge von Absterbeerscheinungen eine absehbare Gefahr von der Fläche für die Bundesstraße aus, so ist der Eigentümer verpflichtet, diese Gefahrenquelle zu beseitigen. Nach Paragraph 10 des Bundesfernstraßengesetzes obliegt die Aufsicht der nach Landesrecht für Schutzwaldungen zuständigen Behörde. Nach Artikel 26 (Bay Wald G) ist in Bayern das Forstamt hierfür zuständig.

Kommt es, durch das Waldsterben bedingt, zu nachteiligen Einwirkungen durch Steinschlag, hat nach Paragraph 11 des Bundesfernstraßengesetzes der Eigentümer die Anlage vorübergehender Einrichtungen in seinem Wald zu dulden. In Bayern wurde der Begriff „vorübergehend" durch „geeignet" ersetzt. Es besteht somit die Möglichkeit, daß in Bayern auch permanente Maßnahmen vom Eigentümer geduldet werden müssen. Die Kosten derartiger Einrichtungen, die der Baulastträger trägt, können dann als Indikator für die ohne Waldsterben vom Schutzwald erbrachte Schutzleistung interpretiert werden.

Die Abbildung 35 zeigt nun ein Entscheidungsmodell für verschiedene Maßnahmen auf der Basis des Steinschlagmodells. Je nach Intensität der resultierenden Gefährdung werden dabei Maßnahmen bzw. Maßnahmenkombinationen vorgeschlagen, um das anzunehmende Risiko abzumindern. Die hierbei eingesetzten Kosten sind lediglich als Schätzgröße zu verstehen. Es handelt sich um Durchschnittskosten, die im Einzelfall erheblichen Schwankungen unterworfen sein können.

Für die Entscheidung, welche Maßnahmen bzw. welche Kombinationen bei der Gefährdungsklasse getroffen werden sollen, wurde in Abbildung 35 die Form des Hanges und die Entfernung Hangfuß-Objekt als Entscheidungskriterien herangezogen. Diese Parameter bestimmen, ob das Material eher rollend (Maßnahmen am Boden in Objektnähe) oder stürzend (Maßnahmen im oberen Hangbereich) das Objekt erreicht. Die

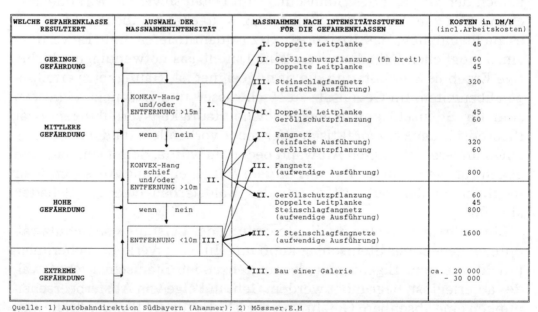

Abb. 35 *Vorschlag eines Entscheidungsmodells zur Bewertung möglicher Folgen des Waldsterbens*

Tabelle 8 Kalkulierte Investitionskosten für die Schadenverlaufsvarianten und die Annahme totaler Entwaldung

VARIANTE	PROBE-FLÄCHE	MASSNAHME	LÄNGE DER MASSNAHME	KOSTEN in DM
OPTIMISTISCHE VARIANTE	16 I	GER.III	100 m	32 000
SUMME			100 m	32 000
MITTLERE VARIANTE	16 I	GER.III	100 m	32 000
	8	GER.III	80 m	25 600
	1 I	GER.III	100 m	32 000
	20	GER.I	70 m	3 150
	19	MITT.II	100 m	38 000
SUMME			450 m	130 750
PESSIMISTISCHE VARIANTE	20	GER.I	70 m	3 150
	1 I	GER.III	100 m	32 000
	8	MITT.III	80 m	64 000
	16 I	MITT.III	100 m	80 000
	19	MITT.III	100 m	38 000
SUMME			450 m	217 150
TOTALE ENTWALDUNG	6	GER.I	200 m	9 000
	18	GER.III	80 m	25 600
	20	GER.I	70 m	3 150
	1 I	GER.III	100 m	32 000
	8	MITT.III	80 m	64 000
	16 I	MITT.III	100 m	80 000
	19	MITT.II	100 m	38 000
SUMME			730 m	251 750

hierbei ausgeschiedenen Grenzwerte (10 Meter, 15 Meter) beruhen auf von BROILLI (1974) vorgenommenen Geschwindigkeitsmessungen, deren Übertragung auf eine konvexe Hangsituation und die hierbei resultierende Wurfparabel annähernd diese Werte ergibt.

Tabelle 8 zeigt für die drei Schadenverlaufsvarianten und die Annahme der totalen Entwaldung die für die einzelnen Flächen geschätzten Investitionskosten für Gegenmaßnahmen.

Die Investitionskosten gegen Steinschlag belaufen sich bei der optimistischen Variante auf circa 32 000,– DM, bei der mittleren auf 130 750,– DM. Bei der pessimistischen auf 217 150,– DM, bei totaler Entwaldung auf 251 750,– DM.

Zu diesen Kosten kommen noch solche für die Unterhaltung der erstellten Anlage hinzu. MOOG und PÜTTMANN (1986) raten hier zu einer überschlägigen Berechnung nach folgendem Verfahren: Es werden für Erhaltungskosten (Bu, Bm, Bo) und Nutzungsdauer (Cu, Cm, Co) jeweils obere, mittlere und untere Schätzwerte angenommen, um den Unsicherheitsbereich besser abgrenzen zu können. Der optimistische Schätzwert wird berechnet, indem die längste anzunehmende Nutzungsdauer und die geringsten Erhaltungskosten zugrundegelegt werden. In Tabelle 9 sind diese Schätzwerte im einzelnen vorgetragen.

Wie aus der Abbildung 35 hervorgeht, betragen die jährlichen Gesamtkosten, je nach Variante, zwischen 880 DM und 21 846 DM. Für die

Tabelle 9 Berechnungsschema zur Erfassung der jeweiligen jährlichen Durchschnittskosten

VARIANTEN		SCHUTZMASSNAHMEN (Kosten in DM)				GESAMT-KOSTEN in DM	KOSTEN Gesamt-strecke in DM/lfm	KOSTEN Betroffene Strecke in DM/lfm
		LEITPLANKE	GERÖLLSCHUTZ-PFLANZUNG	EINFACHES STEINSCHLAG-FANGNETZ	AUFWENDIGES FANGNETZ			
OPTIMISTISCHE VARIANTE A		---	---	32 000	---	32 000	0,68	320,00
MITTLERE VARIANTE A		3 150	6 000	121 600	---	130 750	2,78	290,56
PESSIMISTISCHE VARIANTE A		3 150	6 000	64 000	144 000	217 150	4,62	482,56
TOTALE ENTWALDUNG A		12 150	6 000	89 600	144 000	251 750	5,36	335,67
ERHALTUNGSAUSGABEN (in %)	B(u) B(m) B(o)	10 20 30	30 50 60	10 25 40	10 20 30			
NUTZUNGSZEITRAUM (in Jahren)	C(u) C(m) C(o)	20 30 40	40 60 80	15 25 40	15 25 40			
DARAUS SICH ERGEBENDE JÄHRLICHE DURCHSCHNITTSKOSTEN								
OPTIMISTISCHE VARIANTE	O M P	---- ---- ----	---- ---- ----	880 1 600 2 987	---- ---- ----	880 1 600 2 986	---- ---- ----	8,80 16,00 29,90
MITTLERE VARIANTE	O M P	86 126 221	98 150 270	3 344 6 080 11 349	---- ---- ----	3 528 6 356 11 840	---- ---- ----	7,80 14,10 26,30
PESSIMISTISCHE VARIANTE	O M P	86 126 221	98 150 270	1 760 3 200 5 973	3 960 6 912 12 480	5 904 10 388 18 944	---- ---- ----	13,10 23,10 42,10
TOTALE ENTWALDUNG	O M P	307 486 790	98 150 270	2 464 4 480 8 306	3 960 6 912 12 480	6 829 12 028 21 846	---- ---- ----	9,10 16,00 29,10

jeweils durch Steinschlag gefährdeten Abschnitte ergaben sich Werte zwischen 7,80 DM und 42,10 DM je Laufmeter und Jahr. Bei totaler Entwaldung wurde eine jährliche Belastung zwischen 9,10 DM und 29,10 DM kalkuliert. Der Rückgang des Höchstbetrages um 10,- DM pro Laufmeter ist darin begründet, daß auf einer hinzukommenden Strecke von 200 Metern bei totaler Entwaldung (Fläche 6) lediglich Maßnahmen mit geringen Kosten (doppelte Leitplanke) getroffen werden müssen.

MOOG und PÜTTMANN (1986) errechneten für Erosionsschutzmaßnahmen für einen Hang oberhalb der Bundesstraße 236 jährliche Durchschnittskosten von 10,- DM bis 20,- DM je Laufmeter. In dem von ihm gewählten Ansatz, der von einem Zustand totaler Entwaldung ausgeht, werden neben linearen Maßnahmen (Leitplanken, Geröllschutzpflanzungen) auch flächige (Verdrahtungen, Anspritzbegrünung) getroffen. Aufgrund der relativ hohen Kosten für Steinschlagfangnetze im hier gewählten Ansatz kommen jedoch beide Kalkulationen zu ähnlichen Ergebnissen für entsprechende Varianten.

Es stellt sich nun die Frage, warum das vorliegende Bewertungsmodell keine flächigen Maßnahmen zur Kompensation möglicher Steinschlagereignisse als Folge des Waldsterbens annimmt. Bei der Festlegung derartiger Maßnahmen treten folgende Probleme auf:

Mit zunehmender Entwaldung ist damit zu rechnen, daß sich auf der Fläche eine Folgevegetation einstellt. Je nach Ausprägung der im zweiten Kapitel diskutierten Regenerationsbeschränkungsfaktoren sind verschiedene Stufen der Degradation zu erwarten. Geht mit den Absterbeprozessen intensives Schneegleiten oder Humusschwund einher, besteht die Gefahr, daß die gesamte Fläche Steinschlagmaterial liefert, das bisher durch den Boden und die Vegetationsschicht abgedeckt war. In einem solchen Fall müßte daran gedacht werden, zum Schutz der Straße geeignete Maßnahmen auf der gesamten Fläche zu ergreifen. Derartige Maßnahmen sind jedoch ausgesprochen aufwendig und auf nicht mit Maschinen befahrbaren Hängen nur schwer durchführbar. Sie sollen hier außer Betracht bleiben. Im Rahmen dieser Arbeit sollte nur versucht werden, die Bremswirkung von Wald gegenüber Steinschlag pauschal abzuschätzen.

5.7 Zusammenfassung

Im Rahmen dieses Kapitels wurde ein Ansatz entwickelt, mit dem die Erfassung und Bewertung von Auswirkungen des Waldsterbens auf die Steinschlaggefährdung möglich erscheint. Gegenwärtig gibt es keine Detailuntersuchungen über dieses Phänomen. Im Modell wurde versucht, zunächst Bildungsbedingungen, Bewegungsablauf und Widerstände, die bei einem Steinschlag auftreten, zu erfassen. Da über die Ausprägung der ausgewählten Indikatoren keine bzw. nur unscharfe Informationen vorlagen, wurde dieses Modell auf der Basis der Theorie der unscharfen Mengen entwickelt. Anhand dieses Konzepts war es möglich, Absterbevarianten in Steinschlagschutzwäldern zu simulieren und deren Auswirkung auf die Steinschlaggefährdung der Bundesstraße 305 zwischen Marquartstein und Zwing als Beispiel abzuschätzen.

Neben der Modellentwicklung wurde auch der Versuch unternommen, für Waldbestände die Schutzfähigkeit gegenüber Steinschlag zu quantifizieren. Hierbei zeigte sich, daß mit zunehmendem Alter des Bestandes jedoch die Schutzfähigkeit einerseits abnimmt, daß andererseits jedoch mehrschichtige Bestände die höchste Schutzfähigkeit erbringen. In verlichteten Beständen nimmt somit die Schutzfähigkeit drastisch ab. Daher sollte so früh wie möglich die Verjüngung eingeleitet werden, um hier die Nachhaltigkeit der Steinschlagschutzfähigkeit zu gewährleisten.

Der Testlauf des Modells erfolgte im Landkreis Traunstein. Hierbei wurden zwanzig Steilhangflächen oberhalb der Bundesstraße 305 für die Untersuchung ausgewählt und eine Reihe von Standort- und Bestandesparametern aufgenommen. Für die Berechnungen wurde angenommen, daß man den Verlust der Schutzfähigkeit des Waldes durch biologisch-technische Maßnahmen kompensieren kann.

Die Datenauswertung und Modellberechnungen ergaben, daß der Steinschlag als Massenverlagerungsphänomen bei der Gefährdung der Bundesstraße 305 auf dem untersuchten Abschnitt im Vergleich zu den Lawinen nur ein geringes Potential aufweist. Diese Aussage gilt jedoch nur unter der Bedingung, daß es in Zukunft hier nicht durch Erosion oder Humusschwund zu einem weiteren Anstieg der Mengen an steinschlagfähigem Material kommt.

Die kalkulatorische Bewertung ergab, je nach Variante, jährliche Kosten zwischen circa 1000 DM (Optimistische Schadenverlaufsvariante) und 22 000 DM (Totale Entwaldung) für die steinschlaggefährdete Strecke von 2,2 Kilometern, das entspricht circa 5 Prozent der gesamten untersuchten Straßenlänge. Aus diesen Werten wird nochmals deutlich, daß im Vergleich zur Lawinengefährdung und den hier notwendigen Kosten für Sanierungsmaßnahmen der Steinschlag eine relativ untergeordnete Rolle spielt, da hier, je nach Ausprägung des Hanges und Lage des Objektes, auch einfache Maßnahmen wie etwa doppelte Leitplanken sehr wirkungsvoll sind.

Grundsätzlich ist jedoch anzumerken, daß die untersuchten Streckenabschnitte hinsichtlich ihrer Zugehörigkeit maximal der Klasse von Hängen mit mittlerer Steinschlaggefährdung zugeordnet wurden. Bei extremen Steinschlagverhältnissen sind dagegen kompensatorische Maßnahmen ausgesprochen kostenaufwendig. Dies ist etwa der Fall, wenn Galerien zur Abwehr des Steinschlags gebaut werden müssen. Geht man von der begründeten Annahme aus, daß auf den untersuchten Hängen durchaus auch andere Massenverlagerungsphänomene auftreten können (Rutschungen, Erosionen), die ebenfalls durch Wald beeinflußt werden und deren Unterbindung bei Ausfall der Bestände weitaus schwieriger, wenn nicht unmöglich sind, kann auch hier nur der Schluß gezogen werden, daß eine nachhaltige Schutzfähigkeit gewährleistet sein muß.

6. Mögliche Auswirkungen des Waldsterbens auf die Gefährdung von Siedlungen und Infrastruktureinrichtungen durch Hochwasser

6.1 Einleitung

Der Wald hat wie keine andere Vegetationsform entscheidende Bedeutung für den Wasserhaushalt. Die Hauptaufgaben des Bergwaldes hinsichtlich des Wasserhaushaltes sind nach MAYER, 1976:

– Der Schutz vor Hochwasserkatastrophen durch die Speicherwirkung und die gefahrlose Ableitung von Starkniederschlägen
– Die gleichmäßige maximale Produktion von Trinkwasser
– Die Verhinderung wasserbedingter Erosion

Der Hochwasserschutz soll hier im Mittelpunkt der Betrachtungen stehen. Nach den Ergebnissen der Waldfunktionsplanung sind 67 Prozent des Bergwaldes Oberbayerns und 59 Prozent des Gebirgsforstes in Schwaben Wasserschutzwald. Da im Bergwald die Trinkwasserproduktion in unserem Raum in den Hintergrund rückt, sind die Wälder hier vorrangig Hochwasserschutzwälder (PLOCHMANN, R., 1985).

Ziel der folgenden Erörterungen ist es, mögliche Auswirkungen des Waldsterbens auf die Gefährdung von Siedlungen und Infrastrukturanlagen abzuschätzen. Aufbauend auf eine Darstellung über die Rolle des Waldes beim Hochwasserschutz, wird das Untersuchungsgebiet Steinbach beschrieben. Die über ein Stichprobenverfahren in diesem Tal gewonnenen Daten dienen dann als Eingangsgrößen für das zu entwickelnde Bewertungsmodell. Mit Hilfe eines einfachen Schätzverfahrens wird dabei zunächst versucht, die resultierende Folgevegetation nach Absterbeprozessen in Wäldern zu erfassen. Nach einer Beschreibung der unterschiedlichen Modellansätze wird ein einfaches Abflußmodell vorgestellt. Im Mittelpunkt steht dabei die Absicht, ein praktikables Verfahren zu entwickeln, das zumindest grobe Abschätzungen des Abflusses in Gebieten beim Fehlen von Meßdaten ermöglicht. Nach Darstellung und Diskussion der gewonnenen Ergebnisse folgt eine Erörterung der Durchführbarkeit ihrer monetären Bewertung. Abschließend wird die Brauchbarkeit der Resultate für die praktische Anwendung zur Diskussion gestellt.

6.2 Der Wald als Hochwasserschutz

6.2.1 Der Begriff Hochwasser

In der Literatur hat sich bis heute keine einheitliche Definition des Begriffs Hochwasser durchgesetzt. Dies kann dadurch erklärt werden, daß die Definition von der Position des Betrachters gegenüber dem Phänomen Hochwasser entscheidend geprägt wird. Grundsätzlich lassen sich die Definitionen in drei Gruppen einteilen. Die erste Gruppe ist durch die Verwendung eines bestimmten Abflusses als Ausgangsgröße gekennzeichnet. So definieren als Hochwasser

STORCHENEGGER (1983):
die zeitlich begrenzte Erhöhung des Abflusses, so daß dabei der Trockenwetterabfluß überschritten wird.

HAUCK (1980):
jede bedeutende Anschwellung von Gerinnen.

GRAHNER (1977):
wenn ein Vielfaches des Mittelwasserabflusses überschritten wird.

Bei der zweiten Gruppe ist der Hauptaspekt der entstehende oder zu erwartende Schaden. Beispiele für derartige Definitionen finden sich bei

BRECHTEL (1971):
Hochwässer verursachen direkte und indirekte Schäden.

STRELE (1950):
Jedes Gerinne kann eine bestimmte Wassermenge unschädlich abführen. Steigt diese über ein bestimmtes Maß hinaus, beginnt sie Schaden anzurichten.

Eine Verknüpfung beider Gruppen kennzeichnet die dritte Art von Definitionen. Als Vertreter sollen hier genannt werden:

DYCK, PESCHKE (1983 a):
Ein Hochwasser ist die zeitlich begrenzte Anschwellung des Durchflusses über den Basisdurchfluß, die eine für jeden Durchflußquerschnitt aus der Statistik oder den örtlichen Gegebenheiten zu bestimmende Grenze überschreitet, als Folgeerscheinung meteorologischer und durch Katastrophen hervorgerufener Ereignisse.

WIDMOSER (1971):
Spitzenabflußmengen, hohe Wasserstände, lang andauernde Überschwemmungen.

WARD (1975):
Floods may be defined as unusually higher rates of discharge often leading to the inundation of land adjacent to the stream.

Im Zusammenhang mit möglichen Folgen des Waldsterbens auf das Hochwassergeschehen erscheint die umfassende Definition von DYCK und PESCHKE als am besten geeignet, da sie die örtlichen Gegebenheiten, den Einfluß der Statistik sowie die Auslösefaktoren hinreichend erfaßt.

6.2.2 Standortmodell zur qualitativen Erfassung des Hochwasserschutzes durch den Wald

Abbildung 36 versucht die Komplexität und die Zusammenhänge verschiedener Einflußfaktoren auf den Niederschlag-Abflußvorgang zu verdeutlichen. Der Niederschlag als Input wird im System auf verschiedene Größen verteilt. Der Abfluß wird als Output betrachtet.

Auslösefaktoren für Hochwasser können sein:

- Niederschlagsereignisse
- Schneeschmelze
- Eisabgänge
- Durchbruch natürlicher und künstlicher Hindernisse
- Vulkanausbrüche

Zwischen den genannten Auslösefaktoren können Kombinationen auftreten.

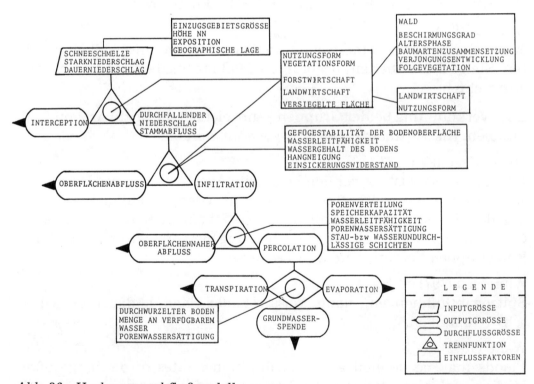

Abb. 36 Hochwasserabflußmodell

Im bayerischen Alpenraum sind die Abflußhöhen (mittlere Abflußhöhe) im Sommer größer als im Winter. Das Minimum der Wasserstandsführung liegt im Gegensatz zum übrigen Bayern im Dezember/Januar. Der in diesen Monaten verzeichnete Niederschlag fällt zumeist als Schnee und wird zunächst gespeichert, gelangt dann später (April/Mai) zum Abfluß. Dieser Abfluß führt, zusammen mit Frühjahrsniederschlägen, zu höchster Wasserführung im April/Mai. Ebenfalls im Gegensatz zum übrigen Bayern findet sich ein zweites Abflußmaximum im Monat Juli, dem regenreichsten im Alpengebiet (KERN, H., 1973).

Die Intensität der Auslösefaktoren wird durch verschiedene Parameter der Vegetation und des Standorts modifiziert.

Durch Interzeption, also durch das Aufhalten und vorübergehende Speichern von Niederschlägen, üben Oberflächen eine Pufferwirkung aus (BRECHTEL, H. M., BOTH, M., 1985). Das Interzeptionsvermögen wird stark durch die auftretende Vegetationsform bestimmt. In den Kronen können nach MITSCHERLICH (1981), je nach Baumart, 0,2 bis 7,6 Millimeter Niederschlag zurückgehalten werden. Diese Werte zeigen, daß bei zunehmender Niederschlagshöhe das Potential rasch ausgeschöpft ist, die Interzeption eine immer geringere Rolle spielt. Dies trifft vor allem auf Starkregenereignisse zu, die für die nachstehende Betrachtung von erheblicher Bedeutung sind.

Die Gesamtjahresinterzeption spielt eine bedeutendere Rolle. So werden nach BÜHLER (1892/1918, zitiert nach MAYER, H., 1976) von 1500 Millimetern Niederschlag von der Buche 13 Prozent, der Fichte 20 Prozent und der Tanne 27 Prozent interzepiert. Da ein großer Teil des zurückgehaltenen Niederschlags verdunstet, somit aus dem System ausscheidet, wird das Speichervermögen des Bodens entlastet.

Ein Teil des Niederschlags gelangt in Form von durchfallendem oder abtropfendem Niederschlag, in Waldbeständen auch als Stammabfluß, auf den Boden. In Abhängigkeit von der Menge des Niederschlags, der Wasserleitfähigkeit des Bodens, von auftretenden Einsickerungswiderständen sowie von Bodenvegetation (um nur einige Faktoren zu nennen) fließt der Niederschlag als Oberflächenabfluß ab oder sickert in den Boden ein (Infiltration). Diese Unterscheidung ist für das Hochwassergeschehen von herausragender Bedeutung. Bedingt durch die Bodenstruktur weisen Waldbestockungen das günstigste Infiltrationsverhältnis auf. Auf versiegelten oder stark verdichteten Flächen (Skipisten, Weiden) fließt der größte Teil des Niederschlags oberflächlich ab (BRECHTEL, H. M., BOTH, M., 1985). Kenntnisse über den prozentualen Anteil, der oberflächlich abläuft, und den resultierenden Bodenabtrag wurden in jüngster Zeit durch Simulation von Starkregenereignissen gewonnen. Auf diese Resultate wird im sechsten Kapitel („Das Bewertungsmodell Hochwasser") eingegangen.

Ein Teil des Wassers wird in Streu und Bodenvegetation zurückgehalten und verdunstet (Bodenverdunstung).

Der Vorgang des Vertikaltransportes im Boden wird als Perkolation bezeichnet. Ist die Speicherkapazität des Bodens erschöpft oder treten wasserundurchlässige Schichten auf, kann es zu einem Horizontaltransport des Wassers kommen. Dieser wird als Zwischenwasser oder oberflächennaher Abfluß bezeichnet und spielt teilweise beim Hochwassergeschehen eine bedeutende Rolle in bewaldeten Gebieten.

In Abhängigkeit von der Porenverteilung, der Porenwassersättigung sowie dem Anteil durchwurzelten Bodens verteilt sich das Bodenwasser auf folgende Größen: Transpiration, Evaporation und Grundwasserabfluß. Durch die Transpiration vorhandener Vegetation wird ein Teil des Wassers dem System Boden entzogen. Von allen Vegetationsformen weist Wald wiederum die höchsten Werte auf. Die Evaporation oder Bodenverdunstung spielt nach BRECHTEL und BOTH (1985) als Teil der Wasserbilanz im allgemeinen keine nennenswerte Rolle. Auf vegetationslosen Flächen kann sie jedoch zu einem bedeutenden Faktor werden. Im hier dargestellten vereinfachten Modell führt der überbleibende Teil des Wassers zur Grundwasserneubildung.

Diese einfache Betrachtung zeigt bereits, daß die Vorgänge, die nach einem Niederschlag oder einer Schneeschmelze auftreten, von einer fast unübersehbaren Vielzahl von Parametern beeinflußt werden. Es ist ferner zu bedenken, daß diese Größen sich untereinander mehr oder weniger stark beeinflussen. Hochwassermodelle betrachten daher notgedrungen das System immer unter dem Aspekt der möglichen Vereinfachung der Gegebenheiten. Die aus Modellen gewonnenen Ergebnisse sind mit hohen Unsicherheiten belastet. Auf dieses Problem soll im sechsten Kapitel („Das Niederschlag-Abfluß-Geschehen") näher eingegangen werden.

6.2.3 Qualitative Darstellung möglicher Auswirkungen des Waldsterbens auf die Wasserbilanz

Grundlage der hier dargestellten Auswirkungen ist die Annahme, daß die Wälder entsprechend der pessimistischen Variante (vgl. drittes Kapitel) absterben. Die Regenerationsbeschränkung liegt hoch, eine Verjüngung der Bestände kann nur mit hohem waldbautechnischem Einsatz gewährleistet werden.

Bei Niederschlägen wird zunächst die Interzeption durch geringere Blattmassen und abgestorbene Bäume vermindert. Wie erwähnt, sinkt jedoch die Interzeptionsrate mit Zunahme der Niederschlagshöhe. Bei Starkregenereignissen ist somit der durch das Waldsterben bedingte Verminderungseffekt gering. Der Gesamtjahreseffekt ist allerdings beachtenswert. Bei mehrtägigen Niederschlägen mit Unterbrechungen verdunstet ein Teil des Wassers. Dieser Anteil sinkt mit zunehmender Schädigung des Waldes. Die Aufnahmekapazität des Bodens wird somit stärker in Anspruch genommen.

Die Transpiration des Waldes bewirkt eine laufende Erhöhung der Speicherkapazität des Bodens nach einem Niederschlag. Der Boden kann somit bei erneuten Niederschlägen mehr Wasser aufnehmen. Geschädigte Bestände transpirieren weniger als ungeschädigte, die Pumpwirkung des Waldes wird also durch das Waldsterben vermindert mit der Folge, daß die Bodenporen bei Niederschlagsereignissen schneller verfüllt werden mit dem Ergebnis, daß die Speicherkapazität des Bodens schneller erschöpft wird.

Der wohl wichtigste Aspekt, der bei diesem Szenario auftritt, ist, daß die Fähigkeit des Waldbodens zur fast völligen Infiltration mittelfristig empfindlich gestört wird. Die infolgedessen auftretenden Oberflächenabflüsse tragen entscheidend zur Hochwasserbildung bei. Der Waldboden spielt somit die entscheidende Rolle (HOFFMANN, D., 1984). Der Abfluß erfolgt schneller, die Hochwasserspitze steigt. Dieser Effekt tritt kaum auf, wenn es gelingt, die Flächen zu verjüngen oder wenn sie von Pionierbaumarten besiedelt würden (JOBST, E., KARL, J., 1984).

Durch das Wurzelsystem werden im nicht geschädigten Wald nach dem Absterben von Wurzeln Kanäle geschaffen, die eine rasche Entwässerung ermöglichen. Dieser Effekt tritt bei Waldschädigungen weiterhin auf und wird unter Umständen sogar erhöht, entfällt jedoch langfristig.

Ein besonderes Problem in der Alpenregion tritt auf, wenn die Bestokkung auf flachgründigen Humuskarbonatböden ausfällt. Auf die hier auftretenden wasserwirtschaftlichen Folgen bei Humusschwund weisen JOBST und KARL (1984) hin. Durch einen veränderten Wärmehaushalt kommt es zum verstärkten Abbau von Humus, der in diesen Böden für die Speicherkapazität verantwortlich ist. Niederschläge können nur noch in geringem Maße zurückgehalten werden, es kommt vermehrt zu Oberflächenabfluß, der gleichzeitig durch seine erodierende Wirkung das Bodenprofil verkürzt. JOBST und KARL (1984) gehen davon aus, daß auf derartig „degradierten Standorten unter Umständen kein Wald mehr Fuß fassen kann".

Diese kurze qualitative Betrachtung anhand des ausgewählten Szenarios verdeutlicht, daß dem Wald bei der Hochwasserverhinderung und -dämpfung eine entscheidende Rolle zukommt.

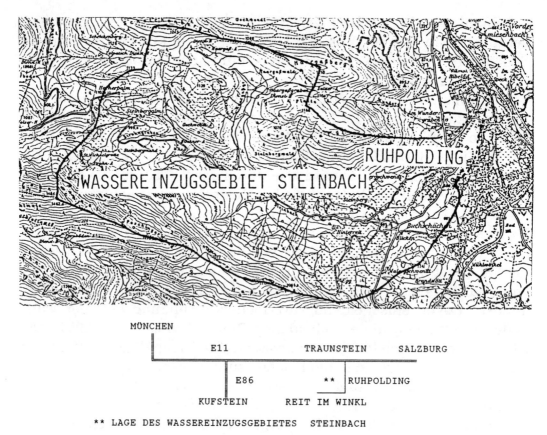

Abb. 37 Die Lage des Untersuchungsgebietes Steinbach (Maßstab 1:50 000)

6.3 Das Untersuchungsgebiet Steinbach

Das Untersuchungsgebiet Steinbach grenzt im Westen an Ruhpolding. Die Lage des Gebietes ist in Abbildung 37 eingetragen. Das untersuchte Gebiet umfaßt eine Fläche von circa 850 Hektar und liegt vollständig im Bereich des Forstamtes Ruhpolding.

Das Wassereinzugsgebiet des Steinbachs wurde sowohl in der Katastrophenkarte von KARL (1984) wie auch in der des DEUTSCHEN ALPENVEREINS (DAV) (1985, 1986) eingezeichnet. Beide gehen davon aus, daß bei weitreichenden Waldverlusten eine Gefahr für Siedlungen und Infrastruktureinrichtungen durch Hochwasser bzw. Massenverlagerungsphänomene besteht. Das war auch der Grund für die vorliegende detaillierte Untersuchung des Steinbachs.

6.3.1 Analyse des Status quo

Im Untersuchungsgebiet Steinbach wurden für unsere wasserwirtschaftliche Studie eine Reihe von Parametern erhoben.

6.3.1.1 Aufnahmemethode

Da eine Vollaufnahme des gesamten Wassereinzugsgebiets aus Zeit- und Kostengründen ausschied, wurde für die Analyse des Status quo ein Stichprobenverfahren gewählt.

Hierzu diente ein systematisches Verfahren mit einem quadratischen Gitternetz und einem Abstand von 200 Metern zwischen den Netzlinien; das Gitternetz wurde nach den Haupthimmelsrichtungen ausgerichtet. Ein Stichprobenpunkt repräsentiert bei dieser Aufnahme eine Fläche von vier Hektar. In das Untersuchungsgebiet fielen 212 Stichprobenpunkte.

Aufsuchen der Probepunkte

Als Ausgangspunkt für die Festlegung der Stichprobenpunkte dienten unveränderliche und markante Merkmale im Einzugsgebiet (Grenzsteine, Gipfelkreuze, Häuser). Von diesen Punkten ausgehend wurde die Marschrichtung mit Hilfe einer Bussole festgelegt. Die Entfernungsmessungen erfolgten in ebenem Gelände mit dem Maßband, in geneigtem Gelände mit Hilfe des Spiegelrelaskops und einer speziell angefertigten Meßlatte. Der Vorteil des Spiegelrelaskops liegt darin, daß horizontale Abstände auch im steilen Gelände relativ präzise bestimmt werden können (Löw, H., 1975, Bitterlich, W., 1959).

Art und Umfang der erhobenen Daten

Die erhobenen Daten können in vier Gruppen zusammengefaßt werden.

(1) Formale Kriterien
   Hierbei wurden folgende Punkte festgehalten:

   – Datum der Aufnahme
   – Laufende Nummer des Stichprobenpunktes
   – Koordinaten (im Gitternetz, Gauss-Krüger)

(2) Standortsmerkmale
   Für jeden Probekreis wurden folgende Standortsmerkmale erhoben:

   – Meereshöhe in NN
     Die Meereshöhe wurde aus der Forstwirtschaftskarte übernommen und unter Verwendung eines Höhenmessers überprüft.
   – Exposition
     Die Exposition wurde mit Hilfe eines Kompasses bestimmt und einer der ausgeschiedenen neun Expositionsklassen (N, NO, O, SO, S, SW, W, NW, ohne Exposition) zugeordnet.

- Hangneigung
  Die Geländeneigung wurde mit Hilfe eines Neigungsmessers in Altgrad bestimmt, indem jeweils eine Messung hangaufwärts und hangabwärts durchgeführt wurde. Der Meßwert wurde anschließend durch Mittelwertbildung ermittelt.
- Oberflächenbeschaffenheit
  Die Oberflächenrauhigkeit wurde nach den drei Stufen (glatt, mäßig-rauh, rauh) gutachtlich ausgeschieden.
- Geologische Formation
  Die geologische Formation wurde vor Beginn der Außenaufnahmen über die Geologische Karte von Bayern 1 : 25 000, Blattnummer 8241, bestimmt.
- Waldweidebelastung
  Zur Fixierung der Waldweidegebiete wurde die Karte Almen und Alpen in Bayern (Maßstab 1 : 25 000, Blattnummer 8241) der Obersten Baubehörde von 1971 herangezogen. Geländeaufnahmen ergaben, daß die Eintragung der Waldweideflächen fehlerhaft war. Daher wurde nach Abschluß der Geländeaufnahmen die forstamtseigene Waldweiderechtskarte zur abschließenden Festlegung herangezogen.
- Hanglabilität
  Da die Ergebnisse der Hanglabilitätskartierung vor Beginn der Außenaufnahmen nicht vorlagen, wurden diese Daten zu einem späteren Zeitpunkt aus der Hanglabilitätskarte des Landkreises Traunstein übernommen.

(3) Bestandesmerkmale

In den Beständen wurden folgende Bestandesmerkmale erfaßt:

- Baumartenanteile
  Mittels einer Schätzung wurden die Anteile der Baumarten Fichte, Tanne, Buche, Ahorn und sonstige geschätzt.
- Zustandsphase
  Bei der Festlegung der Zustandsphase wurde zwischen Jungwuchs, Dickung, Stangenholz, Baumholz, Altholz und plenterartige Bestände differenziert.
- Schichtung
  Bei der Ausscheidung der Bestandesschichtung wurde lediglich zwischen ein- bzw. mehrschichtig und plenterartig unterschieden.
- Beschirmungsgrad
  Der Beschirmungsgrad wurde in Zehn-Prozent-Stufen geschätzt.
- Grundfläche
  Die Grundfläche wurde mit Hilfe des Spiegelrelaskops (Zählfak-

tor 2) in Stangen-, Baum- und Althölzern sowie in plentarartigen Beständen bestimmt.
- Waldschadensinventur
Die Schadklassenanalyse wurde in Baum- und Althölzern durchgeführt. Hierbei wurde systematisch jeder zweite Baum, der bei der Bestimmung der Grundfläche berücksichtigt wurde, gekennzeichnet. Anschließend wurde die Baumart und der Brusthöhendurchmesser bestimmt. Die Schadensansprache wurde durch Schätzung des Nadelverlustes unter Berücksichtigung auftretender Vergilbungen durchgeführt.

(4) Verjüngungsanalyse

Die Verjüngung wurde anhand eines von SCHREYER und RAUSCH (1974) entwickelten, zweifach stratifizierten Stichprobenverfahrens durchgeführt. Hierbei werden in einem 125 Quadratmeter großen Probekreis neun 1 Quadratmeter große Probekreise systematisch verteilt. Bei der Analyse wurden Verjüngungspflanzen zwischen einer Höhe von 20 bis 185 Zentimetern berücksichtigt.

- Verbißanalyse
Bei der Verbißanalyse wurden vier Verbißgrade (vgl. MERGNER, W., 1983) unterschieden. Dies sind Pflanzen ohne Verbiß, nur Seitentriebverbiß, Gipfeltriebverbiß und mäßiger Seitentriebverbiß sowie mehrfacher Gipfeltriebverbiß und starker Seitentriebverbiß. Soweit vorhanden, wurden Schlag- und Fegeschäden ebenfalls aufgenommen.
- Bodenvegetation
Um die Bodenvegetation, die einen nicht unbedeutenden Einfluß auf das Abflußverhalten eines Standortes hat, zu charakterisieren, wurden die Anteile an Gräsern, Kräutern und holzigen Pflanzen sowie die Anteile von Flächen ohne Bewuchs geschätzt.
- Erfassung der Kapazität zäher Äsung
Zur Erfassung der Kapazität an zäher Äsung wurde das Verfahren von SCHAUER (1972, 1982) herangezogen. Hierbei wurden die Prozentanteile von Laubbäumen und Sträuchern, Jungwuchs an Tannen, Heidelbeerbestände sowie Brombeeren und Himbeeren innerhalb der Bodenvegetation geschätzt und nach dem Verfahren SCHAUER die Menge an zäher Äsung hochgerechnet.

Sämtliche Standorts- und Bestandes- und Verjüngungsanalysen wurden in den Grenzkreisen der Relaskopaufnahme durchgeführt.

6.3.1.2 Geländeaufnahmen und Datenauswertung

Die Stichprobenaufnahmen wurden während der Vegetationszeit 1985 durchgeführt. Die Tagesleistung schwankte hierbei zwischen 8 und 14 Stichprobenpunkten. Sie wurde vor allem durch die Begehbarkeit und die Einsehbarkeit des Geländes beeinflußt.

Die gewonnenen Daten wurden auf Datenträger übertragen und mit Hilfe von BMDP-Routinen und eigenen in FORTRAN entwickelten Programmen ausgewertet. Die Auswertung der Waldschadens- und der Verjüngungsanalyse erfolgte am lehrstuhleigenen Personal Computer mit Hilfe von in BASIC geschriebenen Programmen. Die Programme sind am Lehrstuhl für Forstpolitik und Forstgeschichte aufbewahrt und können dort eingesehen werden.

6.3.2 Inventurergebnisse

6.3.2.1 Geologie

Das Wassereinzugsgebiet Steinbach weist einen ausgesprochen inhomogenen geologischen Aufbau auf. Die geologischen Formationen sind zu 42 Prozent vom Quartär überprägt, 30 Prozent wurden der Kreidezeit, 20 Prozent dem Jura und 8 Prozent dem Trias zugeordnet. Die prozentuale Verteilung der einzelnen Formationen verdeutlicht Tabelle 10.

Tabelle 10 Prozentuale Verteilung der einzelnen Gesteinsformationen im Wassereinzugsgebiet Steinbach

Formation	Anteil	Formation	Anteil
Hang- und Verwitterungsschutt	29,7 %	Talboden	3,3 %
Cenoman	20,8 %	Roter Knollenfaserkalk	2,8 %
Hauptdolomit	8,0 %	Radiolarit	2,8 %
Neokom	8,0 %	Kössenerschichten	2,4 %
Kieselkalk	7,1 %	Fernmoränen	2,4 %
Vorstoßschotter	6,1 %	Lokalmoränen	1,4 %
Fleckenmergel	3,8 %	Bergsturz	0,9 %
		Aptychenschichten	0,5 %

Die Verteilung zeigt, daß 50 Prozent des Ausgangsmaterials Hang- bzw. Verwitterungsschutt und Cenoman (Tonmergel und Sandsteine) sind. Vor allem im Cenoman, der sich am Bachlauf konzentriert, treten steile Gräben mit zahlreichen Uferanbrüchen auf. Dies spielt für den Geschiebehaushalt des Steinbaches eine bedeutende Rolle.

6.3.2.2 Verteilung der Höhenstufen und Expositionen

Das Einzugsgebiet des Steinbaches liegt in einem Höhenbereich von 650 Metern über Normalnull (Ruhpolding) bis 1480 Metern über Normalnull (Strohnschneid). Tabelle 11 zeigt die prozentuale Verteilung der Höhen NN und der Exposition der Stichprobenpunkte. Wie aus der Tabelle hervorgeht, liegen jeweils 30 Prozent der Stichprobenpunkte in einer Höhe von 600 Metern bis 800 Metern bzw. 1000 Metern bis 1200 Metern, zwischen 800 Metern und 1000 Metern liegen 37 Prozent. 3 Prozent der Stichprobenpunkte liegen oberhalb von 1200 Metern. Hinsichtlich der Verteilung der Exposition errechnete sich ein Verhältnis von 1:1 zwischen Sonnen- und Schattenseite.

Tabelle 11 Prozentuale Verteilung der Höhen NN und der Exposition der Stichprobenpunkte

Höhe in m	Anteil	Exposition	Anteil
< 800	30 %	N, NW	39 %
800 - 1000	37 %	W, SW	22 %
1000 - 1200	30 %	S, SO	28 %
> 1200	3 %	O, NO	8 %
		OHNE	3 %

6.3.2.3 Verteilung der Hangneigung

In Tabelle 12 ist die Verteilung der Hangneigung in Fünf-Prozent-Stufen dargestellt. Sie zeigt, daß 41 Prozent der Stichprobenpunkte in Hangneigungsbereichen über 25 Grad liegen. Das Schwergewicht der Verteilung liegt zwischen 10 und 40 Grad. In diesen Bereich fallen 79 Prozent der Stichprobenpunkte.

Tabelle 12 Verteilung der Hangneigungsstufen der Stichprobenpunkte

Hangneigungsstufe in Grad	Anteil in %	Hangneigungsstufe in Grad	Anteil in %
0 - 5	11	> 25 - 30	10
> 5 - 10	5	> 30 - 35	14
> 10 - 15	11	> 35 - 40	12
> 15 - 20	16	> 40 - 45	3
> 20 - 25	16	> 45	2

6.3.2.4 Hanglabilitätskartierung

Die Auswertung der Hanglabilitätskarte des Einzugsgebietes ergab, daß auf 40 Prozent der Fläche sehr labile, auf 5 Prozent mäßig labile und auf 40 Prozent stabile Verhältnisse vorliegen. Auf den übrigen 15 Prozent wechselt die Stabilitätsstufe kleinflächig bzw. führen unterschiedliche Nutzungsformen zu einer anderen Klassifikation. Die Auswertung der Hanglabilitätsformen auf mäßig labilen und sehr labilen Flächen ist in Tabelle 13 dargestellt.

Tabelle 13 Prozentuale Verteilung der Hanglabilitätsformen im Wassereinzugsgebiet Steinbach

Hanglabilitätsform	Anteil
Gleitschneehänge (G)	18 %
Gleitschneehänge mit Schneerutschen (G!)	5 %
Lawinenhänge (L)	3 %
Humusschwundhänge (H)	7 %
Narbenversatz (N)	56 %
Rutschhänge (R)	16 %
Translationsrutschhänge (T)	7 %
Nachgelagerte Flächen (E)	1 %
Felsregionen (F)	5 %

Hinsichtlich der ausgeschiedenen Labilitätsformen zeigt sich, daß auf 56 Prozent der Gesamtfläche Narbenversatz auftritt. Da viele der Bestände mit Weiderechten belastet sind, deutet sich hier ein Problem an, das später Gegenstand näherer Betrachtungen sein wird. Auf 18 Prozent der Fläche ist bei unzureichender Bestockung mit Bodenabschürfungen durch gleitende Schneedecken zu rechnen. In steileren Lagen – diese haben einen Anteil von 8 Prozent – ist ferner mit der Entstehung von Gleitschneerutschen und Lawinen zu rechnen. Bedingt durch die geologische Ausgangssituation neigen 16 Prozent der Gesamtfläche zu Rutschungen, 7 Prozent zu Tiefenerosionserscheinungen. Sie konzentrieren sich vor allem im Bereich der geologischen Formationen des Cenoman. Bei ungenügender Bestockung neigen 7 Prozent der Fläche zu Humusschwund, 1 Prozent der Fläche ist selbst stabil, gefährdet jedoch nachgelagerte Flächen. 7 Prozent des Wassereinzugsgebietes sind Felswände bzw. nicht aufforstbare Schutt- und Blockhalden.

6.3.2.5 Verteilung der Nutzungsformen

An erster Stelle steht im Wassereinzugsgebiet die forstliche Nutzung, die auf 64 Prozent der Fläche ausgeübt wird. 31 Prozent der Fläche wird landwirtschaftlich genutzt, 5 Prozent der Stichprobenpunkte sind bebaut. Die landwirtschaftliche Nutzung wird ausschließlich als Grünlandnutzung in Form von Weiden (Almen, steilere Hanglagen im Talraum) oder Wiesen ausgeübt. Ein Teil dieser Flächen (23 Prozent) wird im Winter als Skipiste benutzt. Im Bereich des Wassereinzugsgebietes liegen fünf Liftanlagen.

6.3.2.6 Der Wald im Wassereinzugsgebiet

Von den 132 Stichprobenpunkten, die in Wälder fielen, liegen 5 (4 Prozent) in Jungwuchsflächen, 9 (7 Prozent) in Dickungen, 14 (11 Prozent) in Stangenhölzern, 55 (42 Prozent) in Baumhölzern und 40 (30 Prozent) in Althölzern. Als plenterartige Bestände wurden 9 (7 Prozent) Stichprobenpunkte aufgenommen. Die Baumartenzusammensetzung der Altersphasen ist in Tabelle 14 dargestellt.

Tabelle 14 Baumartenzusammensetzung der ausgeschiedenen Altersphasen

Altersphase	Fichte	Tanne	Buche	Ahorn	Sonstige
Jungwuchs	70,0 %	14,0 %	0,0 %	16,0 %	0,0 %
Dickung	85,0 %	0,0 %	10,6 %	2,2 %	2,2 %
Stangenholz	71,4 %	1,4 %	13,9 %	2,5 %	10,7 %
Baumholz	69,3 %	1,6 %	24,4 %	2,0 %	2,4 %
Altholz	60,5 %	12,8 %	20,0 %	3,8 %	2,8 %
Plenterartige Bestände	51,1 %	31,1 %	11,7 %	5,6 %	0,6 %

Diese Tabelle weist eine für den bayerischen Alpenraum typische Charakteristik auf. Mit zunehmendem Alter nimmt der Fichtenanteil ab, der Tannen- und Buchenanteil zu. In Beständen, die in den letzten zwei Jahrzehnten entstanden sind, nimmt der Fichtenanteil etwas ab. Lediglich die Althölzer und plenterartigen Bestände weisen ausreichende Tannenanteile auf. Diese liegen in Althölzern bei 13,5 Prozent, in den plenterartigen Beständen bei 31,1 Prozent. Diese Altersphasen sind diejenigen, die die Baumartenzusammensetzung des für das Gebiet typischen Bergmischwaldes aufweisen.

Von den 528 Hektar Wald im Einzugsgebiet sind aufgrund der Auswertung der Waldweiderechtskarte des Forstamtes und aus der Beschreibung Almen und Alpen in Bayern 1 (BAYERISCHES STAATSMINISTERIUM DES INNERN, OBERSTE BAUBEHÖRDE, BAYERISCHES STAATSMINISTERIUM FÜR ERNÄHRUNG, LANDWIRTSCHAFT UND FORSTEN, 1972) circa 87 Prozent mit Waldweide belastet.

Ergebnisse der durchgeführten Waldschadensinventur im Wassereinzugsgebiet

Im Rahmen der Stichprobeninventur wurde in Beständen, die älter als 60 Jahre waren, eine Waldschadensinventur durchgeführt. Insgesamt wurden an 103 Probepunkten 516 Bäume auf Entnadelung und Vergilbung angesprochen und die Bäume jeweils einer Schadklasse zugeordnet. Die Auswertung am institutseigenen Personal Computer lieferte die

Tabelle 15 Ergebnisse der Waldschadensinventur 1985 für den Bayerischen Alpenraum und das Untersuchungsgebiet Steinbach

Schadklasse	Untersuchungs-gebiet	Bayerischer Alpenraum
Schadklasse 0	10,7 %	5,3 %
Schadklasse 1	43,8 %	21,0 %
Schadklasse 2	39,5 %	60,5 %
Schadklasse 3 und 4	6,0 %	13,2 %

in Tabelle 15 dargestellten Ergebnisse. Zum Vergleich sind die Werte der Bayerischen Waldschadensinventur für das Jahr 1985 dargestellt.

Vergleicht man die Werte der Waldschadensinventuren, zeigt sich, daß im Wassereinzugsgebiet Steinbach ein Zustand wesentlich geringerer Schädigung zu verzeichnen war.

Eine zusätzliche Betrachtung der Variablen Beschirmungsgrad ergab, daß mit zunehmender Auflichtung die Schäden in den Beständen zunehmen. Vergleicht man die Anteile deutlich sichtbarer Schäden in Beständen mit einem Beschirmungsgrad größer oder gleich 80 Prozent mit Beständen geringerer Überschirmung, wird dieser Trend bestätigt. Liegt der Beschirmungsgrad bei 80 Prozent oder darüber, beträgt der Anteil deutlich sichtbarer Schäden 37 Prozent, in Beständen mit geringerem Beschirmungsgrad 52 Prozent.

Ergebnisse der Verjüngungs- und Verbißanalyse

Da die Simulation von Absterbeprozessen aufgrund der Expertenbefragung (siehe drittes Kapitel) in Beständen über 60 Jahre erfolgte, werden hier lediglich die entsprechenden Ergebnisse vorgestellt. Die Zahl der Probekreise reduziert sich somit auf 103. Insgesamt wurden an diesen Stichprobenpunkten 927 Probekreise auf vorhandene Verjüngungspflanzen untersucht. Auf 54 der 103 Stichprobenpunkte stellte man dabei keine Verjüngung fest, auf 49 wurden Verjüngungspflanzen registriert.

In einem ersten Auswertungsschritt wurde versucht, Gesetzmäßigkeiten der Verteilung der Stichprobenpunkte mit und ohne Verjüngung zu identifizieren.

Auf der Schattenseite wurden so im Durchschnitt mehr Probekreise mit Verjüngung als auf der Sonnenseite registriert. Das Ergebnis bestätigt die Messungen von SCHREYER und RAUSCH (1978). Die Betrachtung der Hangneigung ergab, daß diese auf die Verteilung der Probekreise mit und ohne Verjüngung keinen Einfluß hat. Ebenfalls hat die Höhe über Normalnull keinen Einfluß. Auf glatten und mäßig rauhen Hängen überwiegen Probekreise ohne, auf rauhen solche mit Verjüngung.

Es stellte sich ferner heraus, daß der Beschirmungsgrad einen deutlichen Einfluß ausübt. Mit zunehmender Auflichtung unter 75 Prozent überwiegt der Anteil der Probeflächen mit Verjüngung. Bei einem Beschirmungsgrad von 80 Prozent und mehr ist nur auf einem Viertel der Probekreise Verjüngung festzustellen. Dominieren in der Bestandesphase Baumhölzer, Stichprobenpunkte ohne Verjüngung, zeigt sich, daß in Altbeständen solche mit Verjüngungspflanzen häufiger auftreten.

Im Durchschnitt aller Probekreise beträgt die Zahl der Verjüngungspflanzen circa 4500 pro Hektar. Bezogen auf die Probekreise mit Verjüngung liegt diese Zahl bei 9450 Pflanzen. Bildet man hier zwei Klassen mit einem Grenzwert von 10 000 Pflanzen pro Hektar, liegt der Durchschnittswert in der ersten Klasse (26,5 Prozent der Stichprobenpunkte) bei 25 100 Pflanzen, in der zweiten (73,5 Prozent) bei 3350 Pflanzen pro Hektar. Die höchste Pflanzenzahl (58 000) wurde beim einzigen Stichprobenpunkt hinter Zaun festgestellt. Bei den anderen Probekreisen mit Pflanzenzahlen über 10 000 ist diese Zahl in erster Linie auf reichlich auftretende Buchen- und Ahornverjüngung zurückzuführen, die den Aufnahmegrenzwert von zwanzig Zentimetern Höhe gerade überschreiten. Diese Erscheinung führt zu einer Verzerrung der errechneten Baumartenanteile. In diesen Probekreisen nimmt der Ahorn einen Anteil von 36,8 Prozent, die Buche von 31,5 Prozent, die Fichte von 13 Prozent, die Tanne von 7,9 Prozent und Sonstige von 10,8 Prozent ein. Der Anteil der Tanne halbiert sich dagegen, wenn die Zaunfläche in die Berechnung nicht einbezogen wird.

Zieht man auch die Probeflächen ohne Verjüngung mit zur Gesamtbeurteilung heran, zeigt sich, daß lediglich 22 Prozent der Probekreise über 5000 Pflanzen pro Hektar aufweisen.

Die Verbißanalyse ergab, daß 59 Prozent der Pflanzen verbissen waren. Ein- und mehrmaliger Gipfeltriebverbiß wurde bei 48 Prozent der Verjüngungspflanzen festgestellt.

Die durchschnittlichen Verbißprozente der Baumarten weisen für die Fichte die geringsten (47,6 Prozent), für die Buche den höchsten Wert (69,7 Prozent) auf. Beim Ahorn liegt der Verbiß bei 61,3 Prozent, bei der Tanne bei 50,8 Prozent und bei sonstigen Verjüngungspflanzen bei 54,6 Prozent. Um die Wachstumsreduktion besser quantifizieren zu können, wurde eine baumartenspezifische Auswertung des Gipfeltriebverbisses vorgenommen. Es zeigt sich, daß bei allen Baumarten der Gipfeltriebverbiß überwiegt. Bei der Buche ist bei 63,6 Prozent der Pflanzen der Führungstrieb ein oder mehrmals verbissen, bei der Fichte sind es 34,5 Prozent. Bei 51,9 Prozent der Ahornpflanzen, 48,9 Prozent der Tannen und 48,6 Prozent der sonstigen Verjüngungspflanzen wurde Gipfeltriebverbiß beobachtet.

Betrachtet man andererseits die Baumartenanteile in Verjüngungsflächen und Dickungen, wird deutlich, daß durch den hohen Verbißdruck es lediglich der Fichte gelingt, sich ausreichend zu verjüngen. Die zahlreichen vorhandenen anderen Baumarten erliegen bis zu dieser Phase dem Verbiß.

Um den Verbiß näher zu untersuchen, wurde auch der Einfluß verschiedener Standortsparameter analysiert. Da nur eine geringe Stichprobenanzahl vorlag, wurde auf die Durchführung von Varianzanalysen verzichtet, deren Aussagen statistisch nicht abgesichert wären. Eine detaillierte Betrachtung des Wildverbisses war nicht Zweck der Untersuchung. Daher wurde auf eine genauere Erforschung verzichtet.

Für den Parameter Höhe Normalnull konnte kein Einfluß ermittelt werden. Bei der Auswertung des Verbisses in Abhängigkeit von der Hangneigung deutet sich ein Trend an, daß steilere Flächen stärker verbissen sind. Verjüngungspflanzen auf der Sonnenseite sind zu 62 Prozent, auf der Schattenseite zu 42 Prozent verbissen. Dies kann dadurch erklärt werden, daß im Frühjahr die sonnenseitigen Hänge früher ausapern, als Einstand dienen und die Verjüngungspflanzen als erste Äsung dienen.

6.4 *Einfaches Schätzverfahren zur Erfassung der resultierenden Folgevegetation nach Absterbeprozessen*

Wie bereits im zweiten Kapitel erörtert, ist die nach Absterbeprozessen resultierende Folgevegetation von besonderer Bedeutung für die Erfassung möglicher Konsequenzen des Waldsterbens. Die Regenerationsfähigkeit des Ökosystems ist in diesem Zusammenhang ein elementarer Steuerungsparameter. Wie die Berechnungen im vierten Kapitel zeigen, ergibt sich, daß durch die Regenerationsbeschränkung der Handlungsbedarf und die -intensität empfindlich beeinflußt werden. Für den Auswirkungsbereich Hochwasser wurde daher ein Schätzverfahren entwickelt, das zumindest eine grobe Vorstellung über die resultierende Folgevegetation erlauben soll. Bei Behandlung des Bereiches Lawinen wurde aus den dort dargestellten Gründen auf eine detaillierte Betrachtung der Folgevegetation verzichtet.

6.4.1 Zielsetzung

Die Vegetationsentwicklung ist ein dynamisches System. Ziel des Modells Folgevegetation unter dem Aspekt des Auswirkungsbereichs Hochwasser ist es, für die erfaßten Stichprobenpunkte Absterbeprozesse zu simulieren und anhand ausgewählter Einflußfaktoren die resultierende Folgevegetation abzuschätzen. Die abgeleiteten Werte dienen als Datenbasis zur Berechnung der Effekte des Waldsterbens auf die Hochwassergefährdung im Einzugsgebiet Steinbach.

6.4.2 Formale Darstellung des Modells Folgevegetation

Die Entwicklung des Modells umfaßt vier Schritte:

1. Auswahl geeigneter Einflußfaktoren
2. Abschätzung der Auswirkungen bei bestimmten Faktorenausprägungen
3. Verknüpfung der Faktoren unter Berücksichtigung dynamischer Prozesse
4. Interpretation der Ergebnisse und Abbildung auf Folgevegetationsklassen

Im folgenden werden zur Veranschaulichung des angewandten Verfahrens die einzelnen Schritte der Modellentwicklung vorgetragen. Da in einem weiten Feld quantifizierbare Daten für die Modellkonzeption fehlten, ferner synergistische Wirkungen weitgehend unbekannt waren, ist das gesamte Modell als Vorschlag zu betrachten. Die Zuordnungen zu den einzelnen Folgevegetationen erfolgte mit Hilfe der Theorie der unscharfen Mengen. Dabei wurde versucht, einen komplexen Vorgang zumindest tendenziell abzuschätzen.

6.4.2.1 Auswahl von Einflußfaktoren

Als entscheidende, die Verjüngung beeinflussende Faktoren werden der Wildverbiß, die Waldweide, Schneegleitprozesse und das Waldsterben an der Verjüngung in die Betrachtung einbezogen.

Das umfangreichste Projekt zur Erfassung von Verjüngungsprozessen in Bergmischwäldern wurde in den vergangenen zehn Jahren vom Lehrstuhl für Waldbau und Forsteinrichtung der Universität München durchgeführt. Ziel dieses Projektes ist es, den Prozeß der Verjüngung von Bergmischwäldern unter verschiedenen Bedingungen qualitativ und quantitativ zu erfassen. Nach einer Laufzeit von einem Jahrzehnt liegen eine Reihe interessanter Ergebnisse aus diesem Projekt vor. Die Versuchsanlage des Vorhabens ist so gestaltet, daß der Einfluß verschiedener Standortsfaktoren aus den Bereichen Klima, Relief, Boden und biotische Faktoren auf das Waldwachstum erfaßt und bewertet werden kann. Die Versuchsflächen werden dabei unterschiedlichen waldbaulichen Behandlungen unterzogen. BURSCHEL et al. (1985) fassen die Ergebnisse anhand von neun Schlußfolgerungen zusammen. Einige sind auch für das hier entwickelte Modell von besonderer Bedeutung:

– Die Althölzer des Bergmischwaldes befinden sich in einem verjüngungsbereiten Zustand.
– Alle Baumarten des Bergmischwaldes finden sich in der Verjüngung wieder.
– Die untersuchten Standorte stellen für die natürliche Verjüngung keinen begrenzenden Faktor dar.
– Die Pflanzendichten von Fichte, Buche und Ahorn werden in den frühen Entwicklungsphasen nur in geringem Umfang durch Verbiß beeinflußt, während die Dichte der Tannenverjüngung bereits in diesem Stadium durch Verbiß deutlich verringert werden kann.
– Das Höhenwachstum aller Verjüngungspflanzen kann ab einer Höhe von zwanzig bis dreißig Zentimetern durch Verbiß so stark beeinflußt werden, daß eine weitere Entwicklung der Pflanzen vollständig unterbunden wird.

Die Ergebnisse des Bergmischwaldversuchs lassen bisher keine Einflüsse des Waldsterbens auf den Verjüngungsprozeß erkennen.

An diesem Befund wird deutlich, daß dem Verbiß bei Verjüngungsprozessen eine entscheidende Rolle zukommt. Zu diesem Ergebnis kommen zahlreiche Versuche und Untersuchungen, die in den letzten Jahrzehnten durchgeführt wurden (BERNHART, A., 1984, EIBERLE, K., NIGG, H., 1983, HOHENADEL, W., 1981, LÖW, H., 1975, MEISTER, G., 1967, SCHAUER, T., 1972, 1982, SCHREYER, G., RAUSCH, V., 1978).

Die Wälder des bayerischen Alpenraumes wurden darüber hinaus seit Beginn der Besiedlung auch als Viehweide genutzt (GUNDERMANN, E., PLOCHMANN, R., 1985). Im oberbayerischen Bergwald sind gegenwärtig noch 75 000 Hektar mit Weiderechten belastet.

Zur Untersuchung der Frage der Weidebelastung wurde unlängst eine Studie von LISS (1987) vorgelegt. Er versuchte, den Einfluß des Weideviehs auf die Verjüngung zu quantifizieren. Zusammenfassend kommt er zu dem Ergebnis, daß sich die Verbißschäden auf Laubhölzer beschränken, wobei maximal 32 Prozent der Buchen und Ahorne verbissen wurden. Die Durchschnittswerte liegen weit unterhalb. Die Schäden bewegten sich jedoch in einem vertretbaren Maß; der Verbiß des Weideviehs beeinflußt die Verjüngung nicht entscheidend. Die vom Weidevieh verursachten Trittschäden führen bei allen Baumarten zu erheblichen Schäden. Bis zu 24 Prozent der Pflanzen wiesen solche Schäden auf, jedoch nur 3 Prozent der Pflanzen gingen infolge dieser Schäden ein. Der von LISS (1987) gleichzeitig untersuchte Einfluß des Schalenwildes weist diesen dagegen als entscheidenden verjüngungshemmenden Faktor aus.

Eine fortschreitende Auflichtung der Bergwälder – hierbei entstehende Lücken und Blößen – kann obendrein dazu führen, daß Schneeschurf zu einem verjüngungshemmenden Faktor wird. Junge Pflanzen können durch die Wirkung des Schnees herausgezogen, herausgehebelt oder umgedrückt werden.

Aufgrund dieser Einwirkung kann durch Verminderung der Widerstände eine Situation entstehen, die eine Wiederbewaldung nur im Schutz von Verbauungsmaßnahmen zuläßt (LOTZ, K., 1986). Derartige technische Maßnahmen sind jedoch nur dann zweckdienlich, wenn in ihrem Schutz die Verjüngung nicht durch andere Faktoren ausgeschaltet oder stark beeinträchtigt wird. Wie bereits im vierten Kapitel ausgeführt, werden Schneegleitprozesse durch die Hangneigung, die Exposition, die Oberflächenrauhigkeit, die Überschirmung und eventuell auftretende Hangwasserzüge beeinflußt.

Die Ergebnisse der Expertenbefragung (drittes Kapitel) zeigen, daß der überwiegende Teil der Sachverständigen schließlich davon ausgeht, daß es in Zukunft zu einer immer stärkeren Beeinflussung der Verjüngung durch Waldsterben kommt. Die aus der Expertenbefragung berechneten hohen jährlichen Absterbeprozente würden sogar innerhalb weniger Jahrzehnte eine Verjüngung des Bergwaldes unmöglich machen. Der Bergwald wäre mittelfristig in seiner Existenz in Frage zu stellen.

Weitere Faktoren, die die Entwicklung der Verjüngung beeinflussen, sind biotischer (außer Verbiß) und abiotischer (außer Waldsterben) Natur. So können zum Beispiel Pilzinfektionen, Insektenbefall, Frost oder Dürre zu einer weiteren Beeinträchtigung führen. Es wird jedoch beim hier vorgestellten Modell auf eine Einbeziehung dieser Faktoren verzichtet, da der Einfluß auf den Verjüngungsgang als gering bezeichnet werden muß und eine Abschätzung des Risikos unmöglich ist.

6.4.2.2 Vorschläge für die Festlegung der Faktorenausprägung und der Zugehörigkeitsfunktionen

Ein äußerst kritisches Problem im Bereich der angewandten Forstpolitik in den letzten Jahrzehnten ist der Einfluß des Schalenwildes auf die Verjüngung.

Zuviele Emotionen, die nicht wie Verbißschäden quantifizierbar sind, erzeugen seit Jahrzehnten eine Atmosphäre, die eine Umsetzung von Erkenntnissen der Forschung innerhalb der Forst- und Jagdpolitik fast unmöglich erscheinen lassen.

Für eine Abschätzung des Einflusses des Wildes auf den Verjüngungsprozeß wird in Variante I davon ausgegangen, daß es in nächster Zukunft nicht zu Erhöhungen des Jagddruckes und nicht zur Einstellung der übermäßigen Winterfütterung kommt. Die Verbißbelastung verbleibt bei den von uns erhobenen Werten. Bei Variante II wird davon ausgegangen, daß der Jagddruck solange erhöht wird, bis der Verbiß eine ausreichende Verjüngung aller Baumarten ohne Zaunschutz zuläßt.

==Die Definition des Wildeinflusses wird nicht über Wilddichten versucht, sondern anhand des Zustandes der Verjüngung abgeleitet.== Im Mittelpunkt steht hierbei ein Kollektiv von Verjüngungspflanzen, dessen Entwicklung sukzessiv innerhalb des Prognosezeitraumes von fünfundzwanzig Jahren simuliert wird. Die Basis bilden die an den Stichprobenpunkten geschätzten Ausgangspflanzenzahlen.

Bei der Simulation wird vereinfachend davon ausgegangen, daß es sich beim Verbiß wahrscheinlichkeitstheoretisch um ein BERNOUILLI-Experiment handelt. Das bedeutet, daß eine Pflanze, die im Jahr X verbissen wird, im Jahr X + 1 mit der gleichen Wahrscheinlichkeit erneut verbissen wird. Hierdurch wird eine Binominalverteilung der Verbißhäufigkeit erzeugt.

Legt man den Prognosezeitraum auf fünfundzwanzig Jahre fest und unterstellt die errechneten baumartenspezifischen Gipfeltriebverbißgrade, kann mit der folgenden Formel für die Häufigkeit eines bestimmten Verbisses der Einzelpflanzen die Wahrscheinlichkeit berechnet werden.

$$p_k = \binom{n}{k} \; p^k (1-p)^{n-k} \quad \text{(BOSCH, K., 1976)}$$

n: Jahre
k: Verbißhäufigkeit
p_k: Wahrscheinlichkeit für eine bestimmte Verbißhäufigkeit
p: Wahrscheinlichkeit für einjährigen Verbiß

Der Verbiß führt jeweils zu einem Höhenzuwachsverlust. Multipliziert man die Wahrscheinlichkeit bestimmter Verbißhäufigkeiten, die jeweils zu einem Zuwachsverlust führen, mit den Ausgangspflanzenzahlen, so erhält man eine Höhenverteilungskurve der Verjüngung und kann ungefähr den resultierenden Zustand abschätzen.

Abbildung 38 zeigt die Höhenverteilungskurve für eine Verjüngung mit 8000 Pflanzen über 20 Zentimetern, die zu Beginn des Experimentes unverbissen sind. Die Baumartenanteile liegen bei den Durchschnittswerten der im Gelände erfaßten Verjüngungspflanzen. Die Simulation zeigt, daß die Fichte, die im Ausgangsbestand 10 Prozent der Pflanzen stellt, aufgrund des geringeren Verbisses und des daraus resultierenden geringeren Höhenzuwachsverlustes (Seitenast übernimmt Gipfeltriebposition) bei der Simulation die führende Baumart wird. Circa 15 Prozent der anderen Baumarten erreichen die unteren Höhenwerte der Fichte. Dieses Ergebnis entspricht recht gut der im Wassereinzugsgebiet festgestellten Baumartenverteilung in Dickungen. Es zeigt sich jedoch, daß trotz des auftretenden Verbisses, wenn auch verzögert, eine Verjüngung bei isolierter Betrachtung des Wildverbisses möglich ist.

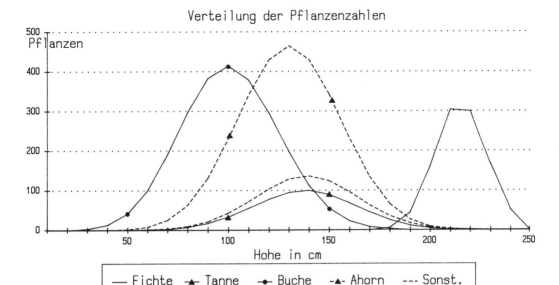

Abb. 38 Höhenverteilungskurven infolge von Wildverbiß

Aus dieser Überlegung heraus wird folgende Zugehörigkeitsfunktion (Abbildung 39) für den Einflußfaktor Wild vorgeschlagen.

Als unterer Grenzwert wird angenommen, daß ein jährlicher Gipfeltriebverbiß von 20 Prozent nur eine geringe Beeinträchtigung darstellt. Die maximale Beeinträchtigung liegt bei 100 Prozent Gipfeltriebverbiß.

Um den Einfluß der Waldweide auf die Verjüngung abzuschätzen, konnten die Daten von LISS (1987) herangezogen werden. Der Einfluß äußert sich in Verbißschäden einerseits, vor allem bei Laubbäumen, Trittschäden andererseits, die alle Baumarten betreffen. Hinsichtlich der Überlebensraten der Verjüngungspflanzen stellt die Waldweide keinen ins Gewicht fallenden Faktor dar. Die Kurzbeweidungsversuche ergaben folgende auf die Waldweide zurückführbare Verbißprozente und durch Tritt geschädigte Prozentanteile an Pflanzen.

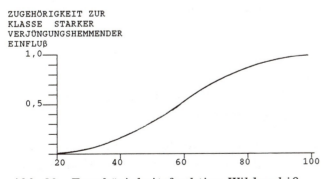

Gipfeltrieb-verbiß in %	Zugehörigkeit
20	0,0
40	0,15
60	0,5
80	0,85
100	1,0

Abb. 39 Zugehörigkeitsfunktion Wildverbiß

Baumart	Verbiß	Tritt
Ahorn	2,9%	9,5%
Buche	11,8%	8,2%
Sonstiges Laubholz	6,9%	9,7%
Tanne und Fichte	0,0%	8,9%

Der durch Verbiß und Tritt resultierende Rückgang des Höhenwachstums ist relativ gering. Hier ist festzustellen, daß die Resultate aus Kurzintensivweideversuchen gewonnen wurden und daher nur beschränkt auf natürliche Gegebenheiten übertragbar sind. Deshalb soll ein laufender Dauerversuch unter natürlichen Bedingungen mehr Aufschluß über den Einfluß der Waldweide geben (LISS, B., 1987).

Der Einfluß der Waldweide auf den Verbiß der Verjüngung ist gering, wenn die Belastung ein Normalkuhgras (eine Großvieheinheit/100 Weidetage) auf fünf Hektar beträgt (SILBERNAGL, H., 1984). Dieser Wert entspricht den Angaben der österreichischen Richtlinien (ANONYMUS, 1963) für mittlere Bonitäten. Im Wassereinzugsgebiet liegen die Hektarwerte für ein Normalkuhgras oberhalb von fünf Hektar. Aus diesem Grund kann angenommen werden, daß der Einfluß der Waldweide auf die Verjüngung verhältnismäßig bescheiden ist. Die Zusammensetzung und die Struktur des Bergwaldes wurde durch die Waldweide, die seit Jahrhunderten ausgeübt wird, nicht entscheidend beeinflußt (PLOCHMANN, R., 1987 b). Auf eine Einbeziehung des Einflusses der Waldweide in das Modell Folgevegetation wurde daher verzichtet.

Die möglichen Auswirkungen des Waldsterbens auf die Verjüngung, mit Hilfe der Expertenbefragung abgeschätzt, ergaben, daß mit zum Teil verheerenden Einflüssen gerechnet wird. Wie aus dem dritten Kapitel hervorgeht, gehen Fachleute davon aus, daß im Jahr 1989 etwa 7 Prozent, zwischen 1989 und 2009 im Durchschnitt 14 Prozent der I. Altersklasse jährlich durch das Waldsterben ausfallen. Wenn jährlich 7 Prozent der vorhandenen Pflanzen absterben würden, sind nach fünfundzwanzig Jahren lediglich 18 Prozent der Ausgangspflanzen noch vorhanden, bei einer Absterberate von 14 Prozent lediglich 3 Prozent (100 Prozent × $0,93^{24}$; 100 Prozent × $0,86^{24}$). Da diese Ausfallraten außergewöhnlich hoch sind, somit eine Verjüngung vollkommen in Frage gestellt wäre, werden bei der weiteren Betrachtung folgende zwei Varianten unterschieden:

– Pessimistische Variante: Absterberate 14,0 Prozent
– Optimistische Variante: Absterberate 3,5 Prozent

Bei der optimistischen Variante sind am Ende des Simulationszeitraumes noch 43 Prozent der Ausgangspflanzen vorhanden. Bei einer Ausgangspflanzenzahl von durchschnittlich 10 000 Pflanzen pro Hektar ver-

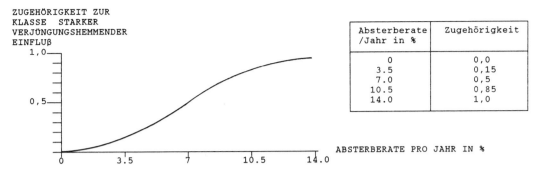

Abb. 40 *Zugehörigkeitsfunktion Waldsterben auf die Verjüngung*

bleiben somit der pessimistischen Variante 300 Pflanzen, bei der optimistischen 4300 Pflanzen.

Für die Zugehörigkeitsfunktion wird folgende Annahme getroffen. Die optimistische Variante stellt eine relativ geringe Beeinträchtigung, die pessimistische Variante eine extreme Beeinflussung der Verjüngung dar. Die vorgeschlagene Zugehörigkeitsfunktion ist in Abbildung 40 dargestellt.

Für die Identifikation von Gleitschneehängen gehen LAATSCH und GROTTENTHALER (1973) von folgenden Kriterien aus. Neben der Oberflächenrauhigkeit, der Hangneigung und der Exposition wird auch möglicher Wasserzug im Hang bei der Ausscheidung berücksichtigt. Mit Schneegleiten muß nach LAATSCH und GROTTENTHALER (1973) ab einer Hangneigung von 25 Grad auf südost- bis westexponierten Hängen gerechnet werden. Mit zunehmender Hangneigung steigt das Schneegleitrisiko, so daß die Hänge aller Expositionen potentiell gefährdet sind. Um nun die gleitschneegefährdeten Hänge im Wassereinzugsgebiet bei der Modellbetrachtung näher zu charakterisieren, wurde versucht, für die Gleitschneehänge eine Zugehörigkeitsfunktion zur Klasse verjüngungshemmendes Schneegleiten aufzustellen. Hierbei differenzierte man zwischen Parametern, die das Potential beeinflussen (Hangneigung, Exposition) und solchen, die einen Widerstand darstellen (Verjüngungspflanzen, Oberflächenrauhigkeit, Grasbewuchs).

Zur Definition der Zugehörigkeitsfunktion wird die im vierten Kapitel („Schätzungsverfahren zur Erfassung von Flächen mit hoher Schneegleitbelastung") dargestellte Schätzfunktion angewandt, mit deren Hilfe der Anteil durch Schneegleiten belasteter Hangteile ermittelt wurde. Die Funktion liefert Werte zwischen 0 und 100 Prozent. Die Zugehörigkeitsfunktion für das Schneegleitpotential mit einem angenommenen Cross-over-point bei 50 Prozent ist in Abbildung 41 dargestellt.

Auf rauhen Hängen schließen LAATSCH und GROTTENTHALER (1973) Schneegleiten aus. Durch Laubstreu oder Grasbewuchs bedingt, besteht allerdings die Möglichkeit, daß Bodenunebenheiten ausgegli-

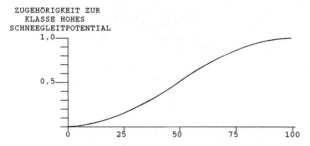

Abb. 41 Zugehörigkeitsfunktion Schneegleitpotential

chen werden können. Da infolge von Absterbeprozessen bei Altbäumen mit vermehrtem Grasbewuchs gerechnet werden muß, der zu einer Verminderung des Gleitschneewiderstandes zwischen Bodenoberfläche und Schneedecke führt, soll auch dieser Aspekt bei der Modellentwicklung berücksichtigt werden. Um die Schneedecke „festzunageln", sind nach FREY (1977) in Abhängigkeit von der Hangneigung zweihundert bis tausend Bäume notwendig, die die Schneedecke durchstoßen. Das bedeutet, daß die Verjüngung eine Mindesthöhe erreichen muß, um wirken zu können und mit wachsendem Schneegleitpotential mehr Bäume pro Hektar vorhanden sein müssen, um diese Aufgabe zu erfüllen.

Im Modell wird angenommen, daß mit zunehmender Oberflächenrauhigkeit der Widerstand steigt. Bei starker Vergrasung bzw. dichter Laubstreu vermindert sich dagegen die Oberflächenrauhigkeit um eine Stufe. Sind darüberhinaus je nach Hangneigung genügend Bäume vorhanden, die die Schneedecke durchstoßen, wird das Schneegleitpotential vermindert, so daß keine Beeinflussung der Verjüngung stattfindet.

Um diese Zusammenhänge zu erfassen, werden zunächst für die Schneegleitwiderstände folgende Zugehörigkeitswerte vorgeschlagen:

Oberflächenrauhigkeit		Vergrasung > 80 Prozent Verminderung auf
rauh	1	0.5
mäßig rauh	0.5	0
glatt	0	–

Eine genauere Bestimmung dieser Werte ist erst nach eingehenden Schneegleituntersuchungen möglich.

Für die Herleitung der Widerstände, die Verjüngungspflanzen auf Schneegleitbewegungen ausüben, wurden die Erfahrungszahlen von FREY (1977) herangezogen. Bei der Herleitung der Zugehörigkeitsfunktion wird hier davon ausgegangen, daß, wenn auf der Fläche die Soll-

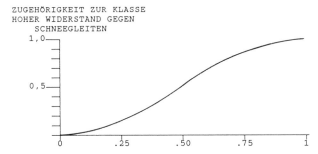

Abb. 42 Zugehörigkeitsfunktion Widerstand durch Verjüngungspflanzen

werte erreicht werden, der Widerstand ausreicht, um Schneegleiten weitgehend zu unterbinden. Liegen die Werte niedriger, wird das Verhältnis „vorhandene Pflanzenzahlen/Sollwert" zur Definition der Zugehörigkeitsfunktion herangezogen. Abbildung 42 zeigt eine Zugehörigkeitsfunktion für einen Cross-over-point von 0.5.

Für die Verknüpfung der ausgeschiedenen Parameter werden folgende Operationen vorgeschlagen:

- Verknüpfung der Widerstandsgrößen
  algebraische Summe
- Gesamtbeurteilung
  algebraisches Produkt

Als Begründung hierfür sei angeführt:
Beim Widerstand wurden zwei Parameter zur Quantifizierung herangezogen, über die im einzelnen keine präzisen Aussagen möglich sind. Da jedoch davon ausgegangen werden muß, daß sich beide ergänzen, wird als Operator die algebraische Summe vorgeschlagen.

Um andererseits Potential und Widerstand miteinander zu verknüpfen, wird im Modell davon ausgegangen, daß ein gegebener Widerstand das Potential entsprechend vermindert. Dies wird unseres Erachtens am besten durch ein algebraisches Produkt wiedergegeben. Die Verknüpfung entspricht der im fünften Kapitel eingeführten, die zur Beurteilung des Steinschlagrisikos herangezogen wurde.

Im Modell gilt dann für die Schätzungen der Zugehörigkeit einer Fläche, auf der verjüngungshemmendes Schneegleiten auftritt, folgende Verknüpfungsregel:

$$\mu_{VS}(x) = \mu_P(x) - \mu_P(x) \times (\mu_O(x) + \mu_B(x) - \mu_O(x) \times \mu_B(x))$$

VS: Verjüngungshemmendes Schneegleiten
P: Potential
O: Oberflächenrauhigkeit
B: Widerstand durch Bäume

6.4.2.3 Verknüpfung der Einflußfaktoren

Um die ausgeschiedenen Zugehörigkeitsfunktionen der Einflußparameter, die für den Fortgang des Verjüngungsprozesses verantwortlich sind, zu verknüpfen, sind eine Reihe Vorüberlegungen anzustellen. Fallen beispielsweise bedingt durch das Waldsterben mehr Verjüngungspflanzen aus, als durch Ansamung nachgeliefert werden können, steigt bei vergleichbarer Wilddichte der Verbißdruck auf die restlichen Pflanzen. Gleichzeitig wird der Widerstand gegen das Schneegleiten vermindert. Mit zunehmendem Wildverbiß erreichen die Verjüngungspflanzen später die durchschnittliche Schneehöhe, der Widerstand gegen das Schneegleiten wird weiter vermindert. Abbildung 43 versucht diesen Zusammenhang zu verdeutlichen.

Es zeigt sich, daß zwischen den ausgeschiedenen Faktoren dynamische Beziehungen bestehen, die nur schwer quantifizierbar sind. So wird deutlich, daß die Erfassung der Folgevegetation nur unscharf vorgenommen werden kann. Um jedoch die genannten Einflüsse bei der Verknüpfung berücksichtigen zu können, werden folgende Überlegungen angestellt:

– Der verjüngungshemmende Einfluß des Waldsterbens verringert die Pflanzenzahl. Dies führt zu einer entsprechenden Erhöhung der Verbißbelastung. Durch die Wirkung auf die Verbißbelastung wirkt das Waldsterben zusätzlich auf den Parameter Wild und erhöht ihn. Um diesen Umstand zu erfassen, wird die Zugehörigkeitsfunktion für den verjüngungshemmenden Einfluß des Verbisses wie folgt erweitert:

$$\mu_{Vver}(x) = \mu_{Vver}(x) + 0.5 \times \mu_{Vwst}(x) - \mu_{Vver}(x) \times 0.5 \times \mu_{Vwst}(x)$$

Vver: Verjüngungshemmender Einfluß Verbiß
Vwst: Verjüngungshemmender Einfluß Waldsterben

Dies bedeutet, daß die Zugehörigkeitswerte des Verbisses proportional dem Waldsterbeneinfluß steigen. Um jedoch eine Überbewertung des Waldsterbeneinflusses zu verhindern, geht dieser in die Verknüpfung lediglich mit einer Ladung von 0.5 ein.

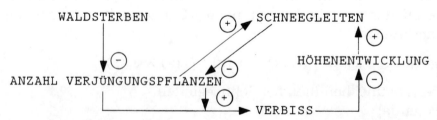

Abb. 43 Beziehungen zwischen den ausgeschiedenen Einflußfaktoren auf die Anzahl und die Höhenentwicklung von Verjüngungspflanzen

- Der Verbiß und das Waldsterben üben keinen direkten Einfluß auf das Schneegleiten aus, sondern wirken indirekt über die Verminderung des Widerstandes. Um den Einfluß auf die Höhenentwicklung abzuschätzen, wurde das BERNOULLI-Experiment zur Ableitung der noch vorhandenen Pflanzenzahlen und deren Höhenverteilung für zwei Verbiß- und die ausgeschiedenen Waldsterbensvarianten durchgerechnet. Die ermittelten Pflanzenzahlen über einem Meter Höhe (durchschnittliche Schneehöhe im Wassereinzugsgebiet nach HERB [1973]) gehen als Widerstandswert der Verjüngung in die Berechnung der Zugehörigkeitsfunktion ein.

Als zusammenfassende Verknüpfung wird, da die Parameter jeweils die Verjüngung hemmen, sich der Einfluß somit teilweise ergänzt, die algebraische Summe vorgeschlagen. Diese entspricht im mengentheoretischen Sinne der Addition von Mengen.

$$\mu_V(x) = 1 - (1 - \mu_{Vwst}(x)) \times (1 - \mu_{Vver}(x)) \times (1 - \mu_{Vsch}(x))$$

V: Verjüngungshemmender Gesamteinfluß
Vwst: Verjüngungshemmender Einfluß Waldsterben
Vver: Verjüngungshemmender Einfluß Verbiß
Vsch: Verjüngungshemmender Einfluß Schneegleiten

6.4.3 Die Abschätzung der resultierenden Folgevegetation

In Abhängigkeit vom verjüngungshemmenden Einfluß dieser Parameter soll für die einzelnen Stichprobenpunkte versucht werden, die am Ende des Untersuchungszeitraumes resultierende Folgevegetation abzuschätzen. Wie aus dem zweiten Kapitel hervorgeht, sollten hierbei fünf Klassen unterschieden werden. Da eine Zuordnung der errechneten Zugehörigkeitswerte zu diesen fünf Klassen wiederum nur unscharf vorgenommen werden kann, werden folgende Zugehörigkeitsfunktionen (Abbildung 44) vorgeschlagen.

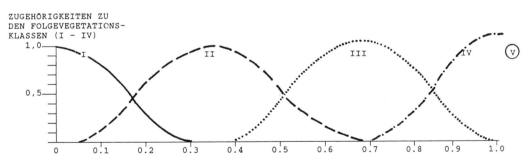

Abb. 44 *Verknüpfung der Zugehörigkeitswerte zur Ableitung einer der ausgeschiedenen fünf Folgevegetationseinheiten*

Zur Interpretation dieser Verknüpfung sei folgendes angemerkt: Bei Zugehörigkeitswerten bis 0.5 wird davon ausgegangen, daß durch zunehmende Einflüsse Entmischungsprozesse stattfinden, eine Verjüngung mit ausreichender Pflanzenzahl jedoch möglich ist. Erhöht sich der Einfluß, ist mit weiterer Verringerung der Pflanzen zu rechnen. Grasvegetation tritt vermehrt auf und wirkt zusätzlich als Konkurrenzfaktor. Bei fortschreitender Verringerung der Pflanzenzahlen wird im Modell angenommen, daß sich Rasengesellschaften etablieren. Die ausgeschiedene Folgevegetation V (vegetationslose Fläche) tritt im Modell nur dann auf, wenn auf der Fläche die Verjüngungsform IV auftritt und gleichzeitig starkes Schneegleiten zu Bodenverwundungen führt, die den Ausgangspunkt für Blaikenerosion bilden.

6.4.4 Anwendung des Modells zur Abschätzung der Folgevegetation im Einzugsgebiet Steinbach

Bei der Anwendung des Schätzmodells Folgevegetation waren wir wiederum auf eine Reihe von Annahmen angewiesen. Da auf etwa 50 Prozent der Probeflächen (Bestände über 60 Jahre) keine Verjüngung registriert wurde, unterstellte man bei der Anwendung, daß auf den Probeflächen die durchschnittliche Zahl an Verjüngungspflanzen, die größer als zwanzig Zentimeter sind, vorhanden ist. Diese Pflanzen sind den verjüngungshemmenden Faktoren Waldsterben, Wild und Schneegleiten ausgesetzt. In einem ersten Schritt wurde der Einfluß des Waldsterbens und des Wildes auf die Anzahl und die Höhenentwicklung der Pflanzen mit Hilfe des BERNOULLI-Experiments untersucht und die Zahl der Pflanzen bestimmt, die höher als die durchschnittliche Schneehöhe sind. Dieser Wert diente als Eingangsgröße für Widerstände der Verjüngung gegen Schneegleiten. Der Nachteil dieser Vorgehensweise liegt darin, daß über neu hinzukommende Verjüngungspflanzen keine Aussagen getroffen werden können.

Anschließend wurden für die 103 Stichprobenpunkte, anhand eines in BASIC erstellten Programms, die Simulationsrechnungen durchgeführt. Die Programme sind im Lehrstuhl für Forstpolitik und Forstgeschichte aufbewahrt und können dort eingesehen werden. Bei der Berechnung wurden vier Varianten unterschieden:

– Verbißbelastung gegenüber dem Status quo wird halbiert, die jährliche Absterberate beträgt 3,5 Prozent.
– Verbißbelastung bleibt unverändert. Die Absterberate beträgt 3,5 Prozent jährlich.
– Verbißbelastung gegenüber dem Status quo wird halbiert, die Absterberate beträgt 14 Prozent jährlich.

- Verbißbelastung bleibt unverändert, die jährliche Absterberate beträgt 14 Prozent.

Die Ergebnisse der Simulationsrechnung ergaben, daß eine Absterberate von 14 Prozent der Verjüngungspflanzen jährlich die Gesamtpflanzenzahl derart vermindert, daß dieser Effekt eine Verjüngung der Bestände vollkommen in Frage stellen würde. Bei beiden Varianten ergaben sich die höchsten Zugehörigkeitswerte zur Klasse Rasengesellschaften. Auf 16 Prozent der Fläche ist zusätzlich mit starkem Schneegleiten zu rechnen, so daß hier Bodenverwundungen bzw. Blaikenbildung zu erwarten ist. Da beide Varianten zu annähernd gleichen Ergebnissen führen, werden diese für die weitere Betrachtung zusammengefaßt.

Wird die Verbißbelastung halbiert und beträgt die jährliche Absterberate lediglich 3,5 Prozent, werden Schneegleitprozesse durch das dynamische Ineinandergreifen von Altbestands- und Verjüngungsphase weitgehend unterbunden. Nach den Modellrechnungen ergeben sich die höchsten Zugehörigkeitswerte zur Vegetationsklasse I. Dies bedeutet, daß unter diesen Bedingungen mit der Entstehung von gemischten Verjüngungen in ausreichender Dichte zu rechnen ist. Auf sehr steilen südexponierten Hängen kommt es durch die Einflüsse von partiellem Schneegleiten und selektivem Wildverbiß zu Entmischungsprozessen. Hier dominieren Verjüngungen mit höheren Anteilen von Fichte.

Bei der Variante hohe Verbißbelastung und einer Absterberate von 3,5 Prozent jährlich ergeben sich, je nach Flächenausprägung, unterschiedliche Zugehörigkeitswerte zu verschiedenen Folgevegetationsformen. Auf 7 Prozent der Flächen ist mit starkem verjüngungshemmendem Schneegleiten zu rechnen, das zusätzlich zu den Faktoren Wild und Waldsterben den Verjüngungsprozeß unterbindet. Für diese Flächen ergaben die Berechnungen die höchsten Zugehörigkeitswerte zur Klasse Rasengesellschaften. Auf weiteren 12 Prozent der Flächen ergaben die Simulationsrechnungen, daß Schneegleiten auftritt und die Verjüngung beeinflußt wird. Dies führt jedoch lediglich dazu, daß die Anzahl der Verjüngungspflanzen verringert wird. Durch den intensiven Wildverbiß kommt es zu weiteren Entmischungsprozessen. Die größte Zugehörigkeit dieser Flächen wurde zur Klasse III berechnet. Es entstehen lichte Jungwuchsbestände mit stark verringerter Pflanzenzahl. Auf den restlichen Flächen (81 Prozent) tritt kein oder nur geringes Schneegleiten auf. Die Modellrechnungen ergaben, daß hier, je nach Ausprägung der Parameter auf der Fläche, die höchsten Zugehörigkeitswerte für die Folgevegetationsklassen II und III ermittelt wurden. Bedingt durch den hohen Wildverbiß sind die Flächen jedoch weitgehend mit reiner Fichte bestockt.

Die Simulationsergebnisse für die Einzelpunkte (Zugehörigkeitswerte zu den ausgeschiedenen Folgevegetationseinheiten) sollen als Basis für die Abschätzung im Hochwassermodell dienen.

Zuvor werden einige grundsätzliche Bemerkungen zum Niederschlag-Abfluß-Vorgang vorangestellt.

6.5 Das Niederschlag-Abfluß-Geschehen

6.5.1 Der Abflußvorgang

Bei der Transformation des Niederschlags in den Abfluß werden drei Teilphasen unterschieden. Dies sind (DYCK, S., PESCHKE, G., 1983 b):

- Die Abflußbildung in den Einzugsgebieten
- Die Abflußkonzentration im Gewässernetz
- Der Durchflußverlauf in den Wasserläufen

Unter Abflußbildung versteht man jenes Teilmodell, das die Aufteilung von Niederschlag in effektiven Niederschlag und Verluste beschreibt. Der effektive Niederschlag ist der Teil des Niederschlags, der als Direktabfluß wirksam wird (STORCHENEGGER, I. J., 1983).

Unter Abflußkonzentration werden die Fließvorgänge des abflußwirksamen Niederschlags auf der Bodenoberfläche, im oberflächennahen Bodenbereich und im Grundwasserbereich verstanden. Bei diesem Vorgang entsteht eine Abflußganglinie im Abflußquerschnitt des Einzugsgebietes (ROSEMANN, H. J., 1977). Die Abflußkonzentration ist wiederum ein Teilmodell, das die Übertragung der Ganglinie des effektiven Niederschlags in die Ganglinie des Direktabflusses beschreibt (STORCHENEGGER, I. J., 1983). Die Ganglinien sind jeweils zeitabhängige Funktionen. So beschreibt die Abflußganglinie den zu bestimmten Zeitpunkten resultierenden Abfluß.

Die Fließvorgänge in den Gewässern bilden die dritte zu betrachtende Phase. Bedingt durch die Ausprägung des Gerinnes oder dessen Verlauf, entstehen verschiedene Abflußganglinien. In flachen Gerinnen wird der Abfluß verzögert, in steilen beschleunigt. Dies ist für die Höhe des auftretenden Maximums von besonderer Bedeutung.

Beim Abflußvorgang setzt sich der Gesamtabfluß aus den Komponenten Direktabfluß und Basisabfluß zusammen. Der Basisabfluß ist hierbei eine vom Niederschlagsereignis weitgehend unabhängige Größe. Der Abflußvorgang selbst wird durch eine Reihe von Faktoren maßgeblich bestimmt. Nach KOEHLER (1971, zitiert nach ROSEMANN, H. J., 1977) sind folgende Einflußgrößen bezogen auf ein Einflußgebiet von Bedeutung.

1. Unveränderliche Einflußgrößen
   - Größe, Form, Orographie
   - Geologie, Bodenart
   - Vorfluterdichte
2. Periodisch veränderliche Einflußgrößen
   - Vegetation, Landwirtschaftliche Nutzung
   - Verdunstung
3. Unregelmäßig veränderliche Einflußgrößen
   - Anthropogene Eingriffe in den Abflußvorgang
   - Niederschlag, Bodenfeuchte

Aus dieser Aufzählung wird deutlich, daß der eigentliche Abflußvorgang von einer großen Anzahl von Einflußfaktoren abhängt. Die mathematische Formulierung dieser Einflüsse ist daher bei der Entwicklung von Modellvorstellungen von besonderer Bedeutung. Im folgenden werden kurz verschiedene Modellansätze zur Erfassung des hydrologischen Systems vorgestellt.

6.5.2 Niederschlag-Abfluß-Modelle

Ziel bei der Entwicklung von Niederschlag-Abfluß-Modellen ist, ablaufende hydrologische Prozesse nachzubilden und die Eingangsgrößen (Niederschlag, Schmelzwasser) in die Ausgangsgrößen (Abfluß, Verdunstung) zu transformieren (Dyck, S., Peschke, G., 1983a). Wie bereits erwähnt, ist der Aufbau und Ablauf des Abflußvorganges ein äußerst komplexer Vorgang. Aufgrund der Zeit- und Ortsabhängigkeit wird die Abflußbildung als physikalischer Prozeß bezeichnet (Rosemann, H. J., 1977).

Da lediglich ein Ausschnitt aus diesem komplexen Naturvorgang betrachtet wird, werden nur diejenigen Vorgänge und Eigenschaften getrennt betrachtet, die für die Beschreibung des Prozesses von Bedeutung sind. Das hierbei entstehende vereinfachende „Gebilde" wird als hydrologisches System bezeichnet.

Im Bereich der Modellierung hydrologischer Systeme werden drei Arten von Modellen nach ihrer Struktur unterschieden (Dyck, S., Peschke, G., 1983a).

- Physikalische Modelle
- Analogiemodelle
- Mathematische Modelle

Physikalische Modelle sind weitgehend naturgetreue Abbilder des Originals. Das Abbild kann ein Versuchs- oder Repräsentativgebiet, ein Natur- oder ein Labormodell sein. Analogiemodelle stellen ein Übergangsstadium zwischen physikalischem und mathematischem Modell dar. Im Mittelpunkt steht jedoch nicht die Ähnlichkeit der Struktur, sondern die der Funktionsweise (zum Beispiel Anwendung der Theorie der Mehrkanalfilterung (Elektrotechnik) zur Beschreibung des Abflußvorganges; siehe WILKE, K., 1975). Im mathematischen Modell wird schließlich versucht, die problemrelevanten Teilprozesse und ihre Verknüpfung formelmäßig zu beschreiben (DYCK, S., PESCHKE, G., 1983 a).

Die mathematischen Modellansätze können in zwei Hauptgruppen gegliedert werden. Bei deterministischen Modellen wird davon ausgegangen, daß die Variablen frei von zufälligen Variationen sind. Im Vordergrund stehen physikalische Gesetzmäßigkeiten (Ursache-Wirkungs-Prinzip). Bei stochastischen Modellen werden die Variablen als zufällige Größen angesehen, die einer Wahrscheinlichkeitsverteilung gehorchen. Zur Berechnung von Hochwasserabläufen in kleinen Einzugsgebieten sind stochastische Modelle ungeeignet (DVWK, 1982 a).

Deterministische Modelle lassen sich in Blockmodelle (Black-Box-Modelle) und detaillierte Modelle unterteilen. Bei Blockmodellen werden in der Natur gemessene Eingaben und Ausgaben eines hydrologischen Systems summarisch verknüpft und dabei durch einen einzigen empirischen Modellansatz beschrieben (Einheitsganglinienverfahren). Bei detaillierten Modellen wird versucht, die physikalischen Gesetzmäßigkeiten einzelner systeminterner Vorgänge zu berücksichtigen (DVWK, 1982 a, ROSEMANN, H. J., 1977).

Die Tatsache, daß der Niederschlag-Abfluß-Vorgang durch zahlreiche Faktoren mannigfach beeinflußt wird, bedeutet nach ROSEMANN (1977), daß die deterministische Betrachtungsweise nicht ausreicht, um die Naturvorgänge exakt zu beschreiben, da in der Natur ablaufende Prozesse stets mit stochastischen Komponenten behaftet sind. Da jedoch das Verhalten des Systems als weitgehend determiniert betrachtet werden kann, können auch ausreichend gegliederte und detaillierte deterministische Modelle den Naturvorgang mathematisch hinlänglich beschreiben.

Im Rahmen dieser Arbeit werden lediglich einfache deterministische Modelle angewandt, um mögliche Einflüsse des Waldsterbens auf die Hochwassergefährdung zu erfassen und zu bewerten.

6.6 Das Bewertungsmodell Hochwasser

Die formale Struktur des von uns entwickelten Bewertungsmodells Hochwasser ist in Abbildung 45 dargestellt.

Der Niederschlag, der im Einzugsgebiet fällt, wird als Eingangsimpuls aufgefaßt, der vom Wassereinzugsgebiet transformiert wird. Ausgangs-

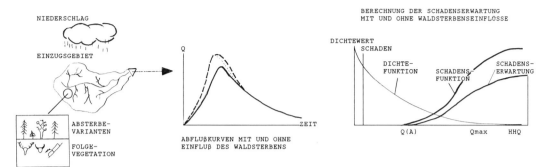

Abb. 45 Formale Struktur des Bewertungsmodells Hochwasser

impuls ist der Abfluß. Durch Einzugsgebietsparameter wird die Art der Transformation entscheidend beeinflußt. Um nun aus dem abflußwirksamen Niederschlag den Direktabfluß abzuleiten und mathematisch zu fassen, werden sogenannte Niederschlag-Abfluß-Messungen durchgeführt. Um ferner das Transformationsverhalten des Einzugsgebiets aus dessen Systemeigenschaften – etwa der Vegetation und Geologie – abzuleiten, werden sogenannte Übertragungsfunktionen entwickelt. Die Übertragungsfunktion erfaßt somit den Zustand des Einzugsgebiets.

Liegen in einem Wassereinzugsgebiet keine Meßwerte vor, die es erlauben, eine einzugsgebietsspezifische Übertragungsfunktion aufzustellen, besteht die Möglichkeit, anhand von Übertragungsfunktionen aus ähnlichen Gebieten eine überschlägige Schätzung vorzunehmen (DVWK, 1982b). Für bestimmte Niederschläge kann dann der Verlauf des Abflusses annähernd bestimmt werden. Verändert sich infolge des Waldsterbens und der Einflußfaktoren auf die Folgevegetation die gebietsspezifische Vegetationsverteilung, hat dies primär Einfluß auf den Anteil des abflußwirksamen Niederschlags. Mit Hilfe von Übertragungsfunktionen kann für den veränderten Zustand des Einzugsgebiets der resultierende Abfluß berechnet und somit der Einfluß des Waldsterbens abgeschätzt werden.

Schadenserwartungen sind dabei Schätzungen von zu erwartenden Schäden bei bestimmten Ereignissen unter Berücksichtigung ihrer Eintrittswahrscheinlichkeit. Die Schadenserwartung (vgl. sechstes Kapitel „Ermittlung der Schadenserwartungen") faßt die jeweiligen Schäden und deren Wahrscheinlichkeit zusammen. Da sich bei Änderungen – wie etwa von Parametern der Waldbestockung im Einzugsgebiet – für bestimmte Ereignisse die Eintrittswahrscheinlichkeit ändert, ergibt sich eine abweichende Schadenserwartung. Interpretiert man diese Abweichung als durch das Waldsterben verursachten zusätzlichen Schaden, kann der Einfluß der jeweiligen Schadensverlaufsvarianten bewertet werden. Geht man davon aus, daß der zusätzlich entstandene Schaden beseitigt wird, entspricht dieses Vorgehen einer Bewertung nach dem

Wiederherstellungskostenansatz. Im Bereich monetärer Bewertung wasserwirtschaftlicher Maßnahmen dient diese Art des Vorgehens der Nutzenermittlung von Wasserbaumaßnahmen.

6.6.1 Der Niederschlag im Wassereinzugsgebiet

Die zum Untersuchungsgebiet nächstgelegene Niederschlagsmeßstation befindet sich in Ruhpolding. Nach DEISENHOFER (1984) betrug dort die größte gemessene tägliche Niederschlagshöhe der letzten 39 Jahre 185,5 Millimeter. Dieser Niederschlag wurde am 09.07.1954 gemessen. An der Meßstelle Seehaus, die circa acht Kilometer südlich vom Wassereinzugsgebiet liegt, wurde an diesem Tag ein Niederschlag von 236 Millimetern registriert (KERN, H., 1961). Im Wassereinzugsgebiet befindet sich keine Niederschlagsmeßstation.

Für eine überschlägige Schätzung auftretender Niederschläge im Wassereinzugsgebiet wurden daher die von DEISENHOFER (1984) vorgestellten Karten „Große tägliche Niederschlagshöhen in Bayern" herangezogen. Die erstellten Karten basieren auf der Auswertung von 501 bayerischen Niederschlagsmeßstellen für einen 39jährigen Zeitraum. Sie können auch für Einzelfälle zur Ableitung von Niederschlagshöhen in Niederschlag-Abfluß-Modellen dienen (DEISENHOFER, H. E., 1984).

Durch Planimetrierung der in der DEISENHOFER-Karte angegebenen Flächen innerhalb der Linien gleicher Niederschlagshöhen mit unterschiedlicher Jährigkeit wurden folgende tägliche Durchschnittswerte des Niederschlags für das Untersuchungsgebiet bestimmt:

Tägliche Niederschlagshöhe	*Wiederkehrzeit (in Jahren)*
70 mm	1
122 mm	10
185 mm	100

Diese Werte können anhand vorgegebener Faktoren in Ereignisse beliebiger Dauer umgerechnet werden. Die Faktoren sind bei DEISENHOFER (1984) angegeben. So liegen zum Beispiel die Werte für ein 24-Stunden-Ereignis circa 10 Prozent höher als die angegebenen Tageswerte.

Abbildung 46 zeigt die errechneten Niederschlagswerte unterschiedlicher Dauer für die Wiederkehrhäufigkeiten von einem, zehn, fünfzig und hundert Jahren im Untersuchungsgebiet.

Aus dieser Abbildung können nun für das Einzugsgebiet Steinbach Schätzwerte für den zu erwartenden Niederschlag mit bestimmter Wiederkehrhäufigkeit entnommen werden.

Hinsichtlich der Verteilung des Niederschlags im Einzugsgebiet wird wegen dessen geringer Flächenausdehnung angenommen, daß dieser

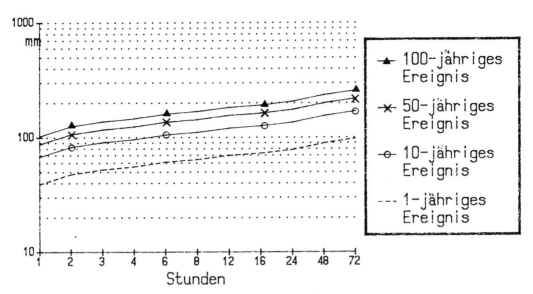

Abb. 46 *Niederschläge in mm pro Zeiteinheit unterschiedlicher Wiederkehrhäufigkeit*

gleichmäßig verteilt ist. Für die zeitliche Verteilung der Regenspende wird angenommen, daß das Niederschlagsereignis in Form eines Blockregens niedergeht, die Niederschlagsintensität also während des gesamten Ereignisses konstant ist. Diese Verteilung liefert nach PRENNER (1985) den geringsten Scheitelabfluß, stellt jedoch eine für die Berechnungen vereinfachende Annahme dar.

6.6.2 Berechnung des abflußwirksamen Niederschlags im Wassereinzugsgebiet für den Status quo und die Schadenverlaufsvarianten

Um den Abfluß im Wassereinzugsgebiet bestimmen zu können, muß zunächst der Anteil des abflußwirksamen Niederschlags bestimmt werden. Der Bestimmung dieser Größe kommt große Bedeutung zu, da sich abhängig davon die resultierende Abflußganglinie proportional erhöht bzw. vermindert (DVWK, 1984).

Zur Bestimmung des abflußwirksamen Niederschlags wurde das Verfahren des U. S. Soil Conservation Service (SCS-Verfahren) herangezogen. Es wurde in den USA für kleine Einzugsgebiete entwickelt und hat dort, wie auch in der übrigen Welt, große Verbreitung gefunden (LUDWIG, K., 1979, LUTZ, W., 1984, PRENNER, G., 1985). Das Verfahren wurde auf der Basis einer großen Zahl von Niederschlag-Abfluß-Ereignissen entwickelt und erlaubt, aus einem gegebenen Niederschlag und einer Gebietskenngröße (CN-Wert) den resultierenden abflußwirksamen Niederschlag zu berechnen. Die Gebietskenngröße CN ist von der Bodenart, der Bodennutzung, vom Vorregen und der Jahreszeit abhängig (DVWK, 1984).

Mit Hilfe des CN-Wertes kann für ein bestimmtes Niederschlagsereignis mit folgender Formel der abflußwirksame Niederschlag geschätzt werden.

$$N_D = \frac{((N / 25.4) - (200 / CN) + 2)^2 \times 25.4}{(N / 25.4) + (800 / CN) - 8}$$

N_D: abflußwirksamer Niederschlag
CN: Gebietskenngröße CN-Wert
N: Niederschlag

Der Vorteil dieses Verfahrens ist, daß der resultierende Abflußbeiwert (N_D / N) mit zunehmender Niederschlagshöhe steigt, also nicht statisch ist und die natürlichen Verhältnisse relativ gut wiedergibt.

Die CN-Werte bewegen sich zwischen 25 (dichter Wald auf Böden mit großem Versickerungsvermögen) und 100 (versiegelte Fläche). Bei einem CN-Wert von 30 und einem Niederschlag von 100 mm würde der Abflußbeiwert 0,06, das heißt der abflußwirksame Niederschlag 0,6 mm betragen. Liegt ein CN-Wert von 80 vor, beträgt der Abflußbeiwert 0,5, der abflußwirksame Niederschlag 50 mm.

Da in der Beschreibung des SCS-Verfahrens für Bodennutzungsarten nur Werte für Ödland, zwei unterschiedliche Weideflächen, Dauerwiesen, undurchlässige Flächen und drei Waldarten nach dem Beschirmungsgrad aufgeführt sind, konnten unsere Berechnungen mit den angegebenen Werten nicht durchgeführt werden, da die durch das Waldsterben zu erwartenden Veränderungen im Wassereinzugsgebiet nicht ausreichend erfaßt würden. Um genauere Schätzwerte herzuleiten, wurden statt dessen die Ergebnisse von Starkregensimulationen in Gebirgsräumen herangezogen (DVWK, 1985, CZELL, A., 1972, DANZ, W., et al., 1983, BUNZA, G., KARL, J., MANGELSDORF, J., 1976). Mit Ausnahme der Versuche von CZELL (1972) wurden dabei alle Starkregensimulationen mit einer transportablen Beregnungsanlage nach KARL und TOLDRIAN (1973) durchgeführt.

Bei diesen Starkregensimulationen wurden in einer Stunde hundert Millimeter Niederschlag ausgebracht und der jeweils resultierende Oberflächenabfluß gemessen. Insgesamt wurden 164 Simulationen bei der Auswertung berücksichtigt.

Geht man davon aus, daß die für verschiedene Bodennutzungsarten gemessenen durchschnittlichen Oberflächenabflüsse (Ao) dem abflußwirksamen Niederschlag (ND) entsprechen, kann für die ausgeschiedenen Bodennutzungsarten mit Hilfe der Abbildung 47 der CN-Wert der betreffenden Bodennutzungsart geschätzt werden. In der Abbildung

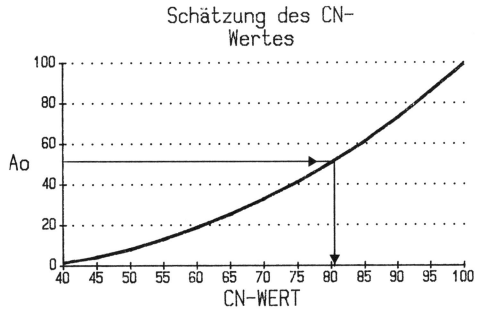

Abb. 47 *Resultierende Oberflächenabflüsse bei unterschiedlichen CN-Werten für ein Niederschlagsereignis von 100 mm*

sind die Werte von Ao für einen Niederschlag von hundert Millimetern bei unterschiedlichen CN-Werten aufgetragen. Liegt nun ein bestimmter Oberflächenabfluß vor, kann der CN-Wert ermittelt werden. Hierbei wird unterstellt, daß ähnliche Bodenverhältnisse (mittlere Bodenfeuchteklasse, Bodenart mit ähnlichen Infiltrationsverhältnissen) vorliegen.

Ein Beispiel soll die Art der Herleitung der CN-Werte näher erläutern. Für Weiden, die gleichzeitig als Skipisten genutzt werden, lagen zwölf Messungen vor. Der bei den Simulationen gemessene Oberflächenabfluß lag zwischen 16,1 Prozent und 86,4 Prozent des ausgebrachten Niederschlags. Der Mittelwert lag bei 52,8 Prozent. Die Schätzung des CN-Werts für diese Bodennutzungsart ist in Abbildung 47 eingetragen. Es ergibt sich ein CN-Wert von 81.

Die so berechneten CN-Werte für die im Wassereinzugsgebiet auftretenden Nutzungsformen, den Wald ausgenommen, sind in Tabelle 16 dargestellt.

Die von uns berechneten CN-Werte entsprechen für vergleichbare Bodennutzungsformen des SCS-Verfahrens den Werten für mittlere Bodenverhältnisse und mittlere Bodenfeuchtigkeitsklasse recht gut. Aus diesem Grund sollen diese Werte in die weiteren Berechnungen eingehen.

Für die mit Wald bestockten Flächen ergaben sich, mit Ausnahme von Waldweideflächen, durchgehend günstigere CN-Werte. Den geringsten durchschnittlichen Oberflächenabfluß wiesen Altdurchforstungsbe-

Tabelle 16 CN-Werte für verschiedene Bodennutzungsformen

Bodennutzungsform	CN-Wert
Versiegelte Fläche 1)	100
Flächen ohne nennenswerten Bewuchs	89
Weiden mit Nutzung als Skipiste	81
Weideflächen	74
Wiesen	52

1) Wert SCS-Verfahren

stände auf. Altdurchforstungen in Mischbeständen zeigen dabei etwas günstigere Werte als Fichtenaltdurchforstungen. Ein ähnlich gutes Abflußverhältnis weisen Altbestände auf. In gemischten Beständen fließt wiederum weniger Niederschlag oberflächlich ab. Da für Jungwuchspflegeflächen und Jungdurchforstungen zu wenig Meßergebnisse ausgewertet werden konnten, wurde hier auf eine Differenzierung zwischen Misch- und Reinbeständen verzichtet. Die Auswertungen ergaben, daß Jungdurchforstungen günstigere Werte aufweisen als Jungwuchspflegeflächen, jedoch ein ungünstigeres Abflußverhältnis als Altdurchforstungen und Altbestände. Latschenfelder weisen ebenfalls günstige Abflußverhältnisse auf und sind mit Mischwaldbeständen vergleichbar. Das ungünstigste Abflußverhältnis weisen Waldweideflächen auf. Durch die dabei entstehende Bodenverdichtung fließt ein großer Teil des Niederschlags oberflächlich ab. Die für den Wald berechneten CN-Werte sind in Tabelle 17 vorgetragen.

Tabelle 17 CN-Werte für Waldbestände

Bestand	CN-Wert
Gemischter Altbestand	46
Fichtenaltbestand	50
Gemischte Altdurchforstung	38
Fichtenaltdurchforstung	44
Jungdurchforstung	56
Jungwuchspflegeflächen	67
Waldweideflächen	72

Um nun für ein Wassereinzugsgebiet einen zusammenfassenden CN-Wert zu berechnen, werden die relativen Flächenanteile der Bodennutzungsarten mit dem jeweiligen CN-Wert multipliziert. Die anschließende Division durch 100 ergibt den für das Einzugsgebiet zusammengefaßten CN-Wert. Durch diese Art der Berechnung ist es auch möglich, Veränderungen innerhalb der Bestände gemäß den Absterbevarianten und der resultierenden Folgevegetation zu erfassen und deren Auswirkungen auf den Abfluß zu schätzen.

Für die Simulation der Absterbevarianten werden lediglich die 103 Stichprobenpunkte berücksichtigt, die in Bestände fallen, die älter als 60 Jahre sind. Aufgrund der unterstellten drei Absterbevarianten und der drei Regenerationsbeschränkungsvarianten ergeben sich neun unterschiedliche Rechengänge. Zusätzlich wird eine Variante in die Kalkulation einbezogen, bei der angenommen wird, daß die Bestände (älter als sechzig Jahre) total ausfallen. Das grundsätzliche Problem, das sich bei den Berechnungen ergab, war, daß 87 Prozent der Waldflächen mit Weide belastet sind.

Für die normale Bestandesentwicklung zeigt sich eine deutliche Veränderung der Abflußwerte mit zunehmendem Bestandesalter. Der Oberflächenabfluß nimmt von Jungwuchspflegeflächen über Jungdurchforstungen bis zu Altdurchforstungen ab. In Altbeständen ist wieder mit einer leichten Zunahme zu rechnen. In Wäldern mit Waldweidebelastung dürfte sich eine ähnliche Entwicklung zeigen, die jedoch durch den Einfluß der Weide nivelliert wird. Die hier unterstellte Entwicklung geht annähernd parallel mit der auftretenden Weidebelastung, die aufgrund des Futterangebots in Jungwuchspflegeflächen hoch, in Dickungen und Altdurchforstungen gering ist (SPATZ, G., 1982). Abbildung 48 versucht diesen Zusammenhang zu verdeutlichen.

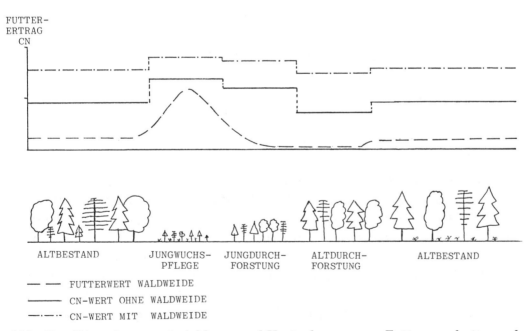

Abb. 48 Altersphasenentwicklung und Veränderung von Futterangeboten und CN-Werten

Auf der Basis der genannten Zusammenhänge wird für die Waldweideflächen eine um 50 Prozent gedämpfte CN-Entwicklung angenommen.

Für die in der Folgevegetation resultierenden Rasengesellschaften wird angenommen, daß sich der Oberflächenabfluß nur geringfügig erhöht. Durch die hier entstehenden Pflanzengesellschaften dürfte sich der Einfluß des Weideviehs verringern, da das gesamte Futterangebot auf der Fläche steigt.

Auf der Basis dieser Annahmen wurde also zunächst für den Status quo im Wassereinzugsgebiet ein CN-Wert für die Gesamtfläche berechnet. Anschließend wurden für die 103 Stichprobenpunkte für jede Folgevegetationsvariante ein CN-Wert berechnet, unter der Annahme einer völligen Entwaldung. Der Beschirmungsgrad sinkt somit auf 0. Für die Schadensverlaufsvarianten wurde der geschätzte Beschirmungsgrad entsprechend reduziert und für die entstehenden Freiflächen die jeweiligen CN-Werte berechnet. Die Gewichtung beschirmter Flächen (Restflächen nach Absterbeprozessen) und der entstehenden Freiflächen (unterschieden nach Folgevegetationsvarianten) ergibt den jeweils resultierenden CN-Wert. Die notwendigen Kalkulationen wurden mit Hilfe eines BASIC-Programmes am lehrstuhleigenen Personal Computer berechnet.

Beispiel: Probepunkt 94, Fichtenaltdurchforstung ohne Bodenbewuchs, Beschirmungsgrad 0.8, Waldweidefläche, kein starkes Schneegleiten = CN-Wert 70.

Mittlere Schadensverlaufsvariante; Regenerationsbeschränkung hoch.

Reduktion des Beschirmungsgrades auf 0.48: Auf 32 Prozent der Fläche entstehen Rasengesellschaften.

Berechnung des CN-Wertes: 0.48×68 (verbleibender Bestand) + 0.32×80 (Rasengesellschaft) + 0.32×80 (bereits vorhandene nicht bestockte Fläche) = 73.

Die Ergebnisse sind in Tabelle 18 aufgeführt.

Für den Status quo ergab sich, daß der CN-Wert im Einzugsgebiet relativ hoch liegt. Dies ist vor allem auf den hohen Anteil an Weideflächen und beweideten Wäldern zurückzuführen. Ohne die Waldweidebelastung läge dieser Wert bei circa 56. Hinsichtlich der Regenerationsbeschränkung zeigt sich, daß diese auf die Abflußverhältnisse einen nachweisbaren Effekt hat. So hat zum Beispiel eine extreme Regenerationsbeschränkung bei der pessimistischen Variante die gleichen Auswirkungen wie ein Totalausfall der Bestände bei gleichzeitig geringer Regenerationsbeschränkung.

Mit Hilfe der Formel zur Berechnung von N_D kann für bestimmte

Tabelle 18 Berechnete CN-Werte für die Schadenverlaufs- und Regenerationsbeschränkungsvarianten

Variante	CN-Wert
Status quo	70,2
Optimistische Variante	
I	72,5
II	73,0
III	73,4
Mittlere Variante	
I	73,2
II	73,7
III	74,2
Pessimistische Variante	
I	73,9
II	74,6
III	75,2
Totalausfall	
I	75,2
II	76,0
III	76,8

I : Geringe Regenerationsbeschränkung
II : Mittlere Regenerationsbeschränkung
III: Hohe Regenerationsbeschränkung

Ereignisse der abflußwirksame Niederschlag oder der sogenannte Abflußbeiwert (N_D/N) errechnet werden. Im folgenden wird nun aufgezeigt, wie der abflußwirksame Niederschlag mit Hilfe von Übertragungsfunktionen in eine Direktabflußganglinie umgerechnet wird. Die geschätzten CN-Werte für die ausgeschiedenen Varianten werden dabei zur Berechnung der unterschiedlichen Abflußspitzen herangezogen.

6.6.3 Auswahl der Übertragungsfunktion

Da im Wassereinzugsgebiet keine Niederschlags-Abfluß-Messungen vorlagen, wurden geeignete Übertragungsfunktionen aus vergleichbaren Gebieten gesucht. In den Merkblättern des DVWK (1982b) werden insgesamt 77 Übertragungsfunktionen vorgestellt.

Um eine geeignete Funktion auszuwählen, sollte nach Möglichkeit systematisch vorgegangen werden. Als Kriterien der Auswahl standen Kenngrößen der Übertragungsfunktion und Gebietskennwerte zur Verfügung.

Bei der Beschreibung der Auswahl (DVWK, 1984) ist zwar eine Reihenfolge der Kriterien angegeben, wie diese berücksichtigt werden sollen, aber es wird über die Gewichtung keine feste Aussage getroffen. Aus diesem Grund wurde von uns versucht, anhand eines nutzwertanalytischen Ansatzes die Auswahl einer geeigneten Übertragungsfunktion zu objektivieren und nachvollziehbar zu gestalten.

Das Auswahlverfahren

Das Verfahren der Nutzwertanalyse wird in folgenden Schritten vollzogen (GUNDERMANN, E., 1974):

1. Formulierung und Vorgewichtung der Alternativen
2. Aufstellung eines Zielsystems
3. Verteilung der Ziele und Kriteriengewichte
4. Bestimmung der Zielerträge und Zielwerte sowie Ermittlung der Teilnutzwerte
5. Ermittlung der Gesamtnutzwerte und Aufstellung einer Rangfolge

Eine detaillierte Beschreibung des Verfahrens findet sich bei ZANGEMEISTER (1971) sowie bei STRASSERT und TUROWSKI (1971).

Da die Alternativen in Form der 77 Übertragungsfunktionen vorgegeben waren und nur deren Brauchbarkeit für einen Spezialfall gesucht wurde, konnte hier auf eine Formulierung der Alternativen verzichtet werden. Eine Vorgewichtung war durch die geographische Lage der Einzugsgebiete gegeben. So wurden bei der weiteren Auswahl lediglich Einzugsgebiete, die im Alpenraum liegen, berücksichtigt.

Als Entscheidungskriterien wurden die Kenngrößen der Übertragungsfunktion und die in der Zusammenstellung aufgeführten Gebietskennwerte (DVWK, 1982 b) herangezogen. Im einzelnen sind dies folgende Werte:

t_{max} = Zeitpunkt des Auftretens von U_{max} (h)
U_{max} = Maximale Ordinate der Übertragungsfunktion (1/h)
t_B = Basisdauer (h)
F = Fläche des Einzugsgebietes (km^2)
I = Durchschnittliches Gefälle (%)
H = Hauptvorfluterlänge (km)
V = Vorfluterdichte (km/km^2)
W% = Bewaldungsprozent
B% = Bebauungsprozent

Die Werte für das Wassereinzugsgebiet Steinbach sind in Tabelle 19 vorgetragen. Die Werte für t_{max}, U_{max} und t_B wurden mit Hilfe der Gleichungen, die in der Beschreibung der DVWK (1984) vorgegeben sind, berechnet.

Für die Bewertung der Einzelkriterien war es zunächst erforderlich, je nach Abweichung, einen Zielertrag abzuleiten. Hierbei wurde wie folgt vorgegangen:

Wies der Kennwert der jeweiligen Übertragungsfunktion eine Abweichung von bis zu 10 Prozent von dem errechneten Wert im Wassereinzugsgebiet auf, wurde der Zielertrag auf + 2, bei einer Abweichung von 10 bis kleiner 20 Prozent auf + 1 und zwischen 20 und kleiner 30 Prozent auf 0 festgelegt. Der Wert − 1 wurde vergeben bei Abweichungen zwischen 40 und kleiner 50 Prozent und der Wert − 2 bei größeren Abweichungen.

Zur Bestimmung des Gesamtnutzwertes wurden die Auswahlkriterien gewichtet. Nach Angaben des DVWK (1984) sollen − wie bereits dargestellt − die Kennwerte, in einer bestimmten Reihenfolge gewichtet, berücksichtigt werden. Über die Gewichtung im einzelnen wird jedoch keine Aussage getroffen. Daher wurde angenommen, daß der angegebene Rang in umgekehrter Reihenfolge ein Indikator für die Gewichtung darstellt. Dies bedeutet, daß bei den dargestellten neun Kriterien t_{max} das Gewicht von 9, der Bebauungsanteil B (gemessen in Prozent) ein Gewicht von 1 erhält.

Durch Multiplikation des Gewichtungsfaktors mit den errechneten Zielerträgen erhält man für jedes Kriterium einen Teilnutzwert. Der Gesamtnutzwert wird durch Bildung der Summe der Teilnutzwerte errechnet. Der Gesamtnutzwert dient dazu, trotz aller mathematischer Probleme, die mit seiner Herleitung verbunden sind, eine Reihenfolge innerhalb der ausgewählten Alternativen (hier verschiedene Übertragungsfunktionen) herzustellen.

Die Berechnungen für die sieben bei der Vorauswahl berücksichtigten alpinen Einzugsgebiete ergab die größte Ähnlichkeit für die Übertragungsfunktion 1–13 (Röthenbach). Der Gesamtnutzwert kann theoretisch zwischen +/− 89 aufweisen (+ 89: Abweichungen bei allen Kriterien kleiner 10 Prozent, 89: Abweichungen bei allen Kriterien größer 50 Prozent). Für den Röthenbach errechnete sich ein Gesamtnutzwert von 13. Für alle anderen Einzugsgebiete liegt der Wert kleiner gleich 0. Daher wurde für die weiteren Betrachtungen lediglich diese Übertragungsfunktion herangezogen. Die Übertragungsfunktion des Röthenbachs ist in Abbildung 49 dargestellt.

Tabelle 19 Kennwerte der Übertragungsfunktion und des Gebietes im Wassereinzugsgebiet Steinbach

t_{max}	=	2,43 h	H	=	6,1 km
u_{max}	=	0,181 1/h	V	=	3,1 km/km²
t_B	=	34,88 h	W	=	67 %
F	=	8,48 km²	B	=	5 %
I	=	43,4 %			

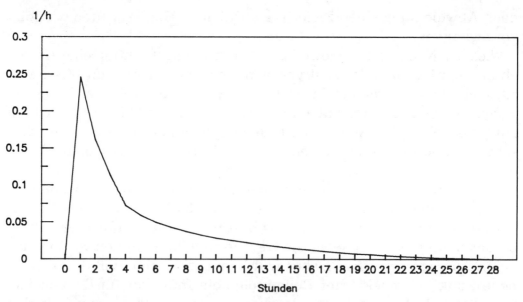

Abb. 49 Übertragungsfunktion Röthenbach (1–13)

Die dargestellte Übertragungsfunktion kann nicht direkt auf den Steinbach angewandt werden. Die Übertragungsfunktion (1–13) besitzt die Dimension 1/h. Sie ist unabhängig von der Fläche des Einzugsgebiets. Diese Funktion wird nun in eine Einheitsganglinie umgerechnet. Eine Einheitsganglinie ist eine charakteristische Abflußganglinie eines Einzugsgebiets nach einem gleichmäßig verteilten, konstanten effektiven Niederschlag von einem Millimeter Höhe und einer Dauer von t (hier 1 Stunde) (STORCHENEGGER, I. J., 1983). Die Einheitsganglinie für den Steinbach erhält man durch Multiplikation der Werte der Übertragungsfunktion mit der Fläche und Umrechnung der Zeit von Stunden in Sekunden. Man erhält dann Einzelwerte der Einheitsganglinie in der Dimension m^3 / sec × mm. Die genaue Herleitung findet sich in DVWK (1982 a).

Im folgenden wird nun dargestellt, wie aus dieser Einheitsganglinie der direkte Abfluß berechnet werden kann.

6.6.4 Berechnung des direkten Abflusses

Die Einheitsganglinie ermöglicht gemäß der Definition, aus dem mit Hilfe des Gebietskennwertes (CN-Wert) abgeleiteten effektiven Niederschlag für ein bestimmtes Niederschlagsintervall eine Einzelwelle des Abflusses zu berechnen. Das Niederschlagsintervall im vorliegenden Fall beträgt eine Stunde. Hierbei muß der während des Intervalls fallende effektive Niederschlag mit den Werten der Einheitsganglinie multipliziert werden. Bei mehreren aufeinanderfolgenden Niederschlagsintervallen folgt aus jedem Intervall eine Einzelwelle. Werden diese Wellen zeitgerecht verschoben und überlagert, ergibt sich die Direktabfluß-ganglinie $Q_D(t)$ (DVWK, 1984).

Die Einzelwerte der Direktabflußganglinie berechnen sich demnach nach folgender Formel:

$$Q_D = \sum_{j=1}^{k} (U_{i-j+1}) \times I_{wj} \times \Delta t \quad (m^3/sec) \quad (DVWK, 1984)$$

Q_D = Direktabflußganglinie
I_{wj} = Abflußwirksamer Niederschlag während des jeweiligen Intervalls (bei Blockregen $I_{wj} = N_D / k$ = konstant)
i, j = Laufindizes i = 1...m, j = 1...k
U = Jeweiliger Wert der Übertragungsfunktion
k = Anzahl der Intervalle des abflußwirksamen Niederschlags
n = Anzahl der Ordinaten der Übertragungsfunktion
m = n + k − 1 = Anzahl der Ordinaten der Direktabflußganglinie

Da die Berechnung der Direktabflußganglinie für langanhaltende Niederschläge ausgesprochen zeitaufwendig ist (bei einem 3-Tagesniederschlag müssen 72 Einzelwellen überlagert werden), wurde am lehrstuhleigenen Personal Computer ein BASIC-Programm entwickelt, das die Berechnungen durchführt.

Die Ergebnisse der Berechnungen des Status quo für 10jährige Ereignisse unterschiedlicher Niederschlagsdauer zeigt Abbildung 50.

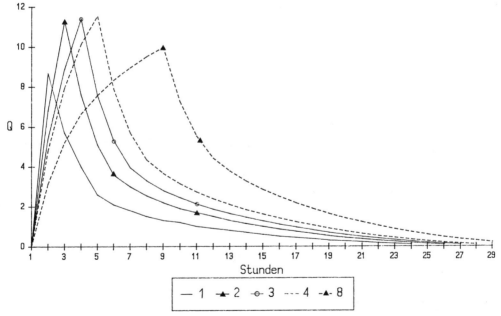

Abb. 50 Abflußkurven für Ereignisse mit 10jähriger Wiederkehrhäufigkeit unterschiedlicher Niederschlagsdauer

Für Ereignisse mit einer Dauer von über acht Stunden ist die gewählte Einheitsganglinie nicht mehr geeignet. Nach Erreichen des Abflußmaximums fallen die Abflußkurven steil ab. Aufgrund der Größe des Einzugsgebiets Steinbach treten vor allem Abflußspitzenwerte bei kürzeren Ereignissen auf. Daher ist diese Verzerrung, die bei längeren Ereignissen beobachtet werden kann, für die weiteren Betrachtungen unbedeutend.

Eine von uns durchgeführte Voruntersuchung für die errechnete Einheitsganglinie ergab, daß jeweils das dreistündige Ereignis im CN-Bereich zwischen 70 und 85 in der überwiegenden Anzahl der Fälle zu den größten Abflußmaxima führt. Aus diesem Grund werden im folgenden diese Ereignisse einer genaueren Analyse unterzogen.

6.6.5 Berechnung des Gesamtabflusses

Um den Gesamtabfluß zu berechnen, wird zu den berechneten Abflußwerten der Basisabfluß addiert. Dieser kann in der Regel als konstant angenommen werden (DVWK, 1984), Nach KERN (1973) entspricht eine Abflußhöhe von hundert Millimetern im Durchschnitt einer Spende von 3,169 l/sec × km². Aus den Karten mittlerer jährlicher Abflußhöhen (KERN, H., 1973) wurde für den Steinbach die Basisabflußhöhe geschätzt. Die Abflußhöhe beträgt circa 1700 mm/Jahr. Die Berechnung des Basisabflusses ergab (1700 mm / 100 mm × 3,169 × 8,48 (Größe des Einzugsgebietes)) einen Wert von 0,46 m³/sec. Während des Ereignisses wird dieser Wert als konstant angenommen und zu den berechneten Abflußhöhen addiert.

6.6.6 Auftretende Abflußspitzen für den Status quo und Überprüfung der Auswahl der Übertragungsfunktion

Mit Hilfe des dargestellten Berechnungsverfahrens wurden folgende Hochwasserabflußspitzen für Ereignisse unterschiedlicher Jährigkeit berechnet:

Wiederkehrhäufigkeit	Q_{max} *(m³/sec)*
1	3,5
10	11,9
50	19,7
100	26,5

Nach Angaben des Wasserwirtschaftsamts Traunstein (MAIER, J., 1987) liegt der Spitzenabfluß bei einem hundertjährigen Ereignis bei circa 6 m³/km² sec. Für die hier betrachtete Einzugsgebietsfläche von 8,48 km² errechnet sich somit ein Spitzenabfluß für ein hundertjähriges Ereignis von 50,9 m³/sec. Nach MAIER (1987) liegt dieser Wert sogar im unteren Bereich des möglichen Spitzenabflusses. Hieraus kann geschlossen werden, daß die mit Hilfe der Übertragungsfunktion berechneten Abflußspitzen in hohem Maße den tatsächlichen Abfluß unterschätzen, die angegebenen Ordinatenwerte also viel zu gering sind. Dies kann auf verschiedene Gründe zurückgeführt werden:

– Der Röthenbach liegt im Flyschbereich, die Böden weisen ein höheres Einsickerungs- und Speichervermögen auf.
– Der Waldanteil im Röthenbach beträgt 85 Prozent, im Einzugsgebiet Steinbach hingegen lediglich 67 Prozent. Die Übertragungsfunktion unterschätzt daher höchstwahrscheinlich die Abflußwerte im Steinbach.

Da die Abweichungen derartig hoch waren, wurde zur Berechnung der Abflußspitzen ein anderes Verfahren herangezogen, das hier kurz vorgestellt werden soll. Die Vorgehensweise ist bei PRENNER (1985) detailliert dargestellt. Die formelmäßige Darstellung ist dieser Arbeit entnommen. Zur Berechnung der Abflußspitze werden folgende Eingangsgrößen benötigt:

L: Länge des untersuchten Wasserlaufs (km)
H: Höhendifferenz zwischen dem obersten und dem untersten Punkt des betrachteten Abschnitts (m)
tr: Regendauer (h)
E: Einzugsgebietsgröße (km²)
a: Abflußbeiwert (N_D/N)

Zunächst wird die Konzentrationszeit Tc mit Hilfe einer Formel des US Soil Conservation Service berechnet. LUDWIG (1979) hält diese Vorgehensweise für angebracht:

$$Tc = (0.868 \times L^3 / H)^{0.385}$$

Tc: Konzentrationszeit (h)

Da beim Steinbach unterschiedliche Gefälleverhältnisse auftreten (steil im oberen, flach im unteren Bereich), wurde die Konzentrationszeit für zwei Abschnitte berechnet. Sie beträgt 0.935 h.

Nach STORCHENEGGER (1983) ist die Konzentrationszeit die maximale Laufzeit des Direktabflusses in einem oberirdischen Einzugsgebiet. Es ist die Zeit, die ein Regentropfen nach seinem Aufprall am entferntesten Punkt des Einzugsgebiets bis zu seiner Ankunft am Kontrollpunkt benötigt (PRENNER, G., 1985).

Im nächsten Schritt wird die Anlaufzeit berechnet. Die Anlaufzeit ist diejenige, die zwischen Niederschlagsbeginn und der Erreichung des

Spitzenabflusses vergeht. Die Formel, die PRENNER (1985) vorschlägt, basiert auf Niederschlag-Abflußmessungen in mehr als 500 kleinen und mittleren Einzugsgebieten der USA. Sie lautet:

$Tp = tr / 2 + 0{,}6 \times Tc$

Tp: Anlaufzeit (h)
tr: Niederschlagsdauer (h)

Für ein dreistündiges Ereignis liegt die Anlaufzeit im Steinbach bei 1,89 Stunden.

Zur Herleitung der Form der Hochwasserganglinie wird ein normierter Hydrograph angenommen. Es wird davon ausgegangen, daß ein Drittel des Gesamtabflusses nach der Anlaufzeit abgeflossen ist. Zur Bestimmung von Q_{max} resultiert folgender Formelansatz:

$Q_{max} = E \times a \times N \times tr / (5.4 \times TP)$ (verändert nach PRENNER, 1985)

Q_{max}: Abflußspitze (m³/sec)
E: Einzugsgebietsgröße (km²)
a: Abflußbeiwert
N: Niederschlag/Stunde (mm/h)
tr: Niederschlagsdauer (h)
Tp: Anlaufzeit (h)

Mit Hilfe dieses Ansatzes errechnen sich für den Status quo im Steinbach folgende Abflußspitzen (inclusive Basisabfluß):

Wiederkehrhäufigkeit	Q_{max} *(m³/sec)*
1	6,5
10	19,8
50	37,4
100	48,6

Die auf diese einfache Art berechneten Werte der Abflußspitze entsprechen den Angaben des Wasserwirtschaftsamtes Traunstein. Deshalb werden sie für die weiteren Berechnungen herangezogen.

Da die Berechnung der jeweiligen Abflußganglinie bzw. des Spitzenabflusses lediglich eine lineare Transformation des abflußwirksamen Niederschlags darstellt, hat dies keinen Einfluß auf die im folgenden aufgezeigten prozentualen Erhöhungen der Abflußspitzen durch die Absterbevarianten. Absolut betrachtet ist die Auswahl der Methode jedoch von großer Bedeutung.

6.7 Auswirkungen der Schadenverlaufsvarianten auf den Hochwasserabfluß

Zur Berechnung der hier abgeleiteten Hochwasserabflüsse wurde für die dreistündigen Ereignisse jeweils für die berechneten CN-Werte der abflußwirksame Niederschlag kalkuliert. Die Niederschlagsereignisse unterschiedlicher Jährigkeit sowie die jeweiligen effektiven Niederschläge für die Schadensverlaufsvarianten sind in Tabelle 20 dargestellt.

Tabelle 20 Auswirkungen der Schadenverlaufsvarianten auf den resultierenden effektiven Niederschlag bei 3stündigen Ereignissen unterschiedlicher Jährigkeit

Wiederkehr-häufigkeit in Jahren	Niederschlag in 3 Stunden in mm	EFFEKTIVER NIEDERSCHLAG Schadensverlaufsvarianten									
		Status quo	Optimistische I	II	III	Mittlere I	II	III	Pessimistische I	II	III	Totale Entwald. I	II	III
1	55	7.9	9.7	10.1	10.4	10.2	10.7	11.1	10.8	11.5	12.0	12.0	12.7	13.5
10	88	25.3	28.6	29.4	30.0	30.0	30.4	31.2	30.7	31.8	32.8	32.8	34.0	35.3
50	122	48.4	53.0	54.0	54.9	54.4	55.5	56.5	55.9	57.3	58.6	58.6	60.3	62.0
100	142	63.2	68.4	69.5	70.4	70.0	71.1	72.3	71.6	73.2	74.6	74.6	76.5	78.4

Regenerationsbeschränkung I: gering   II: hoch   III: extrem

6.7.1 Auswirkungen der optimistischen Schadenverlaufsvariante

Die optimistische Schadensverlaufsvariante führt, wie in Tabelle 21 gezeigt, bei einjährigen Ereignissen zu den größten prozentualen Erhöhungen des Direktabflusses. Mit abnehmender Wiederkehrhäufigkeit nimmt die prozentuale Erhöhung ab. Diese Feststellung ist dadurch zu erklären, daß mit zunehmendem Niederschlag der effektive Niederschlag auch im Wald zunimmt.

Tabelle 21 Ergebnisse für die optimistische Schadenverlaufsvariante Zunahme des Abflusses in Prozent im Vergleich zum Basisabfluß für Ereignisse unterschiedlicher Jährigkeit und die drei Regenerationsbeschränkungsvarianten

Wiederkehr-häufigkeit	Erhöhung in % Regenerationsbeschränkung			Basiswert 100 % cbm / s
	gering	hoch	extrem	
1	122,8	127,4	131,6	3,07
10	112,4	114,8	117,1	11,39
50	109,6	111,6	113,2	19,21
100	108,2	109,8	111,2	25,99

Betrachtet man die Ergebnisse im Detail, steigt der Direktabfluß bzw. die Abflußspitze auf 127,4 Prozent des Basiswertes bei einjährigen Ereignissen und hoher Regenerationsbeschränkung. Bei geringer Regenerationsbeschränkung liegt die Zunahme bei 122,8 Prozent, bei extremer Regenerationsbeschränkung bei 131,6 Prozent. Dieser Effekt nimmt jedoch bei Zunahme des Niederschlags ab. Für ein hundertjähriges Ereignis würde die optimistische Variante lediglich zu einer Erhöhung des Direktabflusses um circa 10 Prozent führen.

6.7.2 Auswirkungen der mittleren Schadensverlaufsvariante

Die Ergebnisse für die mittlere Variante sind in Tabelle 22 vorgetragen. Bei dieser Variante ergibt sich tendentiell ein ähnliches Bild wie bei der optimistischen, die Einzelwerte liegen jedoch höher. Bei einem einjährigen Ereignis steigt der Direktabfluß auf 135 Prozent des Basiswertes, bei hoher Regenerationsbeschränkung, also circa 8 Prozent höher als bei

Tabelle 22 *Ergebnisse für die mittlere Schadenverlaufsvariante Zunahme des Abflusses in Prozent im Vergleich zum Basisabfluß für Ereignisse unterschiedlicher Jährigkeit und die drei Regenerationsbeschränkungsvarianten*

Wiederkehr-häufigkeit	Erhöhung in % Regenerationsbeschränkung			Basiswert 100 % cbm / s
	gering	hoch	extrem	
1	129,3	135,2	140,7	3,07
10	115,9	119,0	121,8	11,39
50	112,3	114,6	116,8	19,21
100	110,5	112,4	114,2	25,99

der optimistischen Variante. Der Effekt der Regenerationsbeschränkung steigt mit zunehmender Entwaldung, da vermehrt Flächen betroffen sind. Bei einem hundertjährigen Ereignis liegt die Erhöhung des Direktabflusses für hohe Regenerationsbeschränkung jedoch nur bei 112,4 Prozent des Basiswertes.

6.7.3 Auswirkungen der pessimistischen Schadensverlaufsvariante

Bei der pessimistischen Variante steigt der Direktabfluß weiter an. Die Effekte der Regenerationsbeschränkung werden noch deutlicher erkennbar. Die Einzelergebnisse zeigt Tabelle 23.

Beim einjährigen Ereignis führt die pessimistische Variante zu einer

Tabelle 23 Ergebnisse für die pessimistische Schadenverlaufsvariante Zunahme des Abflusses in Prozent im Vergleich zum Basisabfluß für Ereignisse unterschiedlicher Jährigkeit und die drei Regenerationsbeschränkungsvarianten

Wiederkehr-häufigkeit	Erhöhung in % Regenerationsbeschränkung			Basiswert 100 % cbm / s
	gering	hoch	extrem	
1	137,5	145,6	152,4	3,07
10	120,2	124,1	127,7	11,39
50	115,6	118,6	121,2	19,21
100	113,2	115,7	118,0	25,99

Erhöhung des Direktabflusses im Vergleich zum Basiswert auf 145,6 Prozent für hohe Regenerationsbeschränkung. Beim hundertjährigen Ereignis liegt die Erhöhung bei 115,7 Prozent.

6.7.4 Auswirkungen eines Totalverlustes der Bestände über sechzig Jahre

Der Totalverlust würde bei allen Ereignissen zu den höchsten Direktabflüssen führen. Der Einfluß der Regenerationsbeschränkung liegt bei allen Ereignissen gegenüber der optimistischen Variante doppelt so hoch. Der Einfluß der Regenerationsbeschränkung wird dadurch deutlich, daß sich bei der pessimistischen Variante und extremer Regenerationsbeschränkung die gleichen Spitzenabflüsse ergeben wie bei totaler Entwaldung unter geringer Regenerationsbeschränkung. Die Einzelergebnisse sind in Tabelle 24 aufgezeigt.

Tabelle 24 Ergebnisse für die totale Entwaldung (Bestände über 60 Jahre) Zunahme des Abflusses in Prozent im Vergleich zum Basisabfluß für Ereignisse unterschiedlicher Jährigkeit und die drei Regenerationsbeschränkungsvarianten

Wiederkehr-häufigkeit	Erhöhung in % Regenerationsbeschränkung			Basiswert 100 % cbm / s
	gering	hoch	extrem	
1	152,4	162,5	172,6	3,07
10	127,7	132,7	137,7	11,39
50	121,2	125,0	128,6	19,21
100	118,0	121,1	124,1	25,99

Die ausführlichere Interpretation der Befunde zeigt folgendes: Beim einjährigen Ereignis liegt der Direktabfluß zwischen 152,4 Prozent und 172,6 Prozent im Vergleich zum Basisabfluß. Der Einfluß der Regenerationsbeschränkung wird hier deutlich sichtbar. Beim hundertjährigen Ereignis ist nunmehr mit einer Erhöhung auf 121,1 Prozent bei hoher Regenerationsbeschränkung zu rechnen. Die Schwankungsbreite der Regenerationsbeschränkung nimmt grundsätzlich mit zunehmender Wiederkehrhäufigkeit ab.

6.8 Auswirkungen der Schadenverlaufsvarianten auf die Wiederkehrhäufigkeit bestimmter Ereignisse

Schutzmaßnahmen im Bereich der Wasserwirtschaft werden so dimensioniert, daß Ereignisse mit einer bestimmten Wiederkehrhäufigkeit keinen Schaden anrichten. Das Restrisiko ist durch die Wahrscheinlichkeit bestimmt, daß innerhalb der Lebensdauer von wasserbaulichen Einrichtungen Ereignisse auftreten, die über dem dimensionierten Verbauungsgrad liegen. Schadensereignisse sind somit innerhalb des Zeitraumes der Lebensdauer der Verbauung denkbar.

Wahrscheinlichkeitstheoretisch errechnet sich das Restrisiko nach folgender Formel:

$$PR = 1 - (1 - 1/TN)^{TL} \qquad (DVWK, 1984)$$

PR: Hydrologisches Risiko
TN: Dimensionierung
TL: Lebensdauer

Ist also zum Beispiel die Dimensionierung so gewählt, daß ein vierzigjähriges Ereignis keinen Schaden anrichtet, tritt ein größeres Ereignis innerhalb der nächsten vierzig Jahre mit einer Wahrscheinlichkeit von 64 Prozent auf. Wird die Dimensionierung bei gleicher Lebensdauer auf ein achtzigjähriges Ereignis ausgerichtet, sinkt das Risiko auf 40 Prozent.

Im folgenden soll nun untersucht werden, welchen Einfluß die Schadensverlaufsvarianten auf die Wiederkehrhäufigkeit bestimmter Ereignisse besitzen, ob also Ereignisse häufiger auftreten.

Als Grundlage dienen hier wiederum dreistündige Niederschlagsereignisse, die im Wassereinzugsgebiet durchwegs zu den größten Abflußspitzen führen. Mit Hilfe einer Regressionsrechnung wurde anhand der Daten, die bei DEISENHOFER (1984) für Ruhpolding dargestellt sind, zwischen den auftretenden Tagesniederschlägen und der Wiederkehrhäufigkeit folgende Beziehung errechnet:

NW = 68,1 × W$^{0.203}$ r = 1,0

NW: Niederschlag mit der Wiederkehrhäufigkeit W
W: Wiederkehrhäufigkeit (Jahre)

Die kartographische Auswertung für das Einzugsgebiet ergab höhere Werte als für die Meßstelle Ruhpolding (vgl. sechstes Kapitel „Der Niederschlag im Wassereinzugsgebiet"). Die Werte im Untersuchungsraum liegen circa 8 Prozent höher. Aus den Tagesereignissen können nun dreistündige Ereignisse gleicher Wiederkehrhäufigkeit berechnet werden, indem der Niederschlagswert mit dem Faktor 0,8 multipliziert wird. Die höheren Werte im Untersuchungsraum sind in diesem Faktor enthalten.

Mit Hilfe der oben genannten Formel wurden nun die Niederschläge für dreistündige Ereignisse unterschiedlicher Wiederkehrhäufigkeit geschätzt. Diese Niederschlagswerte wurden in die Formel zur Berechnung des abflußwirksamen Niederschlags eingesetzt (vgl. sechstes Kapitel „Berechnung des abflußwirksamen Niederschlags im Wassereinzugsgebiet für den Status quo...").

Zur Unterscheidung der einzelnen Schadensverlaufsvarianten werden die jeweils berechneten CN-Werte herangezogen. Da das Abflußereignis im Endeffekt lediglich eine lineare Transformation des abflußwirksamen Niederschlags darstellt, genügt es, für die weiteren Betrachtungen der Veränderung der Wiederkehrhäufigkeit den abflußwirksamen Niederschlag als Basis heranzuziehen. Hinsichtlich der Regenerationsbeschränkung wurde die zweite Variante (hohe Regenerationsbeschrän-

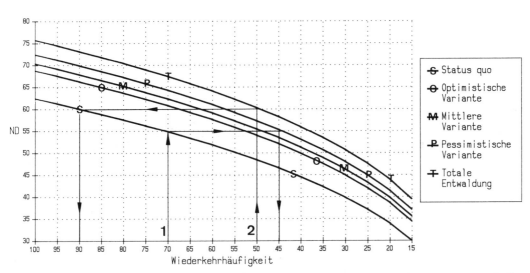

Abb. 51 *Auftretende abflußwirksame Niederschläge für den Status quo und die vier Schadenverlaufsvarianten für Ereignisse unterschiedlicher Wiederkehrhäufigkeit*

kung) gewählt, die der gegenwärtig gegebenen Situation im bayerischen Alpenraum am besten entspricht.

Die Ergebnisse wurden graphisch aufgearbeitet und sind in Abbildung 51 dargestellt.

Anhand dieser Graphik ist es nun möglich, die Auswirkungen der Schadensverlaufsvarianten auf die Dimensionierung abzuschätzen. Dies soll anhand von zwei Beispielen kurz dargestellt werden.

Beispiel 1

Liegt im Wassereinzugsgebiet eine Dimensionierung auf ein siebzigjähriges Ereignis vor und tritt die pessimistische Schadensverlaufsvariante ein, entspricht diese Verbauung nur noch einer Dimensionierung auf ein 45jähriges Ereignis. Schadereignisse treten also häufiger auf.

Beispiel 2

Soll eine Verbauung für ein fünfzigjähriges Ereignis dimensioniert werden und kommt es zu einer totalen Entwaldung der Bestände über sechzig Jahre, entspricht diese Dimensionierung im Vergleich zum Status quo einer Ausrichtung der Verbauung auf ein neunzigjähriges Ereignis.

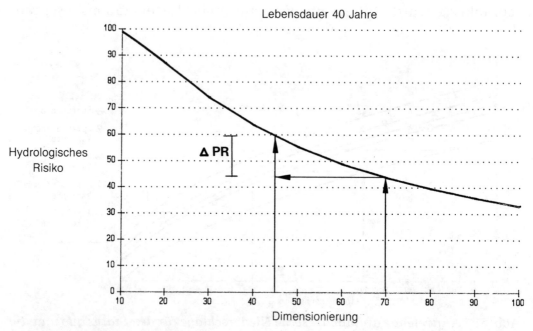

Abb. 52 *Hydrologisches Risiko in Abhängigkeit von der Dimensionierung bei 40 Jahren Lebensdauer*

Die Lebensdauer für Maßnahmen im Bereich der Wildbachverbauung (Betonschwellen, Betonsperren) liegt bei circa vierzig Jahren (DANZ, W., et al., 1983). Abbildung 52 zeigt für diese Lebensdauer das hydrologische Risiko in Abhängigkeit von der Dimensionierung auf.

Aus der Abbildung kann die Veränderung des hydrologischen Risikos erfaßt werden. Bezogen auf Beispiel 1 liegt das Risiko bei 44 Prozent. Da bei der pessimistischen Variante nur noch eine Dimensionierung auf ein fünfundvierzigjähriges Ereignis vorliegt, erhöht sich das hydrologische Risiko auf 61 Prozent. Die Differenz PR beträgt somit 17 Prozent. Analog kann für andere Ausgangsgrößen die Veränderung des Risikos geschätzt werden.

Grundsätzlich gilt:
Die Veränderung der Dimensionierungsstufe und des hydrologischen Risikos für die ausgeschiedenen Varianten ist prozentual gesehen höher als die Steigerung der resultierenden Abflußspitzen. Die Auswirkungen der Schadensverlaufsvarianten auf künftig zu treffende wasserwirtschaftliche Maßnahmen werden deutlicher.

6.9 Vergleich der Abflußwerte mit anderen Modellkalkulationen

GRAHNER (1977) stellt einen auf den Grundgedanken des Einheitsganglinienverfahrens basierenden Ansatz vor, der versucht, aus Gebietseigenschaften das Hochwasserabflußverhalten zu erfassen. Der Ansatz beruht auf der Anwendung regressionsanalytischer Auswertungen von 602 Hochwasserereignissen aus 45 Einzugsgebieten des Mittel- und Hochgebirges. Nach GRAHNER sind die entwickelten Formeln brauchbar, obwohl die Hochwasserspitzen um 17 bis 25 Prozent über- bzw. unterschätzt wurden.

In das Modell GRAHNER gehen folgende Gebietscharakteristika ein (in die Klammern sind die Werte für den Steinbach eingetragen):

- Größe des Einzugsgebiets   (8,48 km^2)
- Form des Einzugsgebiets = Länge/Breite   (0,6)
- Geländegefälle   (43,4%)
- Vorfluterdichte   (3,1 km/km^2)
- Waldanteil   (67%)
- Wasserdurchlässigkeit des Bodens   (3 – mittel)

Mit Hilfe der folgenden drei Formeln können dann nach GRAHNER die Abflußspitze (Q_{max}), der Gesamtabfluß ($\sum Q$) und die Anstiegszeit (t_{max}) berechnet werden (die dabei abgeleiteten Werte gelten für ein Niederschlagsereignis von zwei Stunden Dauer und einem Niederschlag von fünfzig Millimetern, entsprechen etwa einem jährlich auftretenden Ereignis im Untersuchungsraum.

Q_{max} = 329 − 1,19 × Gebietsgröße + 179,3 × Vorfluterdichte
− 3,38 × Waldanteil + 6,93 × Geländegefälle
$\sum Q$ = 2,813 + 1,554 × Vorfluterdichte − 13,5 × Waldanteil
+ 132,5 × Geländegefälle + 208,9 × Bodenzahl
t_{max} = 2,5 + 0,01 × Gebietsgröße − 0,58 × Form d. Einzugsgebiets

Angewandt auf unseren Untersuchungsraum ergaben für den Status quo die Berechnungen folgende Werte: Die Abflußspitze im Einzugsgebiet liegt bei 8,31 m³/sec, der Gesamtabfluß bei 115287 m³, die Anlaufzeit bei 2,2 Stunden. Die Berechnung des Abflußkoeffizienten ergibt dann einen Wert von 0,26. Der Waldanteil geht bei GRAHNER in die Berechnungen des Abflußmaximums und des Gesamtabflusses ein, der hier dem abflußwirksamen Niederschlag entspricht. Im Vergleich zum SCS-Verfahren kann demnach der Zustand des Waldes nicht genau berücksichtigt werden. Daher wurde vereinfachend für die Anwendung des GRAHNERschen Ansatzes davon ausgegangen, daß auf den Flächenteilen, die von den Schadensverlaufsvarianten betroffen sind, innerhalb des Untersuchungszeitraumes keine ausreichende Wiederbewaldung stattfindet. Hieraus ergibt sich, daß bei der optimistischen Variante der Waldanteil auf 55,8 Prozent, bei der mittleren auf 46,6 Prozent, bei der pessimistischen auf 35,3 Prozent und bei totaler Entwaldung der Bestände über sechzig Jahre auf 14 Prozent sinkt.

Da mit einer Veränderung der Bodenstruktur gerechnet werden muß, wurde ferner für unsere Zwecke angenommen, daß sich entsprechend den Varianten eine Veränderung innerhalb einer Klasse ergibt. GRAHNER gibt für die Bodenzahl fünf Durchlässigkeitsklassen des Bodens an (1: sehr schwach durchlässig, 5: sehr gut durchlässig). Bei totaler Entwaldung wird somit angenommen, daß eine Reduktion von Durchlässigkeitsklasse 3 nach 2 ergibt. Da die Anstiegszeit vom Waldanteil unabhängig ist, bleibt diese bei allen vier Simulationen konstant. Sie beträgt 2,2 Stunden und entspricht somit recht gut den Ergebnissen bei der Anwendung der Übertragungsfunktionen.

Die Ergebnisse der Berechnungen für das Abflußmaximum und den Gesamtabfluß ergaben, daß die Abflußspitze bei der optimistischen Variante um 4 Prozent, bei der mittleren um 7 Prozent, bei der pessimistischen um 11 Prozent und bei Totalentwaldung der Bestände über sechzig Jahre um 24 Prozent steigt. Im Vergleich zum SCS-Verfahren liegen die genannten Werte für derartige Ereignisse weit niedriger.

Bei der Berechnung der Gesamtabflüsse fiel zudem auf, daß die Werte bis zur pessimistischen Variante anstiegen, bei der Totalentwaldung abfielen – ein Ergebnis, das nicht einsichtig ist.

Eine genaue Betrachtung der Formel von GRAHNER zur Berechnung des Gesamtabflusses zeigt, daß die Bodenzahl mit positivem Vorzeichen eingeht. Das hat zur Konsequenz, daß mit zunehmender Bodenzahl das Einsickerungsvermögen zunimmt, der Gesamtabfluß gleichzeitig abnimmt. Dieses Ergebnis steht jedoch im völligen Widerspruch zu den Erfahrungen im Bereich der Niederschlag-Abfluß-Messungen.

Grundsätzlich läßt sich bei der Anwendung des GRAHNERschen Ansatzes feststellen:

Die Abflußkoeffizienten liegen bei allen Varianten im Vergleich zu real gemessenen Werten im untersten Bereich. Es muß daher angenommen werden, daß die von GRAHNER vorgestellte Modellentwicklung aufgrund der dargestellten Mängel für eine Abschätzung und einen Vergleich mit den SCS-Verfahren nicht herangezogen werden kann.

PABST (1974) stellt in einem Beitrag über die Berechnung von Bachdurchlässen nach der Theorie der Grenztiefe ein einfaches graphisches Schätzverfahren vor, das auch geeignet schien, mögliche Auswirkungen des Waldsterbens auf die Abflußspitzen grob abzuschätzen. Die Brauchbarkeit dieses Verfahrens soll nach Darstellung des Ansatzes kurz diskutiert werden.

Der Ansatz benötigt folgende Eingangsgrößen:

– Regenspende
– Länge des Gewässers (maximal 12 km)
– Bewaldungsprozent
– Steilheit des Einzugsgebiets
– Durchlässigkeit des Untergrundes
– Wiederkehrhäufigkeit des Ereignisses

Das Ergebnis des Schätzverfahrens ist die Abflußspende mit einer bestimmten Wiederkehrhäufigkeit.

Bei der Anwendung des Verfahrens wurden die analogen Annahmen wie beim Modellansatz von GRAHNER gemacht. Auf im Zuge des Waldsterbens frei werdenden Flächen findet während des Untersuchungszeitraumes keine nennenswerte Vegetationsentwicklung statt. Die Durchlässigkeit des Untergrundes nimmt um maximal eine Klasse ab.

Die Eingangsgröße des Schätzverfahrens ist die Regenspende. Als Wert für das Hochgebirge sind nach PABST (1974) 15 m^3/sec × km^2 vorgesehen. Dieser Wert entspricht einem Niederschlag von 54 mm/h, der konstant für alle Ereignisse angenommen wird. Dieser Wert dürfte die Ereignisse unterschiedlicher Wiederkehrhäufigkeit im Untersuchungsraum etwas unterschätzen.

Trotz dieses Mangels scheint das Verfahren für eine grobe Abschätzung (zum Beispiel Ereignis mit fünfzigjähriger Wiederkehrhäufigkeit) durchaus brauchbar zu sein. Hinzu kommt die einfache Anwendbarkeit des Schätzverfahrens. Eine detaillierte Analyse des Einzugsgebietes kann entfallen, der Einfluß angenommener Ausfallprozente kann erfaßt werden, wenn auch mit einer gewissen Ungenauigkeit in der Dimension.

Die Ergebnisse der graphischen Schätzung ergaben im einzelnen, daß mit zunehmender Entwaldung die Abflußspitzen zunehmen. Bei der optimistischen Variante wurde eine Zunahme von 10 Prozent, bei der mittleren um 17 Prozent und bei der pessimistischen um 25 Prozent errechnet. Der Totalausfall aller Bestände über sechzig Jahre – dies bedeutet eine Reduktion des Waldanteils auf 14 Prozent – führt zu einer Erhöhung der Abflußspitze um 42 Prozent. Diese Verhältnisse bleiben bei allen Ereignissen unterschiedlicher Wiederkehrhäufigkeit konstant. Im Vergleich zum SCS-Verfahren liegen die Abflußspitzenwerte beim einjährigen Ereignis 17 Prozent höher, für das zehnjährige und fünfzigjährige Ereignis 22 Prozent bzw. 34 Prozent niedriger.

6.10 Ermittlung der Schadenserwartungen

Hydrologische Prozesse sind, wie bereits angedeutet, stochastischer Natur. Aus diesem Grund gibt es keine langfristigen Aussagen über Zeitpunkte und Größe sowohl der Hochwasserereignisse selbst, als auch der dadurch verursachten Schäden (SCHMIDTKE, R. F., 1981). Deshalb sind auch präzise Angaben über die denkbaren Auswirkungen der Schadensverlaufsvarianten nicht möglich.

Aus langjährigen Meßreihen können jedoch mit Hilfe statistischer Methoden Aussagen über die Größe von Ereignissen und deren Eintrittswahrscheinlichkeit getroffen werden. Verknüpft man für verschiedene Hochwasserereignisse die dazugehörigen Schadenshöhen und Eintrittswahrscheinlichkeiten, können Erwartungswerte für Schäden berechnet werden (SCHMIDTKE, R.F., 1981). Im Bereich der Wasserwirtschaft, etwa auf dem Gebiet des Hochwasserschutzes, dienen diese Funktionen zur Ermittlung von Nutzengrößen zu treffender Schutzmaßnahmen. Durch solche Maßnahmen werden bestimmte Niederschlagsereignisse ohne Schaden abgeführt, größere Ereignisse richten geringere Schäden an. Der durch die Verhinderung von Schäden entstehende Nutzen wird den entstehenden Kosten der Maßnahmen gegenübergestellt. Mit Hilfe von Kosten-Nutzen-Analysen besteht dabei die Möglichkeit, unterschiedliche Maßnahmenkombinationen miteinander zu vergleichen.

Zur Herleitung der Schadenserwartung werden folgende Größen benötigt:

QA = Untere Grenze des schadenerzeugenden Abflusses
HHQ = Höchstmöglicher Hochwasserabfluß
h(Q) = Dichtefunktion der Hochwasserscheitel
S(Q) = Schadensfunktion (DM/Hochwasserereignis)

Die Schadenserwartung wird nach folgender Formel berechnet:

$$S = \int_{QA}^{HHQ} S(Q) \times h(Q) \times dQ \quad (DM/a) \quad (\text{SCHMIDTKE, R. F., 1981})$$

S = Schadenserwartung

Wie bereits gezeigt werden konnte, ist damit zu rechnen, daß die Schadensverlaufsvarianten dazu führen, daß bestimmte Ereignisse häufiger auftreten. Die Dichtefunktion nimmt daher gegenüber dem Status quo einen anderen Verlauf. Um den resultierenden Schaden zu berechnen, ergibt sich folgende veränderte Formel:

$$SZ = \int_{QA}^{HHQ} S(Q) \times h'(Q) \times dQ - \int_{QA}^{HHQ} S(Q) \times h(Q) \times dQ$$

SZ = zusätzlicher Schaden (DM/a)
h' = Dichtefunktion der Schadensverlaufsvarianten

Im folgenden wird die Herleitung der einzelnen Funktionsglieder dargestellt. Da wie in den meisten Gebieten im Einzugsgebiet Niederschlag-Abflußmessungen fehlen und es auch in Zukunft nicht möglich sein wird, derartige Messungen in allen Gebieten durchzuführen, erschien es zweckmäßig, ein einfaches Verfahren zu entwickeln, um zu einer Vorstellung möglicher monetärer Schäden zu gelangen.

6.10.1 Herleitung der Dichtefunktion für den Status quo und die Schadenverlaufsvarianten

Hochwasserereignisse sind zufällige Ereignisse. Das bedeutet, daß jeder Hochwassermenge eine bestimmte Häufigkeit, eine Über- bzw. Unterschreitungswahrscheinlichkeit zugeordnet werden kann (WIDMOSER, P., 1971). Eine Verteilungsfunktion dieser Wahrscheinlichkeitswerte gibt an, mit welcher Wahrscheinlichkeit bestimmte Abflüsse erreicht, über- oder unterschritten werden. GUMBEL (zitiert nach WIDMOSER, P., 1971) stellt eine Formel vor, um in Einzugsgebieten die Unterschreitungswahrscheinlichkeit zu berechnen. Um diese Formel anwenden zu können, sollten etwa zwanzig Jahreshöchstwasser bekannt sein, damit die Eingangsparameter m (häufigstes Hochwasser) und b (Maß für die Konzentrierung der Hochwässer um m) bestimmt werden können

(WIDMOSER, P., 1971). Eine Abschätzung dieser Parameter ist aufgrund der fehlenden Messungen für das Einzugsgebiet Steinbach nicht möglich.

Geht man davon aus, daß die Wiederkehrhäufigkeit eines bestimmten Niederschlags unter den gegebenen und simulierten Verhältnissen im Wassereinzugsgebiet zu einem bestimmten effektiven Niederschlag und somit zu einem Abfluß führt, entspricht die Wahrscheinlichkeit des Niederschlags derjenigen des Abflusses. Das gilt jedoch nur unter der vereinfachenden Annahme eines konstanten Abflußbeiwertes.

Im sechsten Kapitel („Auswirkungen der Schadensverlaufsvarianten auf den Hochwasserabfluß") wurde eine Potenzfunktion abgeleitet, mit der Niederschläge unterschiedlicher Wiederkehrhäufigkeit abgeleitet werden konnten. Die Wahrscheinlichkeit für das Auftreten eines Ereignisses ist jeweils in der Dimension (1/W)/a bestimmbar. Aus diesem Niederschlag (dreistündige Ergebnisse) resultiert eine Abflußspitze, die mit Hilfe des Ansatzes von PRENNER (1985) berechnet wurde. Die Überschreitungswahrscheinlichkeit für den jeweiligen Spitzenabfluß entspricht nach unseren Annahmen der Wiederkehrhäufigkeit des Niederschlagsereignisses. Die Berechnungen werden computergestützt für Niederschlagsereignisse mit einer Wiederkehrhäufigkeit zwischen einem und tausend Jahren berechnet. Man kann anschließend jedem Spitzenabfluß eine Überschreitungswahrscheinlichkeit zuordnen und erhält so eine Verteilungsfunktion für den Status quo und die hier betrachteten Schadensverlaufsvarianten (Regenerationsbeschränkung hoch). Wie bereits erwähnt, treten nach Absterbeprozessen bestimmte Ereignisse häufiger auf, ihre Wahrscheinlichkeit erhöht sich. Die Verteilungsfunktionen weisen daher für gleiche Ereignisse unterschiedliche Wahrscheinlichkeiten auf.

Die Dichtefunktion, die zur Berechnung der Schadenserwartung notwendig ist, erhält man durch Bildung der ersten Ableitung der Verteilungsfunktion der Unterschreitungswahrscheinlichkeit (WIDMOSER, P., 1971).

Da unsere Verteilungsfunktion lediglich in Form von Wertepaaren (Überschreitungswahrscheinlichkeit – Abflußspitze) vorlagen, bestand das Problem, eine ableitbare Funktion zu finden, die diesen Zusammenhang mit ausreichender Genauigkeit erfaßt. Es gelang mit Hilfe von Potenzfunktionen, die ein ausreichendes Bestimmtheitsmaß (B $\geq$ 0.99) aufwiesen, den Zusammenhang zu erklären. Da hier jedoch die Überschreitungswahrscheinlichkeit als Ergebnis resultiert, mußten die errechneten Formeln umgewandelt werden, um die Unterschreitungswahrscheinlichkeit zu berechnen. Von dieser resultierenden Funktion wurde dann zur Herleitung der Dichtefunktion die erste Ableitung gebildet.

Beispiel: Pessimistische Schadensverlaufsvariante

Abgeleitete Funktion:

Überschreitungswahrscheinlichkeit:
$P(x \geq Q_{max}) = 752{,}57 \times Q_{max}^{-2{,}852}$ (B = 1,0)

Unterschreitungswahrscheinlichkeit:
$P(x < Q_{max}) = 1 - 752{,}57 \times Q_{max}^{-2{,}852}$

Dichtefunktion:
$h(Q_{max}) = -2{,}852 \times -752{,}57 \times Q_{max}^{-3{,}852}$
$h(Q_{max}) = 2146{,}33 \times Q_{max}^{-3{,}852}$

Wie im Beispiel dargestellt, wurden für den Status quo und die Schadensverlaufsvarianten die jeweilige Dichtefunktion abgeleitet, die in die Berechnungen der Schadenserwartungen eingingen.

6.10.2 Ermittlung der Schadensfunktion

Zur Quantifizierung der Nutzenwirkung von Maßnahmen im Bereich des Hochwasserschutzes werden nach SCHMIDTKE (1981) vier Schadenspositionen berücksichtigt. Dies sind die jeweils verhinderten Ernteschäden, Viehschäden, Sachschäden und Unfallkosten. Für den hier zu untersuchenden Fall wird der Begriff „verhinderte" durch „vermehrte Schäden" ersetzt. Als weitere Kriterien werden bei SCHMIDTKE (1981) Bodenwertsteigerungen im landwirtschaftlichen, kommunalen, gewerblichen und industriellen Bereich einbezogen. Bei Fortschreiten des Waldsterbens entstehen jedoch Bodenwertminderungen durch Ausdehnung der gefährdeten Zonen in gleicher Höhe, wenn bisher geschützte Gebiete überflutet werden. Im Bereich der Vorfluter entstehen zudem durch die häufiger auftretenden Ereignisse erhöhte Unterhaltskosten.

Um nun im Wassereinzugsgebiet Steinbach mögliche Schäden durch Hochwasser erfassen zu können, wurde im Rahmen einer Geländebegehung und einer anschließenden kartographischen Auswertung der von einem Maximalabfluß betroffene Bereich des Einzugsgebiets Steinbach erfaßt. Es muß hier angemerkt werden, daß, da detaillierte Beobachtungen nicht angestellt werden konnten, diese Werte lediglich Schätzgrößen darstellen. Im Bereich des Steinbaches befinden sich eine Reihe von Brücken, an denen die Gefahr der Verklausung durch Wildholz besteht. Das Wasserwirtschaftsamt Traunstein berücksichtigt daher im Einzugsgebiet einen Verklausungs- bzw. Geschiebezuschlag von 30 Prozent (MAIER, J., 1987). Das mögliche Auftreten von Muren infolge von Rutschungen, die zu höheren Schäden führen, bleibt ebenfalls unberücksichtigt.

Die im folgenden berechneten Schadenswerte beziehen sich auf ein Abflußereignis von 110 m²/sec. Dieses Ereignis tritt bei totaler Entwaldung aller Bestände über sechzig Jahre im Durchschnitt alle 861 Jahre auf.

SCHMIDTKE (1981) bezieht Sachschäden auf Gebäude im reinen Wohnbereich sowie in den Bereichen Handel und Gewerbe. Die hier aufgeführten Werte unterscheiden Schäden durch Überflutung im Keller bzw. Wohngeschoß und Inventarschäden. Die Schadenswerte im einzelnen wurden bei SCHMIDTKE, von KIEFER (1975) entnommen. Die aufgeführten Werte unterschätzen die Schäden. So kommen GÜNTHER und SCHMIDTKE (1987) anhand neuerer Daten zu weit höheren Schadenswerten. Der Schaden lag beim Inn-Hochwasser 1985 in Kraiburg bei circa 21 000 DM je Wohneinheit und erreichte circa 400 Prozent der bei KIEFER (1975) angegebenen Werte. Um zukünftig genauere Angaben über mögliche Schäden bzw. durch Maßnahmen verhinderte Schäden machen zu können, wird eine detaillierte Datenbank am Landesamt für Wasserwirtschaft angelegt (GÜNTHER, W., 1987). Mit Hilfe dieser Daten sind dann in Zukunft genauere Schätzungen möglich.

Für den hier zu simulierenden maximalen Schaden wird angenommen, daß an den Gebäuden sowie am Inventar ein Schaden von 21 000,- DM je Gebäude entsteht. Diese Zahl entspricht dem in Kraiburg ermittelten Durchschnittsschaden in Wohngebäuden (GÜNTHER, W., 1987). Für gewerblich genutzte Gebäude wird ein Schaden in gleicher Höhe angenommen.

Im von uns ausgewählten Überschwemmungsbereich liegen 113 Gebäude, so daß mit einem Maximalschaden von 2,373 Millionen DM zu rechnen ist.

Die Schäden im Bereich von Vorgärten oder öffentlichen Anlagen betragen circa 5,- DM pro Quadratmeter. Diese Flächen nehmen nach unserer Schätzung 10,5 Hektar (ohne bebaute Flächen) ein. Der mögliche Schaden liegt somit bei 0,525 Millionen DM.

Als weitere Sachschäden werden notwendige Straßenräumungsarbeiten in die Berechnung einbezogen. Im gefährdeten Bereich beträgt die Straßenlänge circa 4,3 Kilometer. Bei einer durchschnittlich angenommenen Breite von drei Metern ergibt sich eine Fläche von 1,3 Hektar. Die Räumungskosten werden mit circa acht DM pro Quadratmeter veranschlagt (GÜNTHER, W., 1987), so daß der Schaden 0,104 Millionen DM beträgt.

Der maximale Gesamtsachschaden durch Hochwasser, der in die Berechnung der Schadenserwartung eingeht, liegt somit bei rund drei Millionen DM.

Im Überflutungsbereich finden sich 13,5 Hektar land- bzw. forstwirtschaftlich genutzte Flächen. Da die entstehenden Schäden im Vergleich zu Sachschäden gering sind, wurde für diese Flächen ein durchschnittlicher Schaden je Hektar angenommen. Nach SCHMIDTKE (1981) liegen die Schäden auf Grünland bei zwei- bis vierhundert DM pro Hektar, im Forst bei zweihundert DM. Bei einem angenommenen durchschnittlichen Schaden von dreihundert DM pro Hektar ergibt sich ein Gesamtschaden von 4050 DM. Sachschäden gegenüber ist dieser Betrag verschwindend gering. Ein noch geringerer Wert errechnete sich hinsichtlich möglicher Viehschäden. Er wurde daher bei der Funktionsherleitung nicht einbezogen.

Zur Abschätzung von Unfallkosten waren wir auf reine Annahmen angewiesen. Da die Vorwarnzeit für das gefährdete Gebiet gering ist, muß bei einem Jahrhundertereignis mit Verletzten gerechnet werden. Wir gingen davon aus, daß sich im Bereich 500 Personen aufhalten (5 Personen je Gebäude) und 1 Prozent dieser Personen zu Schaden kommt. Geht man davon aus, daß jeweils eine Person leicht, mäßig, schwer, lebensgefährlich und tödlich verletzt wird, liegen die Unfallkosten, kalkuliert nach SCHMIDTKE (1981), bei 0,579 Millionen DM.

Alle hier getroffenen Annahmen sind sehr vage. Da jedoch die Höhe aller geschätzten Schadenswerte auf die prozentuale Erhöhung der Schadenserwartung bei den unterstellten Absterbevarianten keinen Einfluß hat und hier lediglich ein Weg der Bewertung aufgezeigt werden soll, wurde der relativ große Schätzfehler in Kauf genommen.

Durch Verbauungen im Bereich von Vorflutern erfahren bisher gefährdete Flächen Verkehrswertsteigerungen, da angenommen wird, daß diese Flächen vor Naturereignissen sicher sind. Diese Verkehrswertsteigerung wird bei wasserwirtschaftlichen Nutzenberechnungen einbezogen. Da bei Absterbeprozessen mit größeren Abflußspitzen zu rechnen ist, werden Flächen gefährdet, die bisher außerhalb des Überschwemmungsbereichs lagen. Im Bereich der Baugebiete wurde bisher nicht bebautes Gelände für die hier durchzuführende Schätzung herangezogen. Nach unserer Schätzung sind hierbei insgesamt circa vier Hektar betroffen. Bei angenommenen Verkehrswertminderungen von 5,- DM pro Quadratmeter auf 50 Prozent dieser Flächen entsteht ein Schaden von 0,1 Millionen DM.

Da bestimmte Ereignisse bei Eintreten der Schadensverlaufsvarianten häufiger auftreten, ist mit erhöhten Unterhaltskosten am Vorfluter zu rechnen. Die bei SCHMIDTKE (1981) angegebenen Werte jährlicher Kosteneinsparungen schwanken zwischen 400,- DM und 4430,- DM pro Kilometer und Jahr. Wir gingen davon aus, daß die maximalen zusätzlichen Kosten, bei Eintreten der totalen Entwaldung aller Bestände über sechzig Jahre 1000,- DM pro Kilometer und Jahr betragen, also 6100,- DM pro Jahr bei einer betroffenen Vorfluterlänge von 6,1 Kilometern. Um diesen Wert in die Berechnung einbeziehen zu können, wurde er mit einem Faktor von 25 (4 Prozent) kapitalisiert. Der zusätzlich entstehende Schaden am Vorfluter beträgt somit 0,1525 Millionen DM.

Der Maximalschaden bei totaler Entwaldung aller Bestände über sechzig Jahre bei einem Niederschlagsereignis mit einer Wiederkehrhäufigkeit von 861 Jahren (Q_{max} = 110 m³/sec) beträgt 3,838 Millionen DM.

Der Verlauf der Schadensfunktion entspricht annähernd einer S-Kurve. Stark vereinfachend wurde hier angenommen, daß bis zu einem Abfluß, der ohne Verklausung vom Vorfluter auf der gesamten Länge schadensfrei abgeführt werden kann (Berechnung nach GAUKLER-MANNING-STRICKLER (BEGEMANN, W., SCHICHTL, H. M., 1986)), keine Schäden auftreten. Ab diesem Abflußwert steigen die Schäden bis zum Maximalwert in der Form einer S-Kurve an. Bei Abflüssen, die über dem hundertjährigen Ereignis im Wassereinzugsgebiet (momentane Ausbaustufe im Siedlungsbereich) liegen, steigt der Schaden stark an.

6.10.3 Ermittlung der Schadenserwartung für den Status quo und die Schadenverlaufsvarianten

Zur Berechnung der eigentlichen Schadenserwartung wird nun für jeden Abflußwert im Bereich von QA bis zum größtmöglichen Hochwasser (HHQ 110 m³/sec) der jeweilige Schadenswert mit dem Wert der Dichtefunktion multipliziert und anschließend alle Werte aufsummiert. Eine einfachere näherungsweise Berechnung ist möglich, indem man Abflußintervalle zur Kalkulation heranzieht. Die jeweilige Schadenserwartung wird für die Intervalle, für den Mittelwert der zugehörige Dichtewert und der Schadenswert berechnet. Dieser Wert wird zur Herleitung der Schadenserwartung des Intervalls mit der Intervallbreite multipliziert. Wir wählten für unsere Berechnungen eine Intervallbreite von fünf Kubikmetern pro Sekunde.

6.10.4 Berechnungsergebnisse

Die jährliche Schadenserwartung für den Status quo liegt bei 18 600,– DM pro Jahr. Die optimistische Variante würde bei hoher Regenerationsbeschränkung, die bei allen Berechnungsvarianten vorausgesetzt wurde, da diese der gegebenen Situation am ehesten entspricht, zu einer Erhöhung dieses Wertes auf 136 Prozent führen. Die mittlere Schadensverlaufsvariante ergibt gegenüber dem Status quo eine Steigerung auf 147 Prozent. Ein Schadensverlauf entsprechend der pessimistischen Variante würde zu einem weiteren Anstieg der Schadenserwartung um 20 Prozent führen. Die Schadenserwartung steigt im Vergleich zum Status quo auf circa 165 Prozent. Der Totalausfall aller Bestände über sechzig Jahre würde zu einem weiteren drastischen Anstieg führen. Die Erhöhung belief sich auf 195 Prozent des Basiswertes.

Wie bereits erwähnt, sind die berechneten jährlichen Schadenserwartungswerte mit einem hohen Grad an Unsicherheit belastet. Ferner ist bei Verklausungen oder auftretenden Muren mit weit höheren Schäden zu rechnen, die sich dann im Schadenserwartungswert widerspiegeln. Bei zunehmender Entwaldung ist obendrein vermehrt mit Erosionserscheinungen zu rechnen, die dann zu einer weiteren Erhöhung der errechneten prozentualen Steigerung der Schadenswerte führen dürften. Über die Eintrittswahrscheinlichkeit von Massenverlagerungen (Rutschungen, Erosionen, Muren) kann dagegen pauschal keine definitive Aussage getroffen werden. Aufgrund der nicht vergleichbaren Standortverhältnisse zwischen untersuchten Einzugsgebieten mit unterschiedlicher Bewaldung ist eine allgemein anwendbare, wissenschaftlich fundierte Aussage über die Größenordnung der Schutzwirkung des Waldes hinsichtlich Feststofftransporten und Muren nicht möglich (BRECHTEL, H. M., BOTH, M., 1985).

Die berechneten prozentualen Steigerungen der Schadenserwartung sind daher als Mindestwerte zu betrachten.

6.11 Zusammenfassung

Zum Problemfeld Waldsterben und Hochwasser wurde ein Konzept entwickelt, um dessen mögliche Auswirkungen physisch abzuschätzen und monetär zu bewerten. In einem ersten Schritt wurde versucht, auf der Basis einer Stichprobeninventur, bei der eine Fülle von Standorts- und Bestockungsparametern erfaßt wurden, für das Einzugsgebiet Steinbach westlich von Ruhpolding einen Ansatz zu entwickeln, um die nach Absterbeprozessen aufkommende Folgevegetation abzuschätzen. Die Modellentwicklung basiert auf der Theorie der unscharfen Mengen. Als Einflußparameter berücksichtigte man Wildverbiß, Absterbeprozesse in der Verjüngung durch das Waldsterben sowie das Schneegleiten. Dieser Ansatz enthält drei Regenerationsbeschränkungsvarianten. Für die nachfolgenden Kalkulationen der Hochwasserabflüsse wurden zunächst mit Hilfe des SCS-Verfahrens der abflußwirksame Anteil des Niederschlags berechnet. Für die Anwendung auf das Phänomen Waldsterben mußte das Verfahren entsprechend modifiziert werden. Also wurden die Ergebnisse von Starkregensimulationen im Alpenraum mit herangezogen.

Die Ermittlung des daraus resultierenden Hochwasserabflusses erfolgte einerseits mit einer Übertragungsfunktion, andererseits mit Hilfe eines einfachen Berechnungsverfahrens. Die eigentliche Bewertung der Auswirkungen des Waldsterbens wurde durch Kalkulation der jeweils resultierenden Schadenserwartungen durchgeführt.

Die Berechnungen für die sich einstellende Folgevegetation ergab im einzelnen, daß bei den von den Experten geschätzten jährlichen Absterberaten in der Verjüngung eine Regeneration der Bestände nicht mehr möglich wäre. Beträgt die jährliche Absterberate lediglich ein Viertel der von den Experten geschätzten Ausfallraten, sind es vor allem der Wildverbiß und Schneegleitprozesse, die eine Regeneration der Bestände verhindern. Das Modell ermöglichte es, diese Einflußparameter in unterschiedlichen Ausprägungen und Kombinationen zu simulieren. Wurde zum Beispiel der Wildverbiß gegenüber dem gegebenen Zustand halbiert, ist bei Aufkommen dichter gemischter Verjüngungen weitgehend das Schneegleiten unterbunden. Nach den Modellrechnungen sind hier lediglich auf steilen, südexponierten Hängen Einflüsse des Schneegleitens zu erwarten. Bleibt jedoch die Verbißbelastung konstant hoch, so ist auf 20 Prozent der Waldflächen im Einzugsgebiet mit verjüngungshemmendem Schneegleiten zu rechnen. Gleichzeitig führt der Wildverbiß zu Entmischungsprozessen. Unter diesen Bedingungen entstehen vor allem lichte Jungwuchsbestände aus reiner Fichte. Die Ergebnisse stimmen recht gut mit den Inventurergebnissen in Dickungen des Einzugsgebietes überein.

Die Konsequenzen des Waldsterbens auf die Zunahme des Abflusses und die Hochwasserspitze konnten ebenfalls modellhaft gefaßt werden. Die Ergebnisse der Berechnungen zeigen im einzelnen, daß mit zunehmender Entwaldung, abnehmender Wiederholungszeitspanne der Niederschläge sowie mit Zunahme des Einflusses der Regenerationsbeschränkung der Spitzenabfluß prozentual zunimmt.

Exemplarisch seien die hier berechneten Resultate noch einmal dargestellt. Die größte prozentuale Erhöhung des Abflußmaximums ist bei einjährigen Ereignissen zu erwarten. Beim gegenwärtigen Ausbaugrad des Vorfluters sind diese Ereignisse jedoch unter wasserwirtschaftlichem Aspekt unbedeutend. Beim hundertjährigen Ereignis erhöht sich dagegen beispielsweise die Abflußspitze bei hoher Regenerationsbeschränkung und Eintreten der optimistischen Variante um 10 Prozent, bei der mittleren um 12 Prozent, bei der pessimistischen um 16 Prozent, bei Totalausfall der Bestände über sechzig Jahre um 21 Prozent. Bestimmte Ereignisse treten somit bei allen Varianten häufiger auf. Um einen vergleichbaren Sicherheitsstandard der Verbauungen zu gewährleisten, müßten diese entschieden vergrößert werden. Dies konnte anhand eines Beispiels belegt werden. Gleichzeitig erhöht sich das hydrologische Risiko, also die Wahrscheinlichkeit, daß während der Lebensdauer der Verbauung ein Schadereignis eintritt, empfindlich.

Die Schätzung der Schadenserwartung bei hoher Regenerationsbeschränkung ergab, daß bei der optimistischen Variante mit einer Steigerung auf 136 Prozent des Basiswertes, bei der mittleren auf 145 Prozent, bei der pessimistischen auf 165 Prozent und bei der totalen Entwaldung der Bestände über sechzig Jahre auf 195 Prozent zu rechnen ist. Diese Werte zeigen trotz der großen Unsicherheit, mit der sie behaftet sind, welchen enormen Einfluß der Wald auf das Hochwassergeschehen besitzt. Die Berechnungen wurden hier lediglich für ein kleines Wassereinzugsgebiet durchgeführt. Die Schäden an Hauptflutern, an denen sich vor allem größere Siedlungsbereiche konzentrieren, dürften erheblich über diesen Werten liegen.

Insgesamt betrachtet erfordert eine Anwendung des entwickelten Bewertungskonzeptes aufgrund seiner Komplexität einen hohen Arbeitsaufwand. Eine Möglichkeit, das Modell zu vereinfachen und damit eine Abschätzung zu erleichtern, könnte darin bestehen, Ergebnisse der Standortserkundung und Forsteinrichtung als Eingangsgrößen zu verwenden. Die Ergebnisse können dann in Form eines graphischen Schätzmodells aufgearbeitet werden, um die Schätzungen zu vereinfachen. Eine weitere Möglichkeit liegt in der Durchführung computergestützter Berechnungen. Die Kalkulationen der Schadenserwartung wird in Zukunft dadurch erleichtert, daß mit Hilfe der am Landesamt für Wasserwirtschaft entstehenden Datenbank die Berechnungen entschieden vereinfacht werden.

Auch der entwickelte Ansatz zur Abschätzung möglicher Folgevegetationen liefert nur erste Anhaltspunkte über den Einfluß möglicher Störfaktoren. Die vorgeschlagenen Zugehörigkeitsfunktionen sowie die definierten Verknüpfungen bedürfen weiterer Überprüfungen. Der eingeschlagene Lösungsweg erscheint jedoch durchaus brauchbar.

Aus den Ergebnissen wird deutlich, daß dem Wildbestand im Bergwald eine Schlüsselrolle zukommt. Die angestrebten Bestockungsziele können gegenwärtig großflächig ohne technische Maßnahmen (Zaunbau, Schneegleitschutz) vielfach nicht erfüllt werden. Das Problem ist längst erkannt. Es ist an der Zeit, die Kontinuität des bloßen Wollens durch konsequentes Handeln zu ersetzen.

7. Mögliche Auswirkungen des Waldsterbens auf die Fremdenverkehrswirtschaft einer Gemeinde im bayerischen Alpenraum

7.1 Die Bedeutung des Fremdenverkehrs im bayerischen Alpenraum

Im bayerischen Alpenraum wurden in der Saison 1984/1985 24,75 Millionen Übernachtungen registriert (STATISTISCHES BUNDESAMT, 1986). Übernachtungen in Quartieren mit weniger als neun Betten werden in der Statistik nicht berücksichtigt, obwohl diese Quartiere 38 Prozent der Bettenkapazität für den Fremdenverkehr in Bayern stellen (KLEMM, K., 1983). Eine Hochrechnung, die für diese Quartiere im bayerischen Alpenraum einen ähnlichen Anteil unterstellt, ergibt eine Gesamtsumme von 32 bis 35 Millionen Übernachtungen. Diese Zahlen verdeutlichen die herausragende Bedeutung des bayerischen Alpenraumes als Ziel für Urlaub und Erholung.

7.2 Problemstellung und Zielsetzung

7.2.1 Problemaufriß

Ein wichtiger Aspekt in der Diskussion über mögliche Folgen des Waldsterbens sind Auswirkungen im Bereich von Freizeit und Erholung. Grundsätzlich können hier zwei Untersuchungsansätze unterschieden werden. Zum einen steht das Angebot, die Landschaft, deren Erholungseignung sowie die Anbieter im Fremdenverkehr im Mittelpunkt. Andererseits sind Veränderungen im Bereich der Nachfrage bei Urlaubern und Erholungsuchenden möglich. Die Schwierigkeit bei der Erfassung und Bewertung von Auswirkungen des Waldsterbens besteht darin, daß zwischen Angebot und Nachfrage eine Reihe von Beziehungen zwar bestehen und bekannt sind, Einflüsse des Waldsterbens und deren Folgen für Freizeit und Erholung aber in einem weiten Feld auf Annahmen angewiesen sind. Es fehlen kausal nachweisbare Beziehungen, die ein Ausleuchten der vielen Reaktionsmöglichkeiten in diesem Bereich ermöglichen. Eine Bewertung ist somit ebenfalls auf Annahmen angewiesen, da sie im Ergebnis lediglich Daten über eine künstlich erzeugte „Wenn-Dann-Beziehung" liefert.

Im Mittelpunkt der folgenden Überlegungen steht die Entwicklung von Methoden, die es erlauben, für den Fall, daß das Waldsterben zu einer drastischen Verschlechterung der Lebensverhältnisse im Alpenraum führt, Auswirkungen im Bereich Freizeit und Erholung zu erfassen und zu bewerten.

7.2.2 Zielsetzung

Die Zielsetzung läßt sich anhand von drei zentralen Fragen ableiten:

1. Inwieweit führen durch Waldsterben bedingte Veränderungen des Landschaftsbildes und des Landschaftscharakters zu Veränderungen im Besucherverhalten?
2. Welche Auswirkungen auf den Fremdenverkehr sind bei Besucherrückgängen zu erwarten? Wie können diese erfaßt und bewertet werden?
3. Wie empfindlich reagieren verschiedene Fremdenverkehrsbetriebe auf Besucherrückgänge?

Zunächst soll mittels einer allgemeinen Systembetrachtung versucht werden, Zusammenhänge, mögliche Reaktionen und Auswirkungen des Waldsterbens in Gebirgsräumen zu beschreiben, ohne sie quantitativ zu erfassen. Bei diesem Vorgehen können in einem ersten Schritt die Probleme verdeutlicht, mögliche Schwerpunkte bei der Modellentwicklung identifiziert, ein allgemeiner Überblick erarbeitet und einzelne Methoden diskutiert werden.

Die Gemeinde Reit im Winkel wird als Untersuchungsobjekt kurz vorgestellt und die Bedeutung des Fremdenverkehrs für diesen Ort erörtert. Im weiteren wird versucht, Besucherrückgänge quantitativ über ein Schätzverfahren auf der Basis von Gesetzen der Psychophysik abzuleiten. Diese Rückgänge dienen als Eingangsdaten der Bewertung, die mit Hilfe eines Modells von NOHL und RICHTER (1986) durchgeführt wird. Im Mittelpunkt steht hierbei der Walderholungsnutzen der Gemeinde und dessen Veränderung bei Besucherrückgängen. Zusätzlich wird der Frage nachgegangen, wie sich waldschadensbedingte Katastrophen (Lawinen, Hochwasser, Bergrutsche) auf die Besucherfrequenz auswirken könnten.

Im letzten Abschnitt werden einzelne Fremdenverkehrsbetriebe und -betriebsgruppen eines fiktiven Dorfes auf ihre Empfindlichkeit gegenüber Besucherrückgängen charakterisiert. In diesem Zusammenhang wird ein Simulationsmodell vorgestellt, mit dessen Hilfe es bei ausreichender Datengrundlage möglich erscheint, Auswirkungen für Fremdenverkehrsbetriebe einer Gemeinde abzuschätzen.

7.3 Modellhafte Betrachtungen zum Problem Waldsterben und Fremdenverkehr

Die Frage nach dem Motiv einer Reise in das Untersuchungsgebiet, die Region Südostoberbayern, kann an erster Stelle lakonisch mit „Landschaft" (STOCKBURGER, D., MAIER, J., 1970) beantwortet werden. Die Landschaft bzw. die Umwelt als natürliches Teilsystem bildet dabei den Ausgangspunkt der Betrachtungen. Das Waldsterben kann hier zu direkten und indirekten Beeinträchtigungen führen.

Ein direkt für den Betrachter erkennbarer Schaden liegt vor, wenn geschädigte, absterbende oder abgestorbene Bestandesteile das ursprüngliche Bild verändern. Bis zu einem gewissen Grad können durch forstliche Maßnahmen (Entnahme stark geschädigter oder abgestorbener Individuen) die sichtbaren Anzeichen des Waldsterbens gemildert werden. Jedoch sind vor allem im Schutzwaldbereich dem Handlungsspielraum enge Grenzen gesetzt. Hier kann es erforderlich sein, auch geschädigte Bestandesteile zu erhalten, um einen Rest an Schutzfähigkeit zu gewährleisten. Die Durchführbarkeit schadensbegrenzender Maßnahmen ist von der Intensität des Schadensfortschritts abhängig. Man kann davon ausgehen, daß nach Erreichung eines hohen Schädigungsgrades Maßnahmen aufgrund der erforderlichen hohen Arbeitsintensität nur noch begrenzt und nach Setzung von Prioritäten durchgeführt werden. Weiter ist zu berücksichtigen, daß derartige Reaktionen selbst den Charakter der Landschaft nachhaltig beeinflussen. NOHL und RICHTER (1984) gehen in ihrer Studie davon aus, daß im Zuge dieser Aktionen vermehrt Flächen geringer Attraktivität (Blößen, Dickungen, Stangenhölzer) entstehen. Die Kompensationsmaßnahmen wirken also auf die Erfüllung des Ziels „Erhaltung des Landschaftsbildes" bis zu einem gewissen Grad fördernd, beinhalten jedoch gleichzeitig eine Komponente, die diesem Ziel langfristig im Weg steht.

Ein weiterer interessanter Aspekt wird bei der Betrachtung der Motivdimensionen von Erholungsuchenden deutlich, die in engem Zusammenhang mit dem Waldsterben stehen. LOESCH (1980) stellt fest, daß beim Wandern die Motivdimensionen „Naturgenuß" und „Gesundheit" im Mittelpunkt stehen. 43 Prozent der Befragten messen deshalb der Dimension „Erholung" höchste Priorität zu. Die Gliederung dieses Motivs in Items weist für den Punkt „wegen der frischen sauberen Luft" den höchsten Stellenwert auf. Dieser hohe Einzelwert läßt nach LOESCH (1980) auf Verhaltensrelevanz schließen. Zwischen dem Landschaftsbild, das vom Waldsterben geprägt ist und einer frischen, sauberen Luft entsteht ein Widerspruch. Dies könnte ebenfalls zu Verhaltensänderungen der Erholungsuchenden führen.

Ein indirekter Effekt des Waldsterbens auf das Landschaftsbild kann sich auch aus dem Bau notwendiger technischer Anlagen ergeben. Wie die Modellstudien für Lawinen und Hochwasser zeigen, wird durch das Waldsterben die Schutzfähigkeit von Beständen nachhaltig beeinflußt. Der Schutz von Siedlungen und Infrastruktureinrichtungen könnte in vielen Fällen nur durch technische bzw. biologisch-technische Maßnahmen gewährleistet werden. Eine Vielzahl derartiger Bauten würde den Charakter einer Landschaft nachhaltig verändern.

Technische Verbauungen bieten nur in einem bestimmten Umfang Schutz vor Naturereignissen (AULITZKI, H., 1980). Es muß also damit gerechnet werden, daß trotz solcher Vorkehrungen Katastrophen möglich sind. KEMMERLING und KAUPA (1981) weisen zudem anhand örtlicher Untersuchungen nach, daß bei einer Katastrophe (Lawinenunglück mit Toten) die laufende Saison abreißt und im Folgejahr mit drastischen Rückgängen der Besucherzahl gerechnet werden muß. Treten in den darauffolgenden Jahren keine Katastrophen auf, kommt es zu einer Normalisierung der zuvor gegebenen Situation.

Aus den bisherigen Darstellungen lassen sich zwei Ansatzpunkte für mögliche Reaktionen von Erholungsuchenden ableiten. Dies sind:

– Eine Meidung von Gebieten, in denen das Waldsterben direkt oder indirekt zu einer Veränderung des Landschaftsbildes oder -charakters führt. Dieser Umstand wird im folgenden als psychologischer Aspekt bezeichnet.
– Ein schutztechnischer Aspekt. Infolge von Katastrophen werden bestimmte Gebiete aus Furcht gemieden.

Abbildung 53 zeigt die Entwicklung der Übernachtungszahlen in zwei vom Waldsterben betroffenen bayerischen Fremdenverkehrsregionen. Ein Besucherrückgang ist bisher – trotz drastischer Schädigungen der Wälder – in keiner der beiden Regionen festzustellen.

Da brauchbare Daten über waldschadensbedingte Besucherrückgänge fehlen, sind wir darauf angewiesen, entweder plausible Annahmen zu treffen oder aufgrund manifester Einstellungen von Befragten auf deren Verhalten zu schließen. Bereits in den dreißiger Jahren weisen jedoch LA PIERE und COREY (vgl. BENNINGHAUS, H., 1976) nach, daß zwischen dem Messen von Einstellungen und symbolischem oder nicht symbolischem Verhalten eine mechanische Beziehung fehlt. Einfacher ausgedrückt bedeutet dies, daß aufgrund von Einstellungsmessungen nicht auf das Verhalten geschlossen werden kann. Trotz dieses Problems ist die Befragung der Personen oft der einzig mögliche Weg, um nähere Aufschlüsse über mögliches Verhalten zu gewinnen. Die Ergebnisse derartiger Untersuchungen dürfen jedoch aufgrund des hohen Unsicherheitsgrades nicht überschätzt werden. Wir wollen im folgenden den Weg plausibler Annahmen beschreiten.

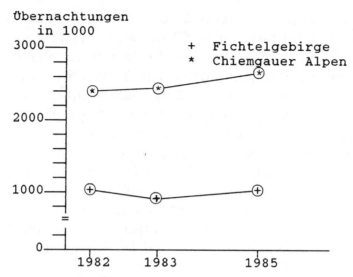

Abb. 53 Entwicklung der Übernachtungszahlen im Fichtelgebirge und in den Bayerischen Alpen

DORNER et al. (1986) gliedern das Angebotssystem im Fremdenverkehr in vier Teilsysteme, die mehr oder weniger voneinander abhängen. Dies sind:

1. Die Fremdenverkehrswirtschaft im engeren Sinne, zu der alle Betriebe zählen, die direkt Ausgaben von Gästen erhalten.
2. Die regionale Wirtschaft; das sind Betriebe, die indirekt von Gästeübernachtungen profitieren, da sie Vorleistungen für Fremdenverkehrsbetriebe erbringen oder deren Investitionen erstellen.
3. Das politische Teilsystem, das durch Steuerleistungen Einnahmen erzielt und durch die Erstellung von Infrastruktur, sowie durch ordnungs- und sozialpolitische Maßnahmen wichtige Vorleistungen erbringt.
4. Die Umwelt als natürliches Teilsystem, das einerseits die Voraussetzungen für die Aktivitäten des Erholungstourismus bietet, andererseits von den Auswirkungen der ökonomischen Entwicklung betroffen ist.

Mögliche Effekte im Bereich (4) wurden ausschnitthaft in den vorhergehenden Abschnitten dargestellt. Im folgenden soll nun versucht werden, auf die anderen genannten Teilsysteme einzugehen und Effekte von Besucherrückgängen zu erfassen.

Abbildung 54 zeigt mögliche Wirkungsmechanismen und Verknüpfungen innerhalb und zwischen den Teilsystemen.

Die Fremdenverkehrswirtschaft im engeren Sinne (1) kann in die Bereiche

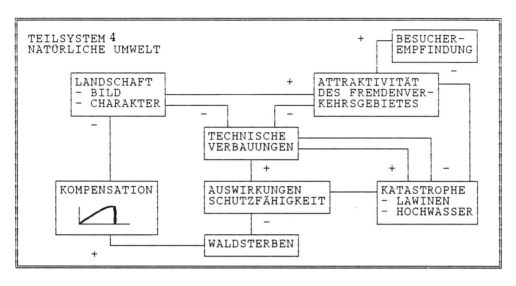
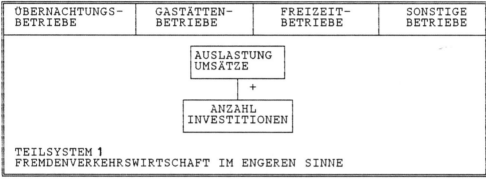
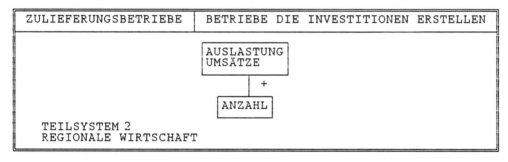
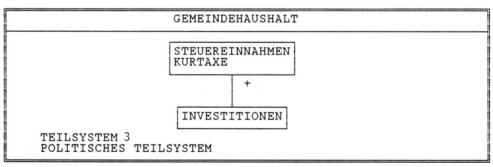

Abb. 54 *Die vier Teilsysteme im Angebotssystem des Fremdenverkehrs und deren Beziehungen*

- Übernachtungsbetriebe
- Gaststättenbetriebe
- Freizeitbetriebe
- Sonstige Betriebe

gegliedert werden (siehe auch DORNER, R., et al., 1986).

Verminderte Nachfrage führt zunächst zu einer geringeren Auslastung der Betriebe. Es kann davon ausgegangen werden, daß eine Beziehung zwischen der Auslastung und der Anzahl der Betriebe existiert. Diese Frage wird in der Zusammenfassung der Schadenswerte in diesem Kapitel näher erläutert.

Umsatzrückgänge im Teilsystem (1) können sich wie folgt auf die regionale Wirtschaft (2) auswirken. Die Nachfrage nach Vorleistungen sinkt. Dies führt zu einer verminderten Kapazitätsauslastung der Zulieferbetriebe. Ähnliche Effekte wie bei den Betrieben der Fremdenverkehrswirtschaft im engeren Sinne sind denkbar. Da mit einer Verringerung der Investitionsbereitschaft gerechnet werden muß, werden auch Betriebe Rückgänge zu verzeichnen haben, die Investitionen tätigen. Die Auswirkungen im Teilbereich (2) hängen primär vom Spezialisierungsgrad der Betriebe ab und somit daran, in welchem Umfang von den Betrieben Vorleistungen für fremdenverkehrsspezifische Anbieter erbracht werden.

Zwischen Gemeinden (3) und der Fremdenverkehrswirtschaft besteht eine wesentlich stärkere qualitative und quantitative Verbindung als zu anderen Wirtschaftszweigen (dies gilt in besonderem Maße für Gemeinden mit weniger als 5000 Einwohnern). DORNER et al. (1986) führen diesen Umstand auf zwei Gründe zurück. Durch das System der Besteuerung (Grundsteuer B, Gewerbesteuer) und spezielle Fremdenverkehrsabgaben (Kurbeitrag von Gästen und von Zweitwohnsitzinhabern, Fremdenverkehrsbeiträge) besteht eine höhere lokale Bindung als in anderen Wirtschaftszweigen. Die Einnahmen werden am Ort zu Ausgaben. Der zweite Grund liegt in den durch die Gemeinde erbrachten Vorleistungen. Sie tritt als Koproduzent der Fremdenverkehrswirtschaft auf (Infrastruktureinrichtungen, Werbung, Zimmervermittlung).

Eine Verringerung der Besucherzahl führt also im Gemeindehaushalt direkt und indirekt zu einer Verringerung der Einnahmen. Die Investitionen der Gemeinde nehmen ab, was auf die Attraktivität des Gebietes wieder Rückwirkungen haben könnte.

Diese Analyse der Teilsysteme zeigt, daß innerhalb und zwischen den Bereichen bei Rückgängen der Besucherzahl Prozesse zu erwarten sind, die die gesamte Wirtschaftsstruktur der Fremdenverkehrsgemeinde beeinflussen.

7.4 Die Untersuchungsgemeinde Reit im Winkl

Mit dem Slogan „Reit im Winkl – die reine heile Ferienwelt" wirbt der Verkehrsverein der Gemeinde für einen Fremdenverkehrsort mit herausragender Bedeutung im bayerischen Alpenraum. Dies wird durch die nachfolgend dargestellten und diskutierten Daten verdeutlicht.

7.4.1 Natürliche und sozialökonomische Grundlagen

7.4.1.1 Lage und Größe

Das Gemeindegebiet von Reit im Winkl liegt circa zwanzig Kilometer südlich des Chiemsees. Das Gemeindegebiet erstreckt sich über eine Fläche von 7099 Hektar und gehört verwaltungstechnisch zum Landkreis Traunstein. Im Süden und Osten wird die Gemeinde durch die österreichische Grenze, im Nordosten durch die Gemeinde Unterwössen und im Nordwesten durch die Gemeinde Ruhpolding begrenzt. Die Waldfläche beträgt 5296 Hektar, das Bewaldungsprozent 74,6. Reit im Winkl liegt auf einer Höhe von 696 Metern über Normalnull, die höchste Erhebung im Gemeindegebiet, das Dürrnbachhorn, erreicht 1776 Meter Höhe.

7.4.1.2 Sozialökonomische Situation

Der Stand der Wohnbevölkerung (1. Wohnsitz) betrug am 02. 01. 1987 2685 Personen. Im Vergleich hierzu lag die Bevölkerungszahl 1950 bei 2386. In diesem Zeitraum ist somit ein Anstieg um circa 13 Prozent zu verzeichnen. Einen Zweitwohnsitz in Reit im Winkl haben 764 Personen. Dies entspricht einem Anteil von rund 28 Prozent.

Hinsichtlich der Altersverteilung ergibt sich für Reit im Winkl folgendes Bild:

Alter	*Prozentanteil der Altersgruppen*	
	Reit im Winkl	*Bundesrepublik*
0–10	8	10
11–20	12	15
21–30	17	17
31–40	14	13
41–50	16	16
51–60	12	13
61 und mehr	22	16

Die Verteilung entspricht für die Altersklassen zwanzig bis sechzig Jahre relativ gut dem bundesdeutschen Durchschnitt. Personen unter zwanzig Jahren sind in Reit im Winkl unter-, solche über sechzig Jahre überrepräsentiert. Somit ist in Reit im Winkl ein geringer Überhang älterer Personen festzustellen. Ein Faktum, das sich auch auf den hohen Anteil an Zweitwohnsitzen zurückführen läßt.

Im Gemeindegebiet gibt es 37 (1986) ausübende Landwirte mit 1120 Hektar Grünlandfläche. 1983 verzeichnete die Statistik noch 47 landwirtschaftliche Betriebe. Die Industrie in Reit im Winkl ist unbedeutend: von ehemals elf Sägewerken sind noch drei in Betrieb. Bedeutung besitzt das Bau- und Baunebengewerbe. Im Mittelpunkt stehen Dienstleistungsbetriebe. Der Haupterwerbszweig ist der Fremdenverkehr (VERKEHRSAMT REIT IM WINKL, 1986).

7.4.2 Die Entwicklung der Übernachtungszahlen

Abbildung 55 zeigt die Entwicklung der Übernachtungszahlen zwischen 1969 und 1986. In diesem Zeitraum stiegen zunächst die Übernachtungen zwischen 1969 und 1977 stetig an, seit 1979 ist ein leichter Rückgang der Übernachtungszahlen zu verzeichnen. Die Zunahme der Übernachtungen ergibt sich vor allem aus wachsenden Besucherzahlen in der Wintersaison. Die Abnahme der Übernachtungen ist auf ein Einfrieren der Bettenzahl zurückzuführen (STROBL, J., 1987). Die Verschiebung vom typischen Sommerferienort zu Winter- und Sommertourismus wird aus Abbildung 56 deutlich. Dominierte 1969 der Sommertourismus mit den höchsten Übernachtungszahlen im August, so zeigt sich 1984 eine

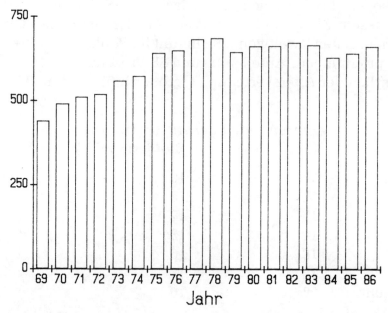

Abb. 55 Entwicklung der Übernachtungszahlen in Reit im Winkl zwischen 1969 und 1986 (in 1000)

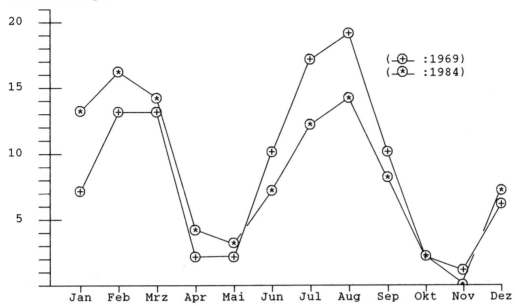

Abb. 56 Saisonale Gliederung der Übernachtungen für die Jahre 1969 und 1984

deutliche Zweigipfligkeit. Der größte Anteil der Übernachtungen wurde im Februar registriert.

Die Bettenzahl betrug 1953 1830 und liegt heute bei circa 5000. Um den typischen Charakter eines Ferienortes zu erhalten, soll die Anzahl der Betten in Zukunft 5000 nicht überschreiten.

STOCKBURGER und MAIER (1970) stellen ein einfaches Schätzverfahren vor, um einen theoretischen Beitrag der Fremdenverkehrswirtschaft zum Pro-Kopf-Einkommen zu berechnen (bei diesem Verfahren wird zunächst die Anzahl der Nächtigungen pro Einwohner berechnet: Aus einer Tabelle kann der Beitrag des Fremdenverkehrs zum Pro-Kopf-Einkommen entnommen werden). Dieser Anteil betrug in Reit im Winkl 1969 circa 57 Prozent. Für das Jahr 1986 ergibt sich ein Anteil von circa 70 Prozent. Nach Angaben des Verkehrsvereins Reit im Winkl leben sogar 80 Prozent der Bevölkerung vom Fremdenverkehr (VERKEHRSVEREIN REIT IM WINKL e. V., 1980).

Im Jahr 1986 wurden circa 70 000 Gäste und 662 000 Übernachtungen registriert. Die durchschnittliche Aufenthaltsdauer betrug somit 9,5 Tage. Abbildung 57 zeigt die prozentuale Aufteilung der Gäste nach ihrer Herkunft. Rund ein Viertel der Gäste kommt aus Nordrhein-Westfalen.

Hinsichtlich der Altersstruktur der Gäste zeigt sich, daß vor allem Personen zwischen 36 und 65 nach Reit im Winkl fahren. Diese bilden einen Anteil von 63 Prozent.

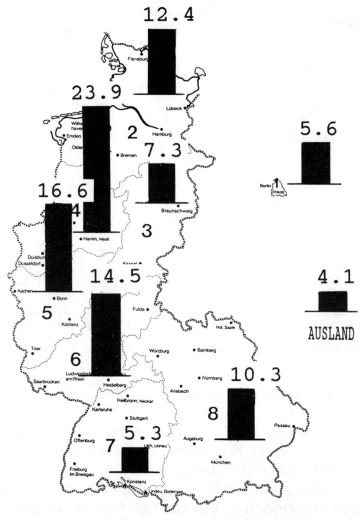

Abb. 57 *Prozentuale Aufteilung der Besucher nach Postleitzahlen des Herkunftsortes* (VERKEHRSVEREIN REIT IM WINKL e. V. 1986)

Das Bettenangebot umfaßte 1986 5010 Betten. Auf die einzelnen Übernachtungskategorien entfallen:

- Hotel   10 Prozent
- Hotel Garni   7 Prozent
- Gasthöfe   5 Prozent
- Pensionen   37 Prozent
- Ferienwohnungen   20 Prozent
- Privatvermieter   20 Prozent
- Ferienhäuser   1 Prozent

Aus diesen Zahlen wird die Stellung kleiner Anbieter im Übernachtungsangebot deutlich. Pensionen, Ferienwohnungen und Privatvermieter haben einen Anteil von 77 Prozent der Bettenkapazität. Da jedoch die Auslastung der Kategorien unterschiedlich ist, soll die Betrachtung des Ortsaufbaus die Marktstellung der Betriebe genauer beschreiben helfen.

7.4.3 Der Ortsaufbau von Reit im Winkl und die Verteilung der Übernachtungsbetriebe

Der Ortsplan von Reit im Winkl weist eine deutliche Häufung der Bebauung um den alten Ortskern auf (Kirche, Rathaus). Im anschließenden Bereich liegen vor allem entlang der Ausfallstraßen ausgedehnte Neubaugebiete. In der weiteren Umgebung trifft man auf aufgelöste Bebauung. Um die Verteilung der Übernachtungsbetriebe analysieren zu können, wurden diese drei Zonen näher definiert. Die Kernzone umfaßt einen Bereich mit einem Durchmesser von 350 Metern, der Außenbereich I einen Kreis von 900 Metern, der Außenbereich II das übrige Gemeindegebiet. Mit Hilfe des Gästezimmerverzeichnisses wurden alle aufgeführten Übernachtungsbetriebe einer dieser Zonen zugeordnet.

Grundsätzlich kann davon ausgegangen werden, daß die Auslastung der Betriebe in der Kernzone die höchsten Werte, in der Außenzone II die geringsten Werte aufweist. Ausnahmen sind hierbei jedoch möglich, wenn zum Beispiel ein Gaststättenbetrieb in der Nähe einer Liftstation, am Beginn einer Loipe oder durch andere räumliche Gegebenheiten bedingt, mit großem Zustrom rechnen kann (KROTH, W., 1987a).

Die Hotels konzentrieren sich im Zentrum (70 Prozent, die restlichen Betriebe in Außenbereich II). Gasthöfe liegen größtenteils im Außenbereich II (70 Prozent). Für Hotel Garnis zeigt sich eine stetige Abnahme zwischen der Kernzone (55 Prozent), dem Außenbereich I (30 Prozent) und dem Außenbereich II (15 Prozent). Betrachtet man die durchschnittliche Auslastung der Betriebe, zeigt sich, daß die Betriebsarten mit hohem Anteil der Betriebe in der Kernzone die höchsten Auslastungen aufweisen (Hotels 0.48, Hotel Garnis 0.59). Hingegen zeigt sich für Gasthöfe, die sich im Außenbereich II konzentrieren, eine relativ geringe Auslastung (0.32). Pensionen und Privatvermieter sind in allen drei Zonen vertreten. Die durchschnittliche Auslastung beträgt 0.41 bzw. 0.36. In der Kernzone liegen 20 Prozent, in den Außenbereichen jeweils 40 Prozent der Betriebe. 30 Prozent der Appartements liegen in der Kernzone, jeweils 35 Prozent in den Außenbereichen. Für diese Übernachtungskategorien kann angenommen werden, daß die im Außenbereich liegenden Betriebe Neubauten sind, in der Kernzone sich eher ältere Häuser konzentrieren.

Im folgenden wird nun versucht, für diesen Ferienort unter Heranziehung des FECHNERschen Gesetzes und der Methode von NOHL und RICHTER (1986) plausible Besucherrückgänge herzuleiten.

7.5 Hypothesen über Besucherrückgänge durch das Waldsterben mit Hilfe des FECHNERschen Gesetzes

7.5.1 Definition

Das FECHNERsche Gesetz, das auf G. Th. FECHNER (1860) zurückgeht, beschreibt eine aus dem WEBERschen Gesetz abgeleitete Gesetzmäßigkeit über das Verhältnis von Reiz und Empfindung. Die Intensität der Empfindung entspricht demnach dem Logarithmus des Reizes bzw. das Anwachsen des Reizes in geometrischer Reihe bewirkt einen Anstieg der Empfindung in arithmetischer Reihe. Die im folgenden dargestellten mathematischen Beziehungen sind in veränderter Form von HEIGL (1971) übernommen.

Die FECHNERsche Fundamentalformel lautet:

$E = k \times \Delta R / R$

E: Empfindung
R: Reiz
k: Konstante

Die auftretende Gesamtempfindung errechnet sich durch Integration. Sie beträgt

$E = k \times \log R + C$
C: Integrationskonstante

Für den Schwellenwert S beträgt die Empfindung 0. Daraus folgt, daß die Konstante C wie folgt berechnet werden kann:

$0 = k \times \log S + C$
$C = -k \times \log S$

Diese Beziehungen sollen im nachfolgenden Ansatz Verwendung finden.

7.5.2 Das Bewußtsein für Waldschäden und die Abschätzung von Besucherrückgängen

NOHL und RICHTER (1986) gehen in ihrer Studie davon aus, daß Erholungsuchende im Laufe der nächsten fünfzehn bis zwanzig Jahre mit zunehmendem Waldsterben fähig sind, Bäume der Schadklasse II zu erkennen. Die Schadklasse II (Entnadelungsprozent > 25 bis 60) wird als Reizschwelle definiert. In den letzten Jahren wurde zur besseren Erfassung der Schadenssituation der Begriff „deutlich sichtbare Schäden" geprägt. Er umfaßt die Schadstufen II, III (Entnadelungsprozent > 60 bis 99) und IV (Entnadelungsprozent 100).

Geht man nun davon aus, daß Bäume der Schadklasse II (Klassenmittel des Nadelverlustes 42,5) einen negativen Grundreiz auf den Betrachter ausüben, wird ein Baum der Schadklasse III (Klassenmittel des Nadelverlustes 80) einen höheren Reiz erzeugen. Ein Baum der Schadklasse IV wird die Reizintensität weiter anheben. Die Anwendung des FECHNERschen Gesetzes unter der Annahme, daß eine Verdoppelung des Nadelverlustes vom Betrachter als markanter Unterschied erkannt wird, ergibt folgendes Bild:

- Bäume der Schadklasse 0 und I liegen unterhalb der Reizschwelle, sie erzeugen beim Betrachter keine negative Sinnesempfindung.
- Bäume der Schadklasse II führen zu einer Empfindungsstärke von 1.
- Bäume der Schadklasse III führen zu einer Empfindungsstärke von 2.
- Abgestorbene Individuen führen zu einer Empfindungsstärke von 3.

Für die Festlegung der Empfindungsstärke 3 wurde angenommen, daß tote Bäume durch Merkmale wie abfallende Rinde, fahle Farbe, morsches Aussehen zu einer Erhöhung der Stärke gegenüber Bäumen der Schadklasse III um eine Einheit führen, obwohl sich der Nadelverlust nicht verdoppelt.

Der hier abgeleitete Wert der Empfindung geht von der Annahme aus, daß Bäume innerhalb der Schadklassen um das mittlere Nadelverlustprozent normal verteilt sind. Dies trifft für die bisherigen Waldschadensinventuren nicht zu. Das durchschnittliche Nadelverlustprozent der Schadklassen II und III liegt zumeist unterhalb dem Klassenmittel. Vergilbungen oder Blattverfärbungen, die für diesen Effekt mitverantwortlich sind, können jedoch ebenfalls als „Reiz" empfunden werden. Aus diesem Grund wurde das Klassenmittel als Kriterium herangezogen.

Um die genannten Annahmen zu untermauern, besteht die Möglichkeit, mittels Befragungen zu untersuchen, zu welchen Differenzierungen Erholungsuchende fähig sind. Im Rahmen dieser Arbeit war eine derartige Untersuchung nicht möglich. Es kann jedoch davon ausgegangen werden, daß eine Verdopplung des Nadelverlustes einem aufmerksamen Betrachter auffällt und daß er zwischen geschädigten, stark geschädigten und abgestorbenen Bäumen differenzieren kann.

Die für Einzelbäume unterschiedlicher Schadstufen abgeleiteten

Empfindungswerte sollen nun so modifiziert werden, daß ein Waldsterbenempfindungswert, der aus der Betrachtung eines geschädigten Waldes resultiert, geschätzt werden kann. Eine einfach ableitbare Meßzahl erhält man, wenn die Empfindungswerte der Schadklassen mit den Prozentanteilen der Schadklassen multipliziert werden. Die resultierenden Werte liegen zwischen 0 (alle Bäume in Schadklasse I oder 0) und 3 (alle Bäume in Schadklasse IV, abgestorben).

Abbildung 58 zeigt die errechneten Werte der Empfindung für die Inventurergebnisse des bayerischen Alpenraumes 1983 bis 1986 und für die im dritten Kapitel entwickelten Schadenverlaufsvarianten.

Wie aus der Abbildung 58 hervorgeht, liegen die Werte für die Inventurergebnisse unterhalb von 0,7. Bei der optimistischen Variante ist eine stetige Abnahme der Waldsterbensempfindung zu verzeichnen. Die Werte liegen unterhalb dem für die Waldschadensinventur 1985 berechneten. Bei der mittleren Variante ist eine durchschnittliche Steigerung der Waldsterbensempfindung von einem Prozent pro Jahr zu verzeichnen; bei der pessimistischen eine Steigerung von 2 Prozent jährlich.

Es wird nun weiter angenommen, daß der Verlauf der Waldsterbensempfindung gegenüber Besucherrückgängen proportional verläuft. Dies bedeutet für die drei Schadenverlaufsvarianten, daß bei der optimi-

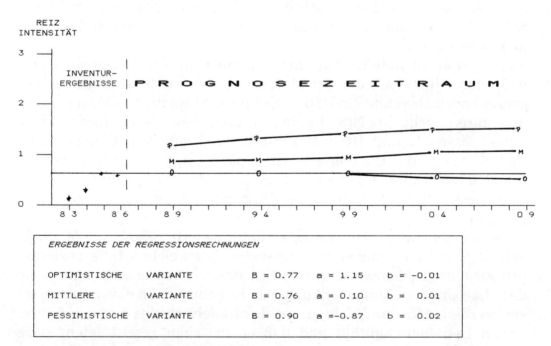

Abb. 58 Empfindungswerte für die Waldschadensinventuren 1983 bis 1986 und die Schadenverlaufsvarianten

stischen Variante keine Besucherrückgänge, bei der mittleren Rückgänge von einem Prozent pro Jahr und bei der pessimistischen solche von zwei Prozent pro Jahr auftreten.

Die hier unterstellten Werte liegen weit unterhalb den von NOHL und RICHTER (1984) für Szenariovarianten im Bundesgebiet berechneten. Sie dürften insgesamt eine untere Grenze repräsentieren, da folgende Tatsachen bei der Berechnung des Waldschadenempfindungswertes unberücksichtigt blieben:

- Waldränder, die dem Betrachter am häufigsten ins Auge fallen dürften, weisen im allgemeinen drastischere Schäden auf als das Bestandsinnere.
- Bei der mittleren und pessimistischen Schadenverlaufsvariante wurde bei der Berechnung nur der verbleibende Bestand bewertet. Freiflächen und eventuell entstehende unattraktive Dickungen und Stangenhölzer blieben unberücksichtigt.
- Die Ergebnisse aus dem vierten Kapitel zeigen, daß teilweise umfangreiche Verbauungsmaßnahmen notwendig sind, um Siedlungen und Infrastruktureinrichtungen zu schützen. Hiervon ausgehende negative Einflüsse auf das Landschaftsbild und den Landschaftscharakter blieben in diesem Ansatz unberücksichtigt.

Im folgenden Abschnitt soll nun untersucht werden, welche Auswirkungen die unterstellten Besucherrückgänge für eine Fremdenverkehrsgemeinde, wie Reit im Winkl, nach sich ziehen würden.

7.6 Die Anwendung des monetären Bewertungsmodells von NOHL und RICHTER zur Erfassung möglicher Minderungen des Walderholungsnutzens auf Gemeindeebene

7.6.1 Die formale Struktur des Bewertungsmodells

Im Rahmen einer umfassenden Studie zur monetären Bewertung von Umweltschäden (EVERS, H. J., et al., 1986) entwickelten NOHL und RICHTER (1984, 1986) ein Modell zur Erfassung und monetären Bewertung von Auswirkungen des Waldsterbens auf die Bereiche Freizeit und Erholung. Abbildung 59 zeigt den formalen Aufbau des Modells.

Ausgangspunkt des Modells bildeten zunächst verschiedene Varianten der Luftreinhaltepolitik. Im Rahmen einer Delphi-Studie wurden aus diesen Varianten drei Szenarien über den Fortgang der Walderkrankung im Bundesgebiet entwickelt. Mit Hilfe der Walderlebnisvariablen (Durchsichtigkeit, Naturnähe, Vielfalt, Abwechslung) wurde von NOHL

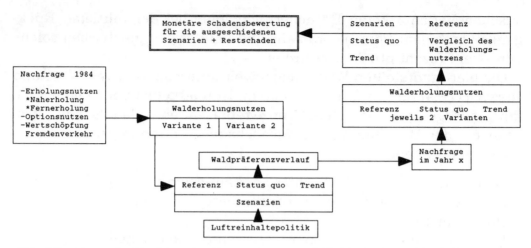

Abb. 59 Formale Struktur des Bewertungsmodells Freizeit und Erholung (NOHL und RICHTER, 1984, 1986)

und RICHTER (1986) dann ein sogenannter Waldpräferenzverlauf für die Szenariovarianten erzeugt und unterstellt, daß sich ein Besucherrückgang proportional zum Waldpräferenzverlauf ergibt. Die Basis für die nachfolgende Bewertung bildet die Nachfrage nach Erholung im Wald oder in waldreichen Gebieten. Mit Hilfe der Größen Erholungsnutzen (berechnet nach der Zeitwertmethode), Optionsnutzen (berechnet nach der Methode willingness to pay) sowie der Wertschöpfung, die aus dem Fremdenverkehr entsteht (berechnet aus den Tagesausgaben von Besuchern) wird die Höhe des Walderholungsnutzens monetär bestimmt.

Dieser Walderholungsnutzen wurde dann mit dem Referenzszenario verglichen. Die sich ergebende Differenz wurde als durch das Waldsterben bedingter Schaden angesehen. Diese Bewertung entspricht der Methode der Kalkulation des Differenzwertes (vgl. Zweites Kapitel).

Die berechneten Jahreswerte des Schadens (Zinssatz 0%) lagen bei NOHL und RICHTER für das Bundesgebiet zwischen vier (Trend-Szenario Variante 2) und sechzehn Milliarden DM (Status quo-Szenario Variante 1).

7.6.2 Anwendung des Bewertungskonzeptes auf Gemeindeebene

Das vorgestellte Modell soll im folgenden so umgestaltet werden, daß eine Bewertung für eine Fremdenverkehrsgemeinde möglich ist. Hierbei werden die Besucherrückgänge angenommen, die mit Hilfe des FECHNERschen Gesetzes die Veränderung der Waldsterbensempfindung erfassen. Für die Berechnung sind ferner eine Reihe von Annahmen zu treffen und Umrechnungen durchzuführen, die im einzelnen nachfolgend dargestellt sind.

7.6.2.1 Erholungsnutzen der Einwohner von Reit im Winkl

Im Durchschnitt geht jeder Bewohner der Bundesrepublik Deutschland 19,6 mal pro Jahr in den Wald. Im Modell von NOHL und RICHTER wird eine durchschnittliche Aufenthaltsdauer von zwei Stunden für Naherholungssuchende angenommen. Dieser Wert basiert auf einer Reihe von empirischen Untersuchungen. Der Wert einer Nutzerstunde wird mit 4,87 DM angegeben. Dieser Wert wurde berechnet, indem die durchschnittlichen Aufwendungen für einen Waldbesuch als Basis der Bewertung herangezogen wurde. Der Wert der Erholung für die Einwohner einer Gemeinde kann, analog, wie folgt, berechnet werden:

Einwohnerzahl × Durchschnittliche Waldbesuche/Jahr × Nutzerstunden × Zeitwert = Nutzwert.

Für die Gemeinde Reit im Winkl wurde für das Jahr 1986 ein Nutzwert in Höhe von circa 0,7 Millionen DM errechnet. Dies entspricht einem Nutzwert von circa zweihundert DM je Einwohner. (3449 Einwohner (Haupt- und Nebenwohnsitz) × 19,6 Waldbesuche/Jahr × 2 Nutzerstunden × 5,12 DM (Wert der Nutzerstunde 1986 bei einer durchschnittlichen Steigerung/Jahr von 3 Prozent)).

7.6.2.2 Erholungsnutzen Urlaub und Tagesausflügler

Reit im Winkl weist in den letzten Jahren im Durchschnitt circa 650 000 Übernachtungen auf. Da ein Teil der Übernachtungen nicht in direktem Bezug zum Wald stehen, werden folgende Annahmen getroffen:

- Für die Wintersaison, die 50 Prozent der Übernachtungen beinhaltet, werden 30 Prozent der Übernachtungen berücksichtigt. Nach mündlicher Mitteilung von Herrn Bürgermeister STROBL (1987) sind circa 30 Prozent der Winterurlauber Wanderer.
- Für die Sommermonate werden 90 Prozent der Übernachtungen berücksichtigt. Es wird davon ausgegangen, daß circa 10 Prozent der Urlauber Freizeitaktivitäten nachgehen, die nichts mit dem Wald zu tun haben (Tennis, Schwimmen).

Somit werden bei der Berechnung des Walderholungsnutzens 60 Prozent der Übernachtungen berücksichtigt. Die durchschnittliche Aufenthaltsdauer im Wald beträgt bei den Urlaubern vier Stunden (siehe auch NOHL und RICHTER, 1984, 1986, STEINBACH et al., 1983). Der Zeitwert wird analog zum genannten Erholungsnutzen für die Einwohner Reit im Winkls definiert.

Zusätzlich zu berücksichtigen sind Tagesurlauber. Im Winter (Dezember, Januar, Februar, März) sind dies, nach Schätzungen des Fremdenverkehrsamtes, an Spitzentagen circa 2000 bis 3000 Personen. Im Durchschnitt wird eine Zahl von 1000 Tagesbesuchern im Winter angenommen. Im Sommer (Mai, Juni, Juli, August) dürfte diese Zahl geringer sein. Sie wird mit 500 Tagesbesuchen angenommen. Für die restlichen vier Monate werden bei der Berechnung 100 Tagesbesuche berücksichtigt. Da die Hauptaktivität der Winterbesucher Langlauf und alpiner Skilauf ist, werden in die Kalkulation lediglich 10 Prozent einbezogen. Von den Sommertagesbesuchern sowie den Besuchern während der Nebensaison werden 90 Prozent bei der Schätzung berücksichtigt. Wiederum wird eine Aufenthaltsdauer von vier Stunden und ein Zeitwert von 5,12 DM zugrunde gelegt. Der Erholungsnutzen Urlaub für die Gemeinde Reit im Winkl beträgt demnach 9,4 Millionen DM pro Jahr.

((390 000 Waldbesuche Urlauber + 70 000 Waldbesuche Tagesausflügler) × 4 Stunden (Aufenthaltsdauer) × 5,12 DM (Zeitwert)).

7.6.2.3 Optionsnutzen

Die Berechnung des Optionsnutzens für die Gemeinde Reit im Winkl (Zahlungsbereite Bevölkerung × der von NOHL und RICHTER ermittelten Aufwendung pro Kopf für die Walderhaltung von 7,50 DM) ergibt einen Wert von 16 000,– DM. Das entspricht kaum dem wahren Wert, da für einen gewissen Teil von Urlaubern angenommen werden kann, daß sie ein Entgelt für die Walderhaltung entrichten würden, um die Wälder der Gemeinde Reit im Winkl in Zukunft nutzen zu können.

7.6.2.4 Wertschöpfung aus dem Fremdenverkehr

Nach KOCH (1980) betragen die durchschnittlichen Tagesausgaben in den Bayerischen Alpen 1978 60,28 DM, in den Voralpen 58,04 DM. Geht man davon aus, daß die Tagesausgaben und die durchschnittlichen Lebenshaltungskosten sich proportional verhalten, betragen die Tagesausgaben 1986 im Durchschnitt in den Alpen 81,78 DM, in den Voralpen 78,75 DM. Tabelle 25 zeigt die Aufteilung dieser Ausgaben auf einzelne Bereiche. Die durchschnittlichen Ausgaben, die für die Berechnung herangezogen werden, betragen 80,27 DM. Hiervon entfallen 32 Prozent auf Ausgaben für Übernachtung, 37,4 Prozent für Verpflegung, 10,9 Prozent für Selbst- und Extraverpflegung, 10 Prozent für Einkäufe und 9,7 Prozent für Unterhaltung.

Für die Berechnungen wurden wiederum lediglich ein Teil der Übernachtungen berücksichtigt. Für den Tagesausflugsverkehr wurde angenommen, daß diese den Tagesausgabensatz ohne Übernachtung, Einkäufe, Extraverpflegung und Unterhaltung ausgeben. Somit ergibt sich eine Wertschöpfung im Fremdenverkehr in Reit im Winkl für das Jahr 1986 von circa 35,7 Millionen DM.

Tabelle 25 Tagesausgaben von Urlaubern im Bereich der Voralpen und Alpen

	Tagesausgaben gesamt in DM	%	davon für: Übernachtung in DM	%	Verpflegung in DM	%	Selbstverpfleg. in DM	%	Extraverpflegung in DM	%	Einkäufe in DM	%	Unterhaltung in DM	%
Voralpen	78,75	100	25,04	31,8	29,69	37,7	3,15	4,0	5,51	7,0	7,95	10,1	7,40	9,4
Alpen	81,78	100	26,33	32,2	30,34	37,1	3,11	3,8	5,72	7,0	8,18	10,0	8,10	9,9
Mittelwert	80,27	100	25,69	32,0	30,02	37,4	3,13	3,9	5,62	7,0	8,03	10,0	7,79	9,7

(390 000 Übernachtungen × 80,27 DM Tagesausgabe + 70 000 Tagesurlauber × 33,60 DM).

Um aus der Wertschöpfung die Bruttowertschöpfung zu berechnen, werden sogenannte Multiplikatoren angewandt. NOHL und RICHTER entschieden sich für einen Multiplikator von 1,5.

Die Multiplikatorwirkung ist um so stärker, je länger der monetäre Strom touristischer Ausgaben im regionalen Wirtschaftskreislauf zirkuliert (KIRSCH, K., 1980). Maßgeblich für einen relativ hohen Multiplikator in Fremdenverkehrsgebieten ist neben der regionalen Sparquote die marginale Importquote, die bei niedrigem Entwicklungsstand und überwiegend monostrukturierter Wirtschaft tendenziell geringer ausfallen wird (GUNKEL, P., 1983). KLAUS (1975) errechnete für ein regional abgegrenztes Erholungsgebiet einen Einkommensmultiplikator von 2,2 (10 Prozent Sparquote, 35 Prozent Importquote). Um bei den hier durchgeführten Berechnungen eine vorsichtige Schätzung vorzunehmen, wurde der relativ niedrige Multiplikator von 1,5 gewählt.

Die waldabhängige Bruttowertschöpfung aus dem Fremdenverkehr beträgt somit circa 53,55 Millionen DM (37,5 Millionen DM × 1,5).

In Reit im Winkl wird von den Unternehmen ein Fremdenverkehrsbeitrag erhoben. Dieser beträgt 5 Prozent des fremdenverkehrsbedingten Gewinnes. Geht man davon aus, daß Betriebe circa 10 Prozent des Umsatzes als Gewinn erwirtschaften (vgl. in der Zusammenfassung dieses Kapitels die Kostenstrukturanalysen), läßt sich die durchgeführte Berechnung auf ihre Plausibilität bezüglich der getroffenen Annahmen abschätzen.

((662 000 Übernachtungen 1986 × 80,27 DM Tagesausgaben + 175 000 Tagesbesuche × 33,60 DM Tagesausgaben) × 10 Prozent Gewinnanteil × 1,5 Multiplikator × 0,05 Fremdenverkehrsbeitrag = Geschätzter Fremdenverkehrsbeitrag an die Gemeinde Reit im Winkl).

Der geschätzte Fremdenverkehrsbeitrag beträgt 443 000 DM. Aus Zahlenunterlagen der Gemeinde geht hervor, daß im Jahr 1986 circa 458 000,– DM an Fremdenverkehrsbeiträgen eingenommen wurden. Die Abweichung beträgt 3 Prozent. Die getroffenen Annahmen dürften somit durchaus plausibel sein. Für den angenommenen Anteil des waldabhängigen Fremdenverkehrs können keine Plausibilitätsprüfungen durchgeführt werden. Diese müßten anhand empirischer Untersuchungen getestet werden.

7.6.2.5 Berechnung des Walderholungsnutzens

Die Addition der gesamten Nutzenkomponenten ergibt einen Wert von 63,7 Millionen DM.

(Naherholung 0,7 Millionen DM + Erholungsnutzen 9,4 Millionen DM + Optionsnutzen 0,02 Millionen DM + Bruttowertschöpfung Fremdenverkehr 53,55 Millionen DM).

Dieser Wert entspricht einem Nutzen pro Hektar Wald von circa 120 000,– DM pro Jahr.

7.6.3 Berechnung des entstehenden Schadens bei Besucherrückgängen

Um den Schaden berechnen zu können, sind folgende Annahmen zu treffen: Der Untersuchungszeitraum wird auf 25 Jahre festgelegt (1987 bis 2012). Die durchschnittliche Steigerung des Waldnutzens betrage 1 Prozent pro Jahr, aufgrund der Vermehrung des Erholungsangebotes im Untersuchungsgebiet.

Der Schaden für die Varianten berechnet sich nach folgender Formel:

$$S(v) = W(87) \times \frac{(1 - q^{25})}{(1 - q)} - \frac{1 - (q \times (1 - RG))^{25}}{1 - (q \times (1 - RG))}$$

S(v):   Schaden
v: Varianten
W(87): Walderholungsnutzen des Basisjahres
q: Steigerung des Walderholungsnutzens
RG: Besucherrückgang pro Jahr

Es handelt sich bei der Berechnung des Schadens um zwei geometrische Reihen, die miteinander verknüpft werden, um den Schaden zu berechnen. Mit Hilfe des ersten Bruches wird der Faktor ermittelt, um den Walderholungsnutzen für die gesamten nächsten 25 Jahre zu berechnen. Beim zweiten Bruch wird der Besucherrückgang berücksichtigt. Die Subtraktion beider Faktoren und die anschließende Multiplikation mit dem Walderholungsnutzen des Basisjahres ergibt den Schadenswert.

Der Gesamtschaden für einen Besucherrückgang von 1 Prozent pro Jahr – dies entspricht den Ergebnissen der mittleren Schadensverlaufsvariante – beträgt aufgrund der Berechnungen 208 Millionen DM.

$$S(m) = 63{,}7 \times \frac{(1 - 1{,}01^{25})}{(1 - 1{,}01)} - \frac{1 - (1{,}01 \times (1 - 0{,}01))^{25}}{1 - (1{,}01 \times (1 - 0{,}01))}$$

m: Mittlere Variante

Der Schaden bei einem Besucherrückgang von 2 Prozent gemäß den Annahmen für einen pessimistischen Schadensverlauf, würde 387 Millionen DM betragen.

Der durchschnittliche Schaden pro Jahr beträgt bei der mittleren Variante 8,3 Millionen DM, bei der pessimistischen 15,5 Millionen DM. 84% der Schäden würden im Bereich der Fremdenverkehrswirtschaft zu verzeichnen sein. Welche Folgen Besucherrückgänge für einzelne Betriebe hätten, wird noch erläutert.

7.6.4 Auswirkungen und Bewertung möglicher Naturkatastrophen auf den Fremdenverkehr in Reit im Winkl

Wie aus der Problemstellung und Zielsetzung dieses Kapitels hervorgeht, reagieren Urlauber und Erholungsuchende empfindlich auf Naturkatastrophen. Die Wahrscheinlichkeit, zum Beispiel durch eine Lawine umzukommen (vgl. viertes Kapitel), ist gering. Jedoch treffen wir hier zumeist auf eine psychologische und irrationale Komponente, die zu einem veränderten Verhalten der Urlauber führt. Die Massenmedien, vor allem das Fernsehen, sind für diese Entwicklung mitverantwortlich zu machen, da Naturereignisse oder Naturkatastrophen ausgesprochen medienwirksam sind und entsprechend reißerisch präsentiert werden.

7.6.4.1 *Problemstellung und Zielsetzung*

Die im vierten Kapitel auf der Basis des Lawinenmodells entwickelte Karte potentiell gefährdeter Siedlungs- und Infrastruktureinrichtungen im Landkreis Traunstein zeigt, daß im Gebiet der Gemeinde Reit im Winkl teilweise hohe Ereignispotentiale vorliegen. Katastrophen bei weitgehenden Waldverlusten können trotz getroffener Gegenmaßnahmen nicht vollständig ausgeschlossen werden. Das Problem, das sich im Rahmen dieser Arbeit daraus ergibt, ist, wie die Folgen derartiger Katastrophen für eine Fremdenverkehrsgemeinde erfaßt und bewertet werden können.

Ziel dieses Abschnitts ist es, aufbauend auf den Erfahrungswerten von KEMMERLING und KAUPA (1980) monetäre Auswirkungen von Katastrophen zu erfassen. Die in der Zusammenfassung des vierten Kapitels vorliegende Schätzung über mögliche Eintrittszeitpunkte von Lawinenkatastrophenereignissen dienen als Grundlage für die hier durchzuführenden Simulationsrechnungen.

7.6.4.2 Simulation von Lawinenkatastrophen und deren mögliche
          Folgen für die Fremdenverkehrswirtschaft von Reit im Winkl

Das entwickelte Bewertungsszenario beruht auf einer Reihe von Annahmen, die im folgenden kurz erläutert werden.

- Die hier angenommenen Lawinenkatastrophe ist ein Ereignis, bei dem Sachgüter zerstört und Menschen getötet werden. Die Katastrophe wird von den Massenmedien aufgegriffen und entsprechend publikumswirksam aufgemacht.
- Die Katastrophe führt zu kurzfristigen Besucherrückgängen. Die laufende Saison bricht ab, die kommende Saison ist um 25 Prozent reduziert. Unterstellt wird hier, daß die laufende Saison um 50 Prozent, die kommende Saison um 25 Prozent, die darauf folgende um 20 Prozent, die nächste um 10 Prozent reduziert ist.
- Es gelingt den Verantwortlichen, durch geeignete Maßnahmen (zunächst Straßensperren, dann technische Verbauungen), innerhalb von drei Jahren einen Zustand wiederherzustellen, der dem Risiko ohne Einflüsse des Waldsterbens entspricht. Nach diesen Jahren wird unter der Voraussetzung, daß keine Katastrophen stattfinden, die ursprüngliche Besucherzahl erreicht.
- Die Katastrophe führt zu keinem stetigen Rückgang der Besucherzahlen. Vom resultierenden kurzfristigen Rückgang sind Urlauber und Tagesreisende gleichmäßig betroffen. Im Gegensatz zur Anwendung des monetären Bewertungsmodells von Nohl und Richter (1984, 1986) sind hier alle Besucher betroffen, also auch diejenigen, die nicht wegen der Walderholung nach Reit im Winkl fahren.

Bei der Kalkulation werden drei Szenarien durchgerechnet.

1. Eine Katastrophe findet gegen Ende des Untersuchungszeitraumes statt (2005 bis 2008).
2. Zusätzlich findet eine Katastrophe zwischen den Jahren 2000 bis 2003 statt.
3. Zusätzlich findet eine Katastrophe zwischen den Jahren 1995 bis 1998 statt.

Die Simulation geht davon aus, daß die Ereignisse in den Monaten Januar bis März auftreten. Da eine Reihe von Urlaubern ihren Urlaub zu diesem Zeitpunkt bereits fest gebucht haben, wird nicht mit einem totalen Abbruch der Saison gerechnet, sondern eine Auslastung gemäß den oben genannten Annahmen angenommen.

Für nachstehende in der Simulation angenommene Ereignisse (der Eintrittszeitpunkt wurde mit Hilfe von Zufallstabellen abgeleitet) ergeben sich folgende Auslastungen:

Ereignis 1:   1987 bis   2006: Normalauslastung
                           2007: 50% Ereignisjahr
                           2008: 75%
                           2009: 80%
                           2010: 90%
               2011 bis   2012: Normalauslastung

Ereignis 2:   1987 bis   2002: Normalauslastung
                           2003: 50% Ereignisjahr
                           2004: 75%
                           2005: 80%
                           2006: 90%
                           2007: Ereignis 1 (siehe oben)

Ereignis 3:   1987 bis   1995: Normalauslastung
                           1996: 50% Ereignisjahr
                           1997: 75%
                           1998: 80%
                           1999: 90%
               2000 bis   2002: Normalauslastung
                           2003: Ereignis 2 (siehe oben)

Zur Berechnung der monetären Schadensgrößen wurde von den in den modellhaften Betrachtungen zum Problem Waldsterben und Fremdenverkehr berechneten Werten lediglich die Bruttowertschöpfung im Fremdenverkehr berücksichtigt. Es wird angenommen, daß diese aufgrund einer verbesserten Angebotsstruktur jährlich um 1 Prozent steigt.

Fall 1:

Die Bruttowertschöpfungen der Jahre 2007 bis 2010 weisen folgende Werte auf:

	Bruttowertschöpfung	*Schaden*
– 2007	109,10 Millionen DM	54,55 Millionen DM
– 2008	110,19 Millionen DM	27,55 Millionen DM
– 2009	111,30 Millionen DM	22,26 Millionen DM
– 2010	112,44 Millionen DM	11,24 Millionen DM
	Gesamtschaden:	115,60 Millionen DM

$B(2007) = 88{,}53 \times 1{,}01^{21}$
B: Bruttowertschöpfung im Jahr 2007

Fall 2:

Schaden aus Fall 1 115,60 Millionen DM.
Die Bruttowertschöpfung der Jahre 2003 bis 2006 beträgt:

	Bruttowertschöpfung	*Schaden*
– 2003	104,84 Millionen DM	52,42 Millionen DM
– 2004	105,89 Millionen DM	26,47 Millionen DM
– 2005	106,95 Millionen DM	21,39 Millionen DM
– 2006	108,02 Millionen DM	10,80 Millionen DM
	Gesamtschaden:	111,08 Millionen DM

Schaden Fall 1 + Fall 2: 226,68 Millionen DM

Fall 3:

Schaden aus Fall 1 + 2: 226,68 Millionen DM

	Bruttowertschöpfung	*Schaden*
– 1996	97,79 Millionen DM	48,90 Millionen DM
– 1997	98,77 Millionen DM	24,69 Millionen DM
– 1998	99,76 Millionen DM	19,95 Millionen DM
– 1999	100,76 Millionen DM	10,08 Millionen DM
	Gesamtschaden:	103,62 Millionen DM

Schaden Fall 1 + Fall 2 + Fall 3: 330,30 Millionen DM

Unter den Bedingungen der getroffenen Annahmen führt eine Katastrophe im Jahr 2007, wenn keine stetigen Besucherrückgänge auftreten, zu einem Gesamtschaden für die Gemeinde Reit im Winkl von 115,6 Millionen DM. Eine zusätzliche Katastrophe im Jahr 2003 hinterläßt einen Schaden von 111,08 Millionen DM. Der Totalschaden für beide Katastrophen beträgt 226,68 Millionen DM. Eine zusätzliche Katastrophe im Jahr 1996 verursacht einen Schaden von 103,62 Millionen DM. Der Totalschaden für drei Katastrophen würde 330,30 Millionen DM betragen.

Die Gesamtwertschöpfung aus dem Fremdenverkehr in den nächsten 25 Jahren (bis 2011) beträgt circa 2,5 Milliarden DM. Ein Ereignis führt demnach zu einer Verringerung um jeweils 5 Prozent der gesamten Bruttowertschöpfung während des Untersuchungszeitraumes.

7.7 Zusammenfassung der Schadenswerte für Besucherrückgänge und simulierte Ereignisse

Da für die Katastrophenberechnungen keine stetigen Besucherrückgänge angenommen wurden, sondern lediglich relativ kurzfristige Reaktionen, können die Ergebnisse der in diesem Kapitel ausgeführten Kalkulationen nicht einfach addiert werden. Um jedoch eine realistische Vorstellung über den möglichen Gesamtschaden zu erhalten, wurden einige Modifikationen im Rechengang vorgenommen, deren Ergebnisse im folgenden kurz dargestellt werden.

- Für die optimistische Variante wurden keine Besucherrückgänge angenommen. Der Gesamtschaden entspricht somit dem berechneten Katastrophenereignis. Er beträgt 115,6 Millionen DM.
- Für die mittlere Variante wurde ein Besucherrückgang von 1 Prozent unterstellt. Geht man von den zwei stattfindenden Ereignissen aus, beträgt der Gesamtschaden für dieses Szenario 393,62 Millionen DM.
- Für die pessimistische Variante wurde ein Besucherrückgang von 2 Prozent angenommen. Geht man von drei stattfindenden Katastrophen aus, beläuft sich der Gesamtschaden auf 621,74 Millionen DM.

7.8 Empfindlichkeit verschiedener Fremdenverkehrsbetriebe gegenüber Besucher- und Umsatzrückgängen

7.8.1 Problemstellung und Zielsetzung

Beschäftigt man sich unabhängig vom Waldsterben mit dem Problem, daß durch bestimmte Ursachen Rückgänge im Fremdenverkehr auftreten können, taucht die Frage auf, welche Betriebe oder Betriebszweige bei welchen Umsatzeinbußen wie empfindlich reagieren.

Ziel der nachstehenden Ausführungen ist es, auf der Basis von Kostenstrukturanalysen einzelner Betriebszweige aufzuzeigen, welche Folgen Umsatzrückgänge in diesen Bereichen nach sich ziehen würden. Grundlage für das dabei zu entwickelnde Simulationsmodell ist ein fiktives Dorf, da die notwendigen Kalkulationsdaten für eine Gemeinde wie Reit im Winkl aus Datenschutzgründen nicht verfügbar sind. Die Grunddaten wurden durch Hochrechnung aus allgemein zugänglichen Quellen hergeleitet. Soweit möglich wurde das Modell jedoch an der Fremdenverkehrsgemeinde Reit im Winkl orientiert. Dennoch liefert das Modell Anhaltspunkte über die Empfindlichkeit von fremdenverkehrsabhängigen Betrieben. Die Berechnungen sind lediglich als Beispiel dafür zu betrachten, wie zur Untersuchung dieser Fragen zweckmäßigerweise vorgegangen werden kann.

7.8.2 Das fiktive Fremdenverkehrsdorf

7.8.2.1 Sozioökonomische Daten

Für das fiktive Dorf wird angenommen, daß es 2000 Einwohner mit Erstwohnsitz und 500 mit Zweitwohnsitz hat. Das Dorf ist primär vom Fremdenverkehr abhängig. Durch seine geographische Lage, insbesondere die Nähe zu größeren Städten, ist die Umgebung des Dorfes ein beliebtes Ziel auch für Tagesausflüge.

7.8.2.2 Die Nachfragestruktur

Im Durchschnitt wurden in den letzten Jahren circa 500 000 Übernachtungen registriert. Aufgrund der Schätzformel von MAIER und STOCKBURGER (1970) ergibt sich somit ein Beitrag der Fremdenverkehrswirtschaft zum durchschnittlichen Pro-Kopf-Einkommen von 70 Prozent. Pro Jahr werden im Gemeindegebiet 150 000 Tagesgäste erwartet.

Täglich geben die Urlauber circa 80 DM aus, die Tagesurlauber 35 DM (vgl. „Wertschöpfung aus dem Fremdenverkehr" in diesem Kapitel). Somit ergibt sich eine Nettowertschöpfung des Fremdenverkehrs von 45,1 Millionen DM. Die Bruttowertschöpfung beträgt bei einem angesetzten Multiplikator von 1,5 67,65 Millionen DM. Unterstellt man ferner, daß die Tagesausgaben prozentual den von KOCH (1980) berechneten Ausgabenbereichen entsprechen, ergeben sich Ausgaben für:

- Übernachtungen   12,8 Millionen DM
- Verpflegung   19,5 Millionen DM
- Unterhaltung   4,0 Millionen DM
- Einkäufe   4,0 Millionen DM
- Extraverpflegung   3,6 Millionen DM
- Selbstverpflegung   1,2 Millionen DM

Die Verteilung der Ausgaben zeigt, daß 72 Prozent in den Bereichen Übernachtung und Verpflegung ausgegeben werden. Für die nachfolgenden Empfindlichkeitsanalysen werden daher beispielhaft Betriebe aus diesen Bereichen in den Vordergrund gestellt.

Für die saisonale Verteilung der Übernachtungen sei ferner angenommen, daß eine ausreichende Angebotsstruktur im Sommer und im Winter vorhanden ist. Wählt man hier die Verteilung der jährlichen Übernachtungen von Reit im Winkl, ergeben sich für die einzelnen Monate folgende Prozentanteile der Nächtigungen und der durchschnittlichen Auslastungen:

Monat	durchschnittlicher Prozentual-Anteil der Übernachtungen	durchschnittliche Auslastung
Januar	13	0.66
Februar	16	0.81
März	14	0.71
April	4	0.20
Mai	3	0.15
Juni	7	0.35
Juli	12	0.61
August	14	0.71
September	8	0.40
Oktober	2	0.10
November	0	0.00
Dezember	7	0.35

Die durchschnittliche Auslastung beträgt demnach 0.42. Diese Zahlen sind für die nachfolgende Berechnung von Kapazitätsobergrenzen von besonderer Bedeutung.

7.8.2.3 Die Angebotsstruktur im Bereich Übernachtung und Verpflegung

Bei der Auslastung von 0.42 und einer Gesamtübernachtungszahl von 500 000 errechnet sich eine Gesamtbettenzahl von 3400.

Setzt man für die Verteilung der Betten auf die einzelnen Übernachtungskategorien ähnliche Verhältnisse und Auslastungen wie in Reit im Winkl an, entfallen auf Hotels 10 Prozent (340 Betten), auf Hotel Garnis 7 Prozent (238 Betten), auf Gasthöfe 5 Prozent (170 Betten), auf Pensionen 37 Prozent (1258 Betten), auf Ferienwohnungen 20 Prozent (680 Betten) und auf Privatvermietungen 21 Prozent (714 Betten).

Für den weiteren Rechengang sind Informationen über Anzahl und Umsätze in den einzelnen Betrieben notwendig. Auch hier war es möglich, aus dem Gästezimmerverzeichnis von Reit im Winkl zufällig einzelne Betriebe auszuwählen und in anonymisierter Form hochzurechnen.

Für den Bereich der reinen Verpflegungsbetriebe lagen keine Daten vor. Daher wurden die Umsätze dieser Betriebe geschätzt.

Im folgenden werden die Betriebe zu Betriebskategorien zusammengefaßt und anhand von Tabellen vorgestellt.

1. Hotels

> Anzahl der Betriebe: 6
> Bettenzahl gesamt: 340
> Auslastung: 0.48
> Übernachtungen: 55 000

Tabelle 26 zeigt die errechneten Kalkulationsdaten der sechs zu untersuchenden Betriebe. Die Reihenfolge ergab sich durch das Kriterium Gesamtumsatz. Die Daten wurden mit Hilfe der Kalkulationstabellen und den Kostenstrukturanalysen von MASCHKE (1980) hochgerechnet.

Der Anteil der Hotels am Gesamtumsatz beträgt 17,2 Prozent (7,75 Millionen DM), obwohl in den Hotels nur circa 11 Prozent der Übernachtungen stattfinden. Der Anteil am Gesamtübernachtungsumsatz wurde mit 17,2 Prozent (2,83 Millionen DM) berechnet. Der Umsatz durch Speisen und Getränke beträgt insgesamt 4,26 Millionen DM. Dies entspricht einem Anteil von 21,8 Prozent.

Tabelle 26   Kalkulationsdaten der sechs fiktiven Hotelbetriebe

Hotel	Betten-anteil	Übernach-tungspreis	Umsätze			Gesamt
			Übernachtung	Verpflegung	Sonstiges	
				in Millionen DM		
1	25 %	78 DM	0.99	1.01	0.21	2.21
2	25 %	70 DM	0.86	0.88	0.18	1.92
3	20 %	35 DM	0.36	0.83	0.10	0.42
4	15 %	45 DM	0.34	0.78	0.10	0.40
5	10 %	40 DM	0.20	0.59	0.05	0.24
6	5 %	30 DM	0.36	0.17	0.02	0.09

2. Hotel Garnis

> Anzahl der Betriebe: 7
> Bettenzahl gesamt: 238
> Auslastung: 0.59
> Übernachtungen: 51 500

Tabelle 27 zeigt die Kalkulationsdaten für die sieben Betriebe, die hinsichtlich der Bettenzahl und der Zimmerpreise den Verhältnissen in Reit im Winkl entsprechen.

Der Anteil am Gesamtumsatz beträgt 7 Prozent (3,11 Millionen DM), der am Übernachtungsumsatz 11,5 Prozent (2,17 Millionen DM). Am Speisenumsatz wurde ein Anteil von 3,7 Prozent (0,72 Millionen DM) errechnet. Der Anteil der Übernachtungen in Hotel Garnis beträgt 10,3 Prozent.

Tabelle 27   Kalkulationsdaten der sieben fiktiven Hotel Garnis

Hotel Garnis	Betten- anteil	Übernach- tungspreis	Umsätze			
			Übernachtung	Verpflegung	Sonstiges	Gesamt
				in Millionen DM		
1	24 %	60 DM	0.63	0.24	0.04	0.91
2	29 %	40 DM	0.50	0.19	0.03	0.72
3	13 %	60 DM	0.35	0.13	0.02	0.50
4	14 %	38 DM	0.23	0.09	0.01	0.33
5	8 %	54 DM	0.19	0.07	0.01	0.27
6	7 %	57 DM	0.18	0.07	0.01	0.26
7	5 %	37 DM	0.09	0.02	0.01	0.12

3. Gasthöfe

Anzahl der Betriebe:	7
Bettenzahl gesamt:	170
Auslastung:	0.32
Übernachtungen:	20 000

Tabelle 28 zeigt die Kalkulationsdaten für die sieben Gasthöfe. Zur Schätzung der Gesamtumsätze wurden die Kalkulationstabellen von MASCHKE (1980) herangezogen. Bei den Gasthöfen fällt vor allem auf, daß aufgrund der Umsatzstruktur im Durchschnitt 87,5 Prozent durch Speisen und Getränke eingenommen werden. Auf den Übernachtungsbereich entfallen lediglich 7,4 Prozent. Da für die als Grundlage herangezogenen Betriebe lediglich Bettenzahlen und Übernachtungspreise vorlagen, muß davon ausgegangen werden, daß die errechneten Werte mit einem relativ großen Fehler belastet sind. Eine Aussage über die Wirklichkeitsnähe kann nicht getroffen werden. Da dies für die Empfindlich-

Tabelle 28   Kalkulationsdaten der sieben fiktiven Gasthöfe

Gasthof	Betten- anteil	Übernach- tungspreis	Umsätze			
			Übernachtung	Verpflegung	Sonstiges	Gesamt
				in Millionen DM		
1	29 %	33 DM	0.164	1.95	0.16	2.28
2	21 %	33 DM	0.115	1.37	0.11	1.59
3	19 %	34 DM	0.108	1.32	0.11	1.54
4	12 %	27 DM	0.054	0.66	0.05	0.76
5	8 %	32 DM	0.044	0.54	0.05	0.63
6	5 %	28 DM	0.032	0.28	0.02	0.33
7	6 %	32 DM	0.025	0.22	0.02	0.26

keitsanalyse keine Bedeutung hat, wurde der mögliche Fehler in Kauf genommen.

Der Anteil der Gasthöfe am Gesamtumsatz beträgt 16,4 Prozent (7,4 Millionen DM). Der Anteil an Verpflegungsumsatz wurde mit 32,5 Prozent (14,7 Millionen DM) berechnet, am Übernachtungsumsatz sind Gasthöfe mit lediglich 4,2 Prozent (0,53 Millionen DM) beteiligt.

4. Pensionen

Anzahl der Betriebe:	97
Bettenzahl gesamt:	1258
Auslastung:	0.41
Übernachtungen:	186 500

Zwischen den Übernachtungskategorien Pensionen und Privatvermietung konnte aufgrund des Bettenverzeichnisses keine scharfe Grenze gezogen werden. Die Jahresstatistik von Reit im Winkl ließ jedoch eine Berechnung der durchschnittlichen Betriebs- und Bettenzahl zu. Hiernach entfallen auf Pensionen durchschnittlich dreizehn Betten, auf Privatvermieter sechs Betten. Um diesen Mittelwert systematisch verteilt wurden für Pensionen sechs, für Privatvermieter vier Betriebsklassen definiert (die Verteilung wurde aus dem Gästezimmerverzeichnis von Reit im Winkl berechnet).

Tabelle 29 zeigt die Ergebnisse der Betriebsklassenkalkulation zur Schätzung der Umsatzanteile der Pensionen. Als Grundlage zur Berechnung der Umsatzstruktur wurden die Betriebsanalysen für Hotel Garnis herangezogen. MASCHKE faßt Frühstückspensionen und Hotel Garnis aufgrund der ähnlichen Kostenstruktur zusammen. Diese Betriebsformen sind vor allem dadurch gekennzeichnet, daß im Vergleich zu Hotels und Gasthöfen ein sehr stark eingeschränktes Leistungsangebot im Gastronomiebereich herrscht. Typisch für Frühstückspensionen ist die starke Ausrichtung der Betriebe auf die Familie, den oder die Inhaber (MASCHKE, J.).

Tabelle 29 Kalkulationsdaten für die sechs Betriebsklassen von Pensionen

Pensionen	Anzahl Betriebe	Betten	Übernachtungspreis	Übernachtung	Verpflegung in Millionen DM	Sonstiges	Gesamt
1	5	5	21 DM	0.066	0.02	0.000	0.09
2	15	7	22 DM	0.293	0.08	0.008	0.37
3	29	11	24 DM	0.973	0.28	0.028	1.28
4	29	15	23 DM	1.271	0.37	0.003	1.68
5	15	19	23 DM	0.834	0.24	0.002	1.10
6	5	21	22 DM	0.294	0.08	0.008	0.38

Der Anteil der Pensionen am Übernachtungsumsatz beträgt 29,1 Prozent (3,73 Millionen DM). Er liegt somit höher als bei Hotels und Hotel Garnis. Am Verpflegungsumsatz sind die Pensionen mit 5,5 Prozent (1,08 Millionen DM) und am Gesamtumsatz mit 10,9 Prozent (4,92 Millionen DM) beteiligt.

5. Privatvermieter

Anzahl der Betriebe:	116
Bettenzahl gesamt:	714
Auslastung:	0.36
Übernachtungen:	93 000

Für die Betriebskategorie Privatvermieter besteht das Problem, daß keine fundierten Kenntnisse über die Umsatz- und Kostenstruktur vorliegen. In unserem Fall wurden die Daten der Betriebsanalysen für Hotel Garnis unterstellt.

Die Verteilung der Betten- und Betriebszahl wurde in 4 Klassen aufgeteilt. Die Kalkulationsdaten sind in Tabelle 30 aufgeführt. Der Anteil der Bettenkapazität beträgt 21 Prozent. Hieraus ergibt sich jedoch aufgrund der relativ geringen Übernachtungskosten lediglich ein Umsatzanteil am Übernachtungsumsatz von 13,3 Prozent, am Verpflegungsumsatz von 2,5 Prozent. Der Anteil am Gesamtumsatz wurde mit 5 Prozent kalkuliert. Aus diesen Daten wird deutlich, daß trotz hohen Bettenangebots, gegenüber den sechs kalkulierten Hotels, lediglich 60 Prozent der Übernachtungsumsätze erwirtschaftet werden. Im Durchschnitt nimmt ein Privatvermieter 15 000,- DM pro Jahr ein.

Tabelle 30   Kalkulationsdaten für die vier Betriebsklassen von Privatvermietern

Privatver-mieter	Anzahl Betriebe	Betten	Übernach-tungspreis	Umsätze in Millionen DM			Gesamt
				Übernachtung	Verpflegung	Sonstiges	
1	12	3	24 DM	0.097	0.03	0.003	0.13
2	46	5	19 DM	0.488	0.14	0.014	0.64
3	46	7	24 DM	0.863	0.25	0.025	1.14
4	12	9	21 DM	0.253	0.07	0.007	0.33

6. Ferienwohnungen

Anzahl der Betriebe:	65
Bettenzahl gesamt:	680
Auslastung:	0.37
Übernachtungen:	93 000

Bei Ferienwohnungen handelt es sich um einen relativ jungen Zweig von Übernachtungsbetrieben. Hierbei stellt der Vermieter vollständige Wohnungseinheiten (Zimmer, Küche, Bad) zur Verfügung. Im Verpflegungsbereich fallen weder Ausgaben noch Einnahmen an. Für Reit im Winkl können zwei Formen von Ferienwohnungen unterschieden werden. Zum einen befindet sich die Wohnung des Eigentümers im Haus, zum anderen werden ganze Häuser in Wohneinheiten gegliedert; der Eigentümer oder Pächter wohnt nicht mehr im Haus.

In Reit im Winkl haben circa 40 Prozent der Betriebe nur eine Wohneinheit zu vermieten. Für die Analyse der Marktanteile wurden vier Klassen ausgeschieden, als Basis für diese Einteilung wurde wiederum das Gästezimmerverzeichnis herangezogen. Die Kalkulationsdaten sind in Tabelle 31 dargestellt.

Tabelle 31   Kalkulationsdaten für die vier Bereichsklassen von Ferienwohnungen

Ferienwohnungen	Anzahl Betriebe	Betten	Anzahl Wohnungen	Übernachtungspreis	Umsätze		
					Übernachtung	Sonstiges in Millionen DM	Gesamt
1	26	4	1	24 DM	0.261	0.005	0.27
2	13	8	2	19 DM	0.261	0.005	0.27
3	13	10	3.5	24 DM	0.326	0.007	0.33
4	13	26	6.5	21 DM	0.848	0.019	0.87

Der Anteil von Ferienwohnungen am Übernachtungsumsatz beträgt 13,5 Prozent, der Bettenanteil hingegen liegt bei 20 Prozent. Es wird deutlich, daß es sich bei dieser Beherbergungsform um die billigste Variante handelt. Der sonstige Umsatz wurde mit 2,2 Prozent kalkuliert (Hotel Garnis). Der Gesamtumsatz beträgt 1,77 Millionen DM. Dies entspricht einem Anteil von 3,9 Prozent.

7. Speisewirtschaften

    Anzahl der Betriebe: 10
    Sitzplätze: 750

Typisch für Speisewirtschaften ist, daß circa 97 Prozent des Umsatzes im Bereich Speisen und Getränke erzielt wird. Für die hier ausgeschiedenen Modellbetriebe lagen keine Kalkulationshilfen vor. Bei der Ausscheidung waren wir daher auf Annahmen angewiesen. Insgesamt wurden zehn Betriebe ausgewählt. Die Kalkulationsdaten sind in Tabelle 32 dargestellt.

Der Anteil der Speisewirtschaften am Gesamtumsatz beträgt 11,8 Prozent. Am Verpflegungsumsatz sind die Betriebe mit 40,4 Prozent beteiligt, stellen somit im Verpflegungsbereich einen Hauptmarktteilnehmer dar.

Tabelle 32 Kalkulationsdaten für die zehn fiktiven Speisewirtschaften

Speise-wirtschaft	Umsätze		
	Verpflegung	Sonstiges in Millionen DM	Gesamt
1	1.26	1.04	1.30
2	1.07	1.03	1.10
3	0.87	1.03	0.90
4	0.68	0.02	0.70
5	0.47	0.01	0.48
6	0.31	0.01	0.32
7	0.23	0.01	0.24
8	0.15	0.01	0.16
9	0.08	0.01	0.09
10	0.04	0.00	0.04

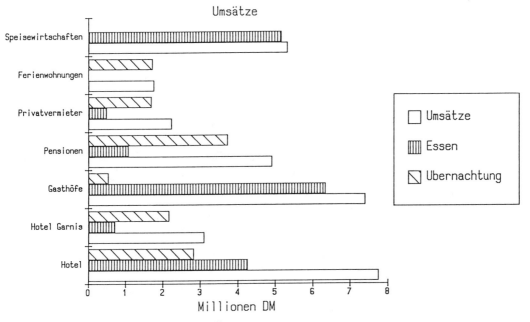

Abb. 60 Gesamt-, Speisen- und Übernachtungsumsätze für die ausgeschiedenen Betriebskategorien

Zusammenfassung der Angebotsstruktur im Bereich Übernachtung und Verpflegung:

Abbildung 60 zeigt die Gesamt-, Essens- und Übernachtungsumsätze für die sieben ausgeschiedenen Betriebskategorien.

Der Gesamtumsatz der Betriebe beläuft sich auf 32,52 Millionen DM, erfaßt somit 72,1 Prozent der gesamten Nettowertschöpfung. Die Gesamtzahl der zu simulierenden Betriebe liegt bei 308. Der Speisen- und Getränkeumsatz beträgt 18,06 Millionen DM. Er wird somit zu 93 Prozent durch die Betriebe gedeckt. Der restliche fehlende Umsatz wird von Cafes, Eisdielen und ähnlichen Betrieben gemacht. Da hier keine detaillierten Daten für die Berechnung vorlagen, wurde auf eine Einbeziehung dieser Betriebe verzichtet. Der Gesamtübernachtungsumsatz konnte durch die fiktiven Betriebe zu 100 Prozent erfaßt werden.

Aus der Abbildung 60 geht hervor, daß Hotels den höchsten Gesamtumsatz aufweisen. Gasthöfe und Speisewirtschaften sind die nächstgrößeren Marktteilnehmer.

7.8.3 Die Empfindlichkeit von Übernachtungs- und Speisebetrieben gegenüber Besucherrückgängen

Ziel der Arbeit war es, eine Methode zu entwickeln, mit deren Hilfe Empfindlichkeitsanalysen von fremdenverkehrsabhängigen Betrieben möglich sind. Die grundlegende Frage, wie Feriengebiete auf mögliche Rückgänge der Gästezahlen reagieren, ist bislang unbeantwortet. Mit derartigen Möglichkeiten hat man sich bisher nicht befaßt und befaßt sich auch lieber nicht damit (NAKE-MANN, B., 1984). Lediglich KOCH et al. (1985) versuchten mittels eines Sensitivitätsrasters der Wattgebiete, ökonomische Auswirkungen einer Ölkatastrophe infolge von Tankerunfällen zu berechnen. Sie kommen zu dem Ergebnis, daß nach einem derartigen Unglück Umsatzeinbußen von 44 Prozent gegenüber Normaljahren auftreten. Einzelne Betriebe sind jedoch nicht Gegenstand dieser Untersuchung.

Um einen Einzelbetrieb bzw. dessen Empfindlichkeit analysieren zu können, sind prinzipiell sogenannte Kostenstrukturanalysen aufzustellen. Im Rahmen dieser Untersuchung war dies wegen der nicht überwindbaren Schwierigkeiten der Datenbeschaffung nicht durchführbar. In den Statistischen Jahrbüchern für die Bundesrepublik Deutschland (STATISTISCHES BUNDESAMT, 1986) sind Kostenstrukturen für Betriebe des Gastgewerbes tabellarisch aufgeführt. Diese Daten werden mittels einer freiwilligen Auskunftserteilung von verschiedenen Betrieben in vierjährigem Turnus gewonnen. Die Gliederung in Kostenarten erfolgt jeweils für bestimmte Betriebe innerhalb festgelegter Umsatzgrenzen. Diese wurden für die Berechnungen herangezogen.

Die Analyse der Empfindlichkeit der Betriebe erfolgt in vier Schritten:

1. Schätzung des Umsatzes
2. Berechnung der variablen Kosten
   Berechnung der Personalkosten
   Berechnung der Fixkosten
3. Festlegung der Abhängigkeit des Betriebes vom Fremdenverkehr
4. Berechnung der Empfindlichkeiten
   – langfristiger Besucherrückgang
   – mittelfristiger Besucherrückgang
   – kurzfristiger Besucherrückgang

Die Schätzung des Umsatzes für einzelne Betriebe kann teilweise anhand von Bettenzahlen und durchschnittlicher Auslastung getroffen werden. Da genaues Datenmaterial fehlt, müssen auf Annahmen beruhende Umsatzabstufungen vorgenommen werden.

Für die Berechnung der variablen Kosten wurden regressionsanalytische Untersuchungen durchgeführt. Die abgeleiteten Beziehungen wiesen ausreichende Bestimmtheitsmaße auf, so daß sie zur Schätzung der jeweiligen Zielgröße herangezogen werden konnten. Die Beziehungen werden bei den Einzelanalysen dargestellt und diskutiert. Bei der Berechnung der Personal- und Fixkosten wurde analog verfahren.

Die Festlegung der Abhängigkeit einzelner Betriebe vom Fremdenverkehr ist ein zentrales Problem. Der Fremdenverkehrsbeitrag, der den Betrieben abverlangt wird, basiert rechnerisch auf einer Schätzung der fremdenverkehrsabhängigen Umsätze. MAIER, J. (1970) erstellte eine Übersicht über fremdenverkehrsbedingte Umsätze einzelner Betriebskategorien. Für die hier zu betrachtenden Unternehmen liegen die Grenzen zwischen 70 Prozent und 100 Prozent in einem Ort wie Bad Wiessee, der ähnliche Beiträge des Fremdenverkehrs zum Pro-Kopf-Einkommen aufweist wie das hier angenommene fiktive Dorf. Für die Empfindlichkeitsanalysen wurden Abhängigkeiten zwischen 70 Prozent und 100 Prozent für alle Betriebe angenommen und berechnet.

Die Empfindlichkeit gegenüber langfristigen Besucherrückgängen von Einzelbetrieben wurden von uns wie folgt definiert:

– Ein Betrieb kann langfristig nicht mehr existieren, wenn das Betriebsergebnis II über längere Zeit kleiner als 0 ist.
  Das Betriebsergebnis II wird berechnet, indem alle mit der Leistungserstellung unmittelbar in Verbindung stehenden Aufwandsgrößen plus Miete, Pacht, Abschreibung, Fremdkapitalzinsen, Instandhaltung und außerordentliche Aufwendungen von den gesamten Betriebserträgen subtrahiert werden (siehe auch MASCHKE, J., 1980). Was unter dem Begriff Betriebsergebnis II zu verstehen ist, wird nachstehend in der Berechnung der Grenzwerte definiert.

- Ein Betrieb kann mittelfristig nicht mehr existieren, wenn das Betriebsergebnis I kleiner 0 ist.

  Das Betriebsergebnis I wird durch Subtraktion der mit der Leistungserstellung unmittelbar in Verbindung stehenden Aufwandsarten von den gesamten Betriebserträgen berechnet. Das Betriebsergebnis I wird normalerweise zur Beurteilung der Wirtschaftlichkeit der Betriebsführung und des Betriebsablaufs herangezogen (siehe auch MASCHKE, a. a. O.).

- Ein Betrieb kann kurzfristig nicht mehr existieren, wenn der Deckungsbeitrag kleiner 0 ist.

  Der Deckungsbeitrag ergibt sich aus der Subtraktion der variablen Kosten von den gesamten Betriebserträgen. Liegt der Deckungsbeitrag unter 0, können selbst die variablen Kosten nicht gedeckt werden.

7.8.3.1 Berechnung der Grenzwerte

1. Langfristige Empfindlichkeitsschwelle

Das Betriebsergebnis II wird nach folgender Formel berechnet:

$$BII = U - VK - FkII \quad (1)$$

BII: Betriebsergebnis II
U: Umsatz
VK: Variable Kosten
FkII: Gesamte Fixkosten (inclusive kalkulatorische Kosten)

Da alle Größen vom Umsatz abhängig sind, kann die Formel wie folgt erweitert werden:

$$bII \times U = U - vk \times U - fkII \times U \quad (2)$$

bII: Anteil des Betriebsergebnisses
fkII: Fixkostenanteil
vk: Variabler Kostenanteil

Ein Teil des Umsatzes sowie ein Teil der variablen Kosten sind direkt auf den Fremdenverkehr zurückzuführen. Diese kalkulatorischen Größen vermindern sich entsprechend einem angenommenen Besucherrückgang. Die Formel läßt sich wie folgt erweitern:

$$bII \times U = U - U \times AT \times XT - U \times fkII - U \times vk - U \times vk \times AT \times XT$$

AT: Abhängigkeit vom Tourismus
  1: zu 100% abhängig
  0: nicht abhängig

XT: Besucherrückgang
  0: kein Besucherrückgang
  1: 100% Besucherrückgang

Weisen AT oder XT oder beide einen Wert von 0 auf, läßt sich das Betriebsergebnis II nach Formel (1) oder (2) berechnen, da das zweite und das letzte Glied der Gleichung 0 sind. Liegt hingegen eine gewisse Abhängigkeit vom Tourismus vor und kommt es zu Besucherrückgängen, vermindern sich zunächst die Betriebsumsätze entsprechend, ferner ist eine Verringerung der variablen Kosten zu erwarten.

Die Division durch U ergibt folgende Formel, anhand der Anteil des Betriebsergebnisses II am Umsatz geschätzt werden kann:

$$bII = 1 - AT \times XT - fkII - vk - vk \times AT \times XT$$

Gesucht ist nun der Grenzwert des Besucherrückganges für den der Anteil des Betriebsergebnisses bII 0 ist. Durch eine Reihe von Umformungen läßt sich die oben genannte Formel vereinfachen, daß die Bedingung für bII = 0 lautet:

$$XT = ((1 - fkII - vk) / (1 + vk)) \times (1 / AT)$$

Für den berechneten Wert XT gilt, daß bei diesem Besucherrückgang das Betriebsergebnis II 0 ist. Höhere Besucherrückgänge führen zu einem negativen Betriebsergebnis. Der errechnete Wert für XT wird als langfristige Empfindlichkeitsschwelle definiert.

2. Mittelfristige Empfindlichkeitsschwelle

Das Betriebsergebnis I unterscheidet sich lediglich durch einen geringeren Anteil von Fixkosten gegenüber Betriebsergebnis II. Daher resultiert für die Berechnung des kritischen Besucherrückgangs bzw. der mittelfristigen Empfindlichkeitsschwelle folgende Formel:

$$XT = ((1 - fkI - vk) / (1 + vk)) \times (1 / AT)$$

3. Kurzfristige Empfindlichkeitsschwelle

Der Deckungsbeitrag berechnet sich nach folgender Formel:

$$D = U - VK \text{ bzw. } d \times U = U - vk \times U$$

D: Deckungsbeitrag
d: Anteil des Deckungsbeitrages am Umsatz

Analog zu den Berechnungen der langfristigen Empfindlichkeitsschwelle errechnet sich der Wert des kritischen Besucherrückganges nach folgender Formel:

$$XT = ((1 - vk) / (1 + vk)) \times (1 / AT)$$

7.8.3.2 Ergebnisse der einzelbetrieblichen Empfindlichkeitskalkulationen

Um eine übersichtliche Darstellung zu gewährleisten, werden die Ergebnisse der einzelbetrieblichen Analysen in tabellarischer Form dargestellt. In diesen standardisierten Tabellen werden zunächst die Ergebnisse der Regressionsanalysen aufgezeigt. Die berechneten Gleichungen weisen durchwegs eine typische Charakteristik auf. Mit zunehmender Betriebsgröße fällt der prozentuale Anteil der variablen Kosten (v), die Fixkostenanteile I (fI) und II (fII) steigen. Die hohen Korrelationskoeffizienten deuten an, daß dieser Trend grundsätzlich bei allen untersuchten Speise- und Übernachtungsbetrieben anhält. Für die Empfindlichkeitsschwellen hat dies folgende Konsequenzen:

- Bei kurzfristigen Umsatzrückgängen (I) sind kleine Betriebe anfälliger, was sich an einer niedrigeren Empfindlichkeitsschwelle zeigt. Die Ergebnisse sind in den Tabellen jeweils für eine hundertprozentige und eine siebzigprozentige Fremdenverkehrsabhängigkeit dargestellt.
- Da die Fixkosten I stärker steigen als die variablen Kosten fallen, dreht sich bei der mittelfristigen Betrachtung (II) das Verhältnis um. Hier sind größere Betriebe grundsätzlich anfälliger gegenüber Umsatzrückgängen.
- Bei langfristigen Umsatzrückgängen (III) bleibt dieser Trend erhalten. Die errechneten Werte liegen bei allen Großbetrieben (Hotels, Gasthöfe, Speisewirtschaften) relativ niedrig. Da ein Betrieb jedoch langfristig Umstellungen vornehmen kann, über ein Instrumentarium (verbesserte Werbung, Modernisierung) der Steuerung verfügt, sind diese Ergebnisse zu relativieren. Ferner könnten Subventionen (Verminderung des Fremdenverkehrsbeitrages, verbilligte Kredite, direkte Finanzbeihilfen) die Situation weitgehend stabilisieren. Die Ergebnisse zeigen jedoch grundsätzlich die Enge des Handlungsspielraumes auf. Mit Hilfe eines Vergleichs der Empfindlichkeit der Betriebe soll daher abschließend eine Reihung der Betriebskategorien vorgenommen werden.

1. Die Empfindlichkeit von Hotelbetrieben

Die Ergebnisse der Regressions- und Empfindlichkeitsanalysen sind in Tabelle 33 dargestellt. Bei kurzfristigen Umsatzrückgängen ist Betrieb 6 der empfindlichste. Dieser kann seine Fixkosten und seine variablen Kosten bei hundertprozentiger Fremdenverkehrsabhängigkeit nicht mehr decken, wenn der Umsatz um 42 Prozent sinkt. Bei siebzigprozentiger Fremdenverkehrsabhängigkeit liegt der Grenzwert des Umsatzrückganges bei 59,9 Prozent. Die Resultate zeigen ferner, daß die kurzfristigen Umsatzeinbußen nur bei extremen Ereignissen zu einer Gefährdung der Betriebe führen werden. Mittelfristige Umsatzrückgänge treffen zunächst Betrieb 1. Der Grenzwert ist bei hundertprozentiger Fremdenverkehrsabhängigkeit 25,4 Prozent, bei siebzigprozentiger Abhängigkeit 36,3 Prozent Umsatzrückgang. Diese Werte könnten nach unmittelbar aufeinanderfolgenden Katastrophenereignissen erreicht werden. Langfristig führt ein Rückgang von 2,5 Prozent (100 Prozent Fremdenverkehrsabhängigkeit) bzw. 3,6 Prozent (70 Prozent Fremdenverkehrsabhängigkeit) zu negativen Betriebsergebnissen. Wie bereits angedeutet, ist der Betrieb langfristig in der Lage, diese Umsatzrückgänge abzufangen. Hierbei steht die Flexibilität des Betriebes im Vordergrund. Da die Abstände zwischen Hotel 1 und Hotel 6 relativ gering sind und Hotel 1 aufgrund seiner Organisationsstruktur flexibler sein dürfte als Hotel 6, liegt die Empfindlichkeit beider Betriebe noch enger beieinander. Die Befunde zeigen jedoch grundsätzlich, daß Hotelbetriebe auf geringere Besucherzahlen sehr empfindlich reagieren.

Tabelle 33   Ergebnisse der Empfindlichkeitsanalysen: Hotels

Ergebnisse der Regressionsanalysen

$v = 0.42 - 4.10 * 10^{-5} * U / 1000 \qquad r = 0.96$
$fI = 0.16 + 7.82 * 10^{-5} * U / 1000 \qquad r = 0.92$
$fII = 0.48 + 7.11 * 10^{-5} * U / 1000 \qquad r = 0.93$

Ergebnisse der Empfindlichkeitsanalysen

Nummer des Betriebes	Umsatz in 1000	v	fI	fII	Empfindlichkeit					
					I		II		III	
					70	100	70	100	70	100
1	2210	0.329	0.333	0.637	72.1	50.4	36.3	25.4	3.6	2.5
2	1920	0.341	0.310	0.617	70.2	49.1	37.1	26.0	4.5	3.1
3	1290	0.367	0.261	0.572	66.1	46.3	38.9	27.2	6.4	4.5
4	1220	0.370	0.255	0.567	65.7	46.0	39.1	27.3	6.6	4.6
5	840	0.386	0.226	0.540	63.4	44.3	40.1	28.1	7.7	5.4
6	270	0.409	0.181	0.499	59.9	42.0	41.6	29.1	9.3	6.5

2. Die Empfindlichkeit von Hotel Garnis

Aufgrund der einseitigen Ausrichtung auf Übernachtungen liegen die Umsätze niedriger als bei Hotels. Die variablen Kosten sind grundsätzlich geringer. Die Fixkosten steigen stärker an. Die Empfindlichkeit der Hotel Garnis ist geringer als die der Hotels. Die Ergebnisse der Modellbetriebskalkulationen sind in Tabelle 34 dargestellt.

Tabelle 34 Ergebnisse der Empfindlichkeitsanalysen: Hotel Garnis

Ergebnisse der Regressionsanalysen

$v = 0.24 - 7.74 * 10^{-5} * U / 1000$ $\quad r = 0.98$
$fI = 0.11 + 1.87 * 10^{-4} * U / 1000$ $\quad r = 0.89$
$fII = 0.54 + 1.95 * 10^{-4} * U / 1000$ $\quad r = 0.87$

Ergebnisse der Empfindlichkeitsanalysen

Nummer des Betriebes	Umsatz in 1000	v	fI	fII	Empfindlichkeit I		II		III	
					70	100	70	100	70	100
1	910	0.172	0.280	0.717	99.9	71.0	66.8	46.7	13.5	9.4
2	720	0.186	0.245	0.680	98.4	68.9	68.5	48.0	16.1	11.2
3	500	0.203	0.204	0.638	95.0	66.5	70.5	49.4	19.0	13.3
4	330	0.215	0.172	0.604	92.4	64.7	72.0	50.4	21.2	14.8
5	270	0.220	0.160	0.593	91.5	64.1	72.6	50.8	22.0	15.4
6	260	0.221	0.159	0.591	91.4	64.0	72.7	50.9	22.1	15.5
7	120	0.231	0.132	0.563	89.3	62.5	73.9	51.7	23.9	16.7

3. Die Empfindlichkeit von Gasthöfen

Die Kostenstrukturanalysen im Statistischen Jahrbuch (STATISTISCHES BUNDESAMT, 1986) berücksichtigen lediglich Gasthöfe bis zu Umsätzen von einer Million DM. Daher besitzen die berechneten Grenzwerte für Betrieb 1 und 2 nur begrenzte Gültigkeit. Die Hochrechnung der Betriebsumsätze anhand der vorhandenen Bettenkapazität muß als problematisch beurteilt werden. Zu vermuten ist, daß die Gesamtumsätze überschätzt wurden.

Tabelle 35 Ergebnisse der Empfindlichkeitsanalysen: Gasthöfe

Ergebnisse der Regressionsanalysen

$v = 0.52 - 1.16 * 10^{-4} * U / 1000$ $\quad r = 0.96$
$fI = 0.04 + 3.03 * 10^{-4} * U / 1000$ $\quad r = 0.95$
$fII = 0.33 + 2.21 * 10^{-4} * U / 1000$ $\quad r = 0.95$

Ergebnisse der Empfindlichkeitsanalysen

Nummer des Betriebes	Umsatz in 1000	v	fI	fII	Empfindlichkeit I		II		III	
					70	100	70	100	70	100
1	2275	0.400	0.276	0.540	61.2	42.9	33.1	23.1	6.1	4.3
2	1592	0.400	0.276	0.540	61.2	42.9	33.1	23.1	6.1	4.3
3	764	0.431	0.271	0.499	56.8	39.7	32.6	22.8	7.0	4.9
4	634	0.446	0.232	0.470	54.7	38.3	31.7	22.2	8.2	5.8
5	331	0.482	0.140	0.403	55.0	35.0	36.5	25.5	11.1	7.8
6	260	0.490	0.119	0.387	48.9	34.2	37.5	26.3	11.8	8.2

Im Vergleich zu Hotels bleibt festzustellen, daß die variablen Kosten bei Gasthöfen zwar mit zunehmender Umsatzhöhe stärker abnehmen, jedoch von höheren Anfangswerten ausgehen. Gleichzeitig steigen die Fixkosten I und II bei Gasthöfen stärker an. Die Ergebnisse der Kalkulationen zeigt Tabelle 35.

4. Die Empfindlichkeit von Pensionen, Privatvermietern und Ferienwohnungen

Für die Betriebskategorien Privatvermieter, Pensionen und Ferienwohnungen lagen keine spezifischen Kostenstrukturanalysen vor. MASCHKE (1980) untersucht Frühstückspensionen gemeinsam mit Hotel Garnis. Zur Berechnung der Empfindlichkeiten wurden seine Kostenstrukturanalysen herangezogen. Die berechneten Regressionen sind jedoch für die geringen Umsatzunterschiede innerhalb dieser Kategorien nicht aussagekräftig. Es müßten für real existierende Betriebe Kostenstrukturanalysen erarbeitet werden, um über diese Betriebskategorien, die die größte Zahl der Betriebe stellt, in Zukunft wirklichkeitsnahe Aussagen treffen zu können.

Für alle drei Betriebskategorien können jedoch durchschnittliche Empfindlichkeitswerte angegeben werden. Kurzfristig müssen diese Betriebe aufgeben, wenn der Umsatz um 61,8 Prozent zurückgeht; mittelfristig liegt dieser Wert bei 52,1 Prozent, langfristig führen Umsatzeinbußen von 17,3 Prozent zu negativen Betriebsergebnissen. Auf eine Ergebnisdarstellung in Tabellenform wurde aufgrund der geringen Aussagekraft verzichtet.

5. Die Empfindlichkeit von Speisewirtschaften

Die Ergebnisse der Regressions- und Empfindlichkeitsanalysen der Modellbetriebe sind in Tabelle 36 dargestellt. Kurzfristige Umsatzrückgänge in Höhe von 33 Prozent führen bei allen Betrieben in die Nähe des Schwellenwertes. Dieser schwankt zwischen 33,4 Prozent für Betrieb 10 und 36,2 Prozent für Betrieb 1. Mittelfristige Umsatzrückeinbußen führen zu deutlicheren Unterschieden der Empfindlichkeit. Betrieb 1 erreicht den Schwellenwert bei 14,7 Prozent, Betrieb 10 bei 27,6 Prozent Umsatzrückgang und hundertprozentiger Fremdenverkehrsabhängigkeit. Bei langfristigen Besucherrückgängen weisen Speisewirtschaften sehr niedrige Schwellenwerte auf. Für Betrieb 1 wurde ein Grenzwert von 1,5 Prozent, für Betrieb 10 von 11,7 Prozent berechnet, bei dem das Betriebsergebnis II kleiner 0 wird.

Tabelle 36   Ergebnisse der Empfindlichkeitsanalysen: Speisewirtschaften

Ergebnisse der Regressionsanalysen

$v = 0.50 - 2.44 * 10^{-4} * U / 1000 \qquad r = 0.87$
$fI = 0.08 + 1.82 * 10^{-4} * U / 1000 \qquad r = 0.92$
$fII = 0.32 + 1.46 * 10^{-4} * U / 1000 \qquad r = 0.92$

Ergebnisse der Empfindlichkeitsanalysen

Nummer des Betriebes	Umsatz in 1000	v	fI	fII	Empfindlichkeit					
					I		II		III	
					70	100	70	100	70	100
1	1300	0.468	0.317	0.510	51.7	36.2	20.9	14.7	2.1	1.5
2	1100	0.473	0.280	0.481	51.1	35.8	23.9	16.7	4.5	3.1
3	900	0.478	0.244	0.451	50.4	35.3	26.9	18.8	6.8	4.8
4	700	0.483	0.207	0.422	49.8	34.9	29.8	20.9	9.1	6.4
5	480	0.488	0.167	0.390	49.1	34.4	33.1	23.1	11.7	8.2
6	320	0.492	0.138	0.367	48.6	34.0	35.4	24.8	13.5	9.5
7	240	0.494	0.124	0.355	48.4	33.9	36.5	25.6	14.4	10.1
8	160	0.496	0.109	0.343	48.1	33.7	37.7	26.4	15.3	10.7
9	90	0.498	0.096	0.333	47.9	33.5	38.7	27.1	16.1	11.3
10	40	0.499	0.087	0.326	47.7	33.4	39.4	27.6	16.7	11.7

7.8.3.3 Vergleich der Empfindlichkeitsschwellen unterschiedlicher Betriebskategorien

Für diesen Vergleich wurden für die im Statistischen Jahrbuch (STATISCHES BUNDESAMT, 1986) aufgeführten Betriebskategorien über Regressionsanalysen Schwellenwerte berechnet. Die Ergebnisse sind in Abbildung 61 dargestellt.

Bei kurzfristigen Umsatzrückgängen ergeben sich verschiedene Reihungen der Empfindlichkeit der ausgeschiedenen Kategorien. Hotel Garnis sind im angegebenen Umsatzbereich die unempfindlichsten Betriebe. Bis zu einem Umsatz von circa ¼ Million DM sind Gasthöfe die empfindlichsten Betriebe, oberhalb dieser Schwelle reagieren Speisewirtschaften empfindlicher. Im angegebenen Umsatzbereich liegen Hotels an der dritten Stelle.

Bei mittelfristigen Umsatzrückgängen nimmt die Empfindlichkeit der Betriebe mit zunehmendem Umsatz ab. Speisewirtschaften liegen an erster Stelle der Empfindlichkeit. Gasthöfe liegen an zweiter Stelle. Die geringste Zunahme der Empfindlichkeit ist für Hotels festzustellen; sie liegen an dritter Stelle. Hotel Garnis sind wiederum die unempfindlichsten Betriebe. Die dargestellten Zusammenhänge sind in Abbildung 62 graphisch aufgetragen.

Hotel Garnis sind auch bei langfristigen Umsatzrückgängen die

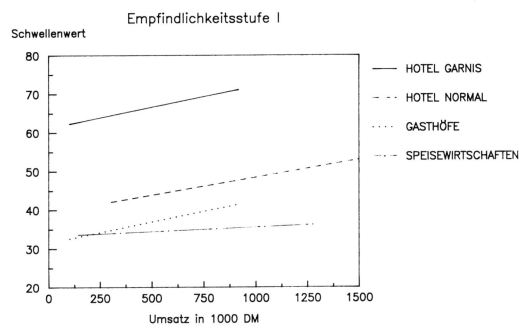

Abb. 61 Veränderungen der Empfindlichkeitsschwelle I für Großbetriebe in Abhängigkeit vom Umsatz

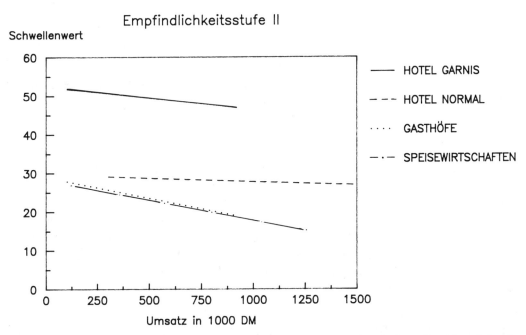

Abb. 62 Veränderungen der Empfindlichkeitsschwelle II für Großbetriebe in Abhängigkeit vom Umsatz

unempfindlichsten Betriebe. Bei den anderen Betrieben verschiebt sich innerhalb der Umsatzgrenzen die Reihenfolge der Empfindlichkeit laufend. Aus diesem Grund wird auf eine detaillierte Darstellung der Rei-

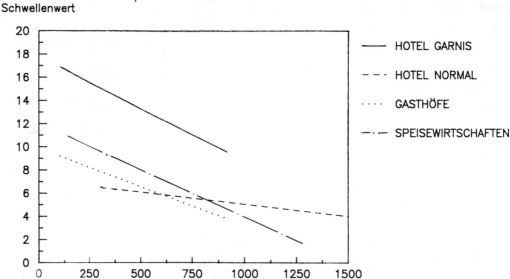

Abb. 63 Veränderungen der Empfindlichkeitsschwelle III für Großbetriebe in Abhängigkeit vom Umsatz

hung verzichtet. Es kann festgestellt werden, daß wiederum die geringste Zunahme der Empfindlichkeit bei Hotels vorliegt; die steilste Abnahme der Empfindlichkeitsschwelle zeichnet sich für Speisewirtschaften ab. Die Veränderungen der Empfindlichkeitsschwellenwerte sind in Abbildung 63 dargestellt.

7.8.4 Die Empfindlichkeit der Betriebskategorie Hotels gegenüber sukzessiven Besucherrückgängen

Die bisher vorgestellten Modelle zur Berechnung der Empfindlichkeit von Einzelbetrieben geben Aufschluß darüber, bei welchen Besucherrückgängen der Betrieb aufgeben muß. Die Umsatzverminderungen treffen jedoch lediglich auf einen isolierten Einzelbetrieb zu. Innerhalb eines abgegrenzten Untersuchungsraums kann damit gerechnet werden, daß die Aufgabe eines Betriebs zu einer Änderung der Situation der anderen Betriebe führt, zum Beispiel Gäste andere Hotels aufsuchen. Um diese Problemstellung zu untersuchen, wurde ein einfaches Simulationsmodell entwickelt, das sich als Grundlage für weiterführende Studien eignet.

Das Modell wurde in der Programmiersprache BASIC auf dem institutseigenen Personal Computer erstellt. Die Simulationen gehen von folgenden Grundannahmen aus:

1. Die einzelnen Betriebe sind in der ersten Phase gleichmäßig von Umsatzrückgängen betroffen.
2. Bei Erreichung des Grenzwertes für den empfindlichsten Betrieb gibt dieser auf. Der Restumsatz dieses Betriebes wird proportional zu deren Umsatz auf die anderen Betriebe verteilt. Im Modell wird auch die Möglichkeit berücksichtigt, daß Stammgäste des Hotels, das aufgegeben hat, ein anderes Urlaubsziel wählen könnten.
3. Bei der Verteilung des Restumsatzes werden für die verbleibenden Betriebe sogenannte Umsatzmaximalwerte pro Monat definiert. Sind alle Betriebe in einem bestimmten Monat überlastet, weichen die Gäste in andere Regionen außerhalb des Untersuchungsgebietes aus. Ein Wechsel der Übernachtungskategorie (vom Hotel zur Privatpension) findet nicht statt.
4. Nach Verteilung des Restumsatzes sind die Betriebe dann wiederum gleichmäßig von weiteren Umsatzrückgängen betroffen.
5. Der im ersten Schritt des Modells berechnete Grenzwert der Auslastung der Betriebe bleibt dabei immer konstant. Veränderungen der Betriebsstruktur während des Simulationszeitraumes werden nicht berücksichtigt (weiter mit 2.).

Die Berechnungen wurden für die sechs fiktiven Hotelbetriebe durchgeführt. Hierbei wurde der Einfluß folgender Parameter analysiert:

- Empfindlichkeitsstufen (I, II, III)
- Stammgästeanteil
- Fremdenverkehrsabhängigkeit

Bei Variation der Empfindlichkeitsstufen wurde der Stammgästeanteil mit 20 Prozent, die Fremdenverkehrsabhängigkeit mit 100 Prozent konstant angenommen.

Aus der Untersuchung über die Empfindlichkeit von Übernachtungs- und Speisebetrieben gegenüber Besucherrückgängen geht hervor, daß lang- und mittelfristig die Höhe des Umsatzes die Empfindlichkeit beeinflußt. Demnach sind die größten Betriebe aufgrund der Kostenstruktur am empfindlichsten. Die Deckungsbeitragsberechnungen führten zu einem umgekehrten Ergebnis. Hier sind vor allem die kleineren Betriebe von Umsatzrückgängen stärker betroffen. Um nun die drei Varianten miteinander vergleichen zu können, wurden für die kurzfristige Betrachtung bei der Simulation die Betriebe in umgekehrter Reihenfolge analysiert. Abbildung 64 verdeutlicht, welche Betriebe bei welchen Umsatzrückgängen aufgeben müssen. Für die kurzfristige Betrachtung wurden die Kennziffern der Betriebe in die Kurve eingetragen, da diese in umgekehrter Reihenfolge von Umsatzrückgängen betroffen sind.

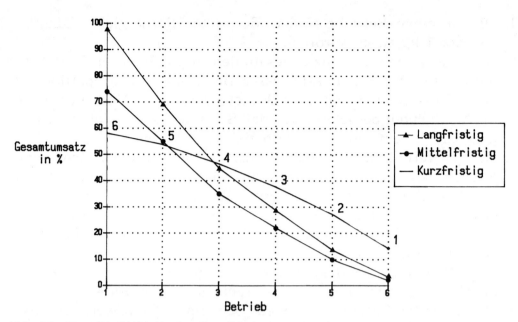

Abb. 64 Empfindlichkeit der Betriebskategorie Hotels gegenüber kurz-, mittel- und langfristigen Besucherrückgängen (Stammgästeanteil 20%, Fremdenverkehrsabhängigkeit 100%)

Bei langfristigen Umsatzrückgängen fällt Betrieb 1 bei einem Rückgang von 2,5 Prozent aus. Bedingt durch die Verteilung des Restumsatzes auf die übrigen Betriebe gibt Betrieb 2 bei einem Gesamtumsatz von 69,3 Prozent auf. Betrieb 3 gibt auf, wenn der Gesamtumsatz auf 44,6 Prozent sinkt, Betrieb 4 bei 28,7 Prozent, Betrieb 5 bei 13,6 Prozent und schließlich fällt Betrieb 6 aus, wenn der Gesamtumsatz auf 3,3 Prozent sinken würde.

Bei der Simulation mittelfristiger Empfindlichkeitsstufen ergeben sich grundsätzlich höhere Werte eines notwendigen Umsatzrückganges bis zur jeweiligen Betriebsaufgabe. So ist aufgrund der Modellrechnungen der Grenzwert für Betrieb 1 bei einem Gesamtumsatz von 74,6 Prozent gegeben. Betrieb 2 erreicht den Grenzwert bei 52,9 Prozent des ursprünglichen Gesamtumsatzes, Betrieb 3 bei 34 Prozent, Betrieb 4 bei 21,9 Prozent, Betrieb 5 bei 10,3 Prozent und Betrieb 6 bei 2,5 Prozent.

Die kurzfristige Umsatzrückgangssimulation zeigt, daß Betrieb 6 bei einem Umsatzrückgang von 42 Prozent aufgeben muß. Dies entspricht einem Anteil von 58 Prozent des ursprünglichen Umsatzes. Da die Empfindlichkeiten bei der Deckungsbeitragsberechnung für die Hotels hier eng beieinander liegen und nur wenig Restumsatz beim Ausscheidungsprozeß auf die anderen Betriebe verteilt wird, zumal die kleinsten Betriebe zuerst betroffen sind, ergibt sich, daß ein relativ geringer weiterer Umsatzrückgang Betrieb 5 zur Aufgabe zwingt. Dieser Grenzwert liegt bei diesem Betrieb bei 53,8 Prozent des ursprünglichen Umsatzes.

Für Betrieb 4 errechnet sich ein Wert von 46,3 Prozent, für Betrieb 3 ein solcher von 37,6 Prozent, für Betrieb 2 von 27,1 Prozent und schließlich für Betrieb 1 ein Wert von 14,1 Prozent.

Mit Hilfe von Abbildung 64 kann nun geschätzt werden, bei welchen Umsatzrückgängen welche Betriebe bereits ausgefallen sind. Liegt zum Beispiel ein kurzfristiger Umsatzrückgang auf 50 Prozent des Normalumsatzes vor, kann davon ausgegangen werden, daß Betrieb 6 und 5 betroffen sind. Diese Betriebe liegen oberhalb der 50 Prozent-Geraden. Analog können für mittelfristige und langfristige Umsatzrückgänge Schätzungen vorgenommen werden.

Der Stammgästeanteil bestimmt, wieviel des Restumsatzes eines aufgegebenen Betriebes auf die übrigen Betriebe verteilt wird. Die Berechnungen wurden für den Stammgästeanteil in Zehn-Prozent-Stufen durchgeführt und jeweils der notwendige betriebsinterne Umsatzrückgang berechnet, der zur Aufgabe zwingt. Ergebnisse der Kalkulation sind in Abbildung 65 dargestellt.

Wird der gesamte Restumsatz auf die übriggebliebenen Betriebe verteilt, liegt also der Stammgästeanteil bei 0 Prozent, ist Betrieb 1 bei einem betriebsinternen Umsatzrückgang von 25,4 Prozent gezwungen aufzugeben. Bei Betrieb 2 ergibt sich aufgrund des Zugewinns eine Erhöhung des notwendigen betriebsinternen Umsatzrückgangs auf 29,1 Prozent, bei den Betrieben 3 und 4 auf jeweils 35,3 Prozent, bei Betrieb 5

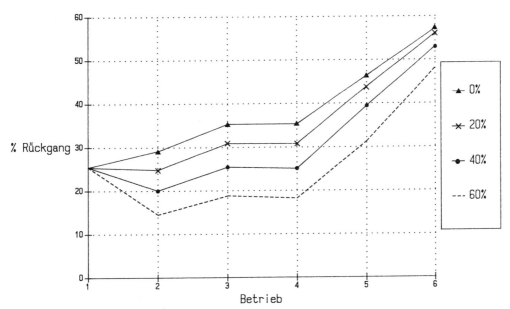

Abb. 65 Einfluß des Stammgästeanteils auf die Empfindlichkeit der Modellbetriebe bei mittelfristigem Umsatzrückgang und 100prozentiger Fremdenverkehrsabhängigkeit

auf 46,4 Prozent und bei Betrieb 6 auf 57,2 Prozent. Man sieht also, daß die Aufgabe des jeweils empfindlicheren Betriebes zu einer Verbesserung der Situation der anderen führt. Die Anzahl der Anbieter nimmt stärker ab als die Gesamtumsätze. Ein etwas anderes Bild ergibt sich, wenn ein hoher Stammgästeanteil (60 Prozent) angenommen wird. Die notwendigen betrieblichen Umsatzrückgänge liegen im Durchschnitt 15 Prozent unterhalb der oben genannten Werte. Demnach gibt Betrieb 2 bei einem Rückgang von 14,5 Prozent, Betrieb 3 von 18,8 Prozent, Betrieb 4 von 18,2 Prozent, Betrieb 5 von 31,3 Prozent und schließlich Betrieb 6 von 48,2 Prozent auf.

Geht man davon aus, daß keine Restumsätze auf die verbleibenden Betriebe verteilt werden, so ergeben sich für die Betriebe die bereits dargestellten Empfindlichkeitsstufen.

Der Einfluß der Fremdenverkehrsabhängigkeit wurde für einen Stammgästeanteil von 20 Prozent und die mittlere Empfindlichkeitsstufe berechnet.

Die Ergebnisse für die Extremwerte 100 Prozent bzw. 70 Prozent Abhängigkeit sind in Abbildung 66 dargestellt.

Vergleicht man abschließend die Aussagen über die Empfindlichkeit von Übernachtungs- und Speisebetrieben gegenüber Besucherzugängen, läßt sich folgendes aussagen:
Die Untersuchung der Empfindlichkeit der Einzelbetriebe zeigte, daß diese umgekehrt proportional zur Abhängigkeit vom Fremdenverkehr

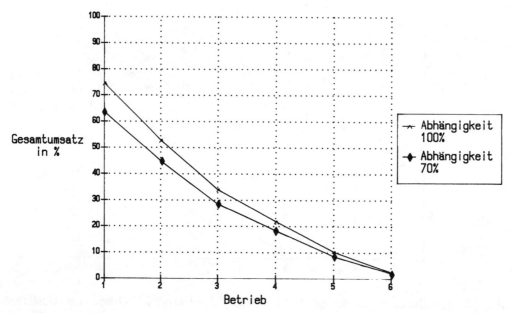

Abb. 66 Einfluß der Fremdenverkehrsabhängigkeit auf die Empfindlichkeit der Betriebskategorie Hotels

abnimmt. Bei Betrachtung der gesamten Betriebsgruppe entsteht ein anderes Bild. So ist Betrieb 1 bei hundertprozentiger Abhängigkeit mittelfristig bei einem Gesamtumsatz von 74,6 Prozent, bei siebzigprozentiger Abhängigkeit von 63,7 Prozent, gezwungen aufzugeben. Bei Betrachtung der weiteren Betriebe zeigt sich, daß der Einfluß der Fremdenverkehrsabhängigkeit abnimmt. Dies ist darauf zurückzuführen, daß der jeweilige Restumsatz, der auf die weiteren Betriebe verteilt wird, absolut gesehen zurückgeht. So liegt zum Beispiel die Gesamtumsatzschwelle für Betrieb 4 für hundertprozentige Abhängigkeit bei 21,9 Prozent, für eine siebzigprozentige bei 18,3 Prozent des Gesamtumsatzes.

Die durchgeführten Analysen zeigen, daß anhand des vorgestellten Simulationsmodells interessante Aspekte herausgearbeitet werden konnten. Die Anwendbarkeit auf real existierende Betriebe und Betriebsgruppen bedarf allerdings weitergehender Untersuchungen. Hier wurde lediglich ein methodischer Grundstein gelegt.

7.9 Zusammenfassung

Im bayerischen Alpenraum ist der Fremdenverkehr zu einem bedeutenden Wirtschaftsfaktor geworden. Zur Bearbeitung des Problemfelds „Waldsterben – Fremdenverkehr" stand eine Gemeinde im Mittelpunkt der Untersuchungen. Die Basis für die Bewertung von sukzessiven Besucherrückgängen und damit verbundenen Umsatzrückgängen im Fremdenverkehr bildet der Walderholungsnutzen. Es wurde dabei auf den Ansatz von NOHL und RICHTER (1984/1986) für die Herleitung in einem ersten Schritt zurückgegriffen. Um zu plausiblen Annahmen über Besucherrückgänge zu gelangen, wurde versucht, das FECHNERsche Gesetz auf das Phänomen Waldsterben anzuwenden.

Für die optimistische Variante ergaben sich keine Besucherrückgänge. Bei einem unterstellten Besucherrückgang von 1 Prozent (mittlere Schadenverlaufsvariante) jährlich würde sich für die Untersuchungsgemeinde bis zum Jahr 2012 ein Gesamtschaden von circa 210 Millionen DM, bei 2 Prozent Rückgang (pessimistische Variante) ein solcher von circa 390 Millionen DM ergeben. 84 Prozent dieses Schadens wären im Bereich der Fremdenverkehrswirtschaft zu verzeichnen.

In einem zweiten Ansatz wurde untersucht, welche Folgen Katastrophenereignisse für die Fremdenverkehrswirtschaft der Gemeinde hätten. Die hierbei entwickelten Katastrophenszenarien beruhen auf den Schätzungen möglicher Eintrittszeitpunkte, die mit Hilfe der Katastrophentheorie abgeleitet wurden. Eine Katastrophe hätte hier zur Folge, daß ein Schaden für die Fremdenverkehrswirtschaft entstehen würde, der etwa dem Totalausfall einer Fremdenverkehrssaison in der

Gemeinde entspricht. Auch wenn die Berechnungen größtenteils auf der Basis von Annahmen durchgeführt wurden, zeigen sie doch auf, welche Tragweite die Problematik Waldsterben haben könnte.

Im letzten Abschnitt des Problemfeldes „Waldsterben – Fremdenverkehr" sollte eine Antwort auf die Frage gefunden werden, wie empfindlich Fremdenverkehrsbetriebe auf Besucherrückgänge reagieren. Mit Hilfe von Kostenstrukturanalysen war es möglich, für Einzelbetriebe Empfindlichkeitsschwellen zu berechnen, die angeben, wann kurz-, mittel- bzw. langfristig kein positives Betriebsergebnis erwirtschaftet wird oder der Deckungsbeitrag kleiner Null ist.

Auf kurzfristige hohe Umsatzeinbußen reagieren vor allem kleine Betriebe empfindlich. Bei mittel- bzw. langfristigen Umsatzrückgängen sind es größere Betriebe, die sensibel reagieren. Anhand eines Simulationsmodells wurde nach den einzelbetrieblichen Kalkulationen die gesamte Betriebsklasse Hotels untersucht. Dabei wurde berechnet, wie sich die Empfindlichkeit verändert, wenn Gäste zum Beispiel die Hotels wechseln. Hierbei wurde deutlich, daß die einzelbetrieblichen Empfindlichkeitsschwellen erheblich erhöht werden, wenn es zu Abwanderungen in andere Hotels nach Aufgabe eines Hotelbetriebes kommt.

Bei diesen Modellbetrachtungen wird grundsätzlich deutlich, daß Fremdenverkehrsbetriebe äußerst empfindlich auf Veränderungen der Besucherzahl reagieren. Geht man davon aus, daß die Einflüsse des Waldsterbens auf das Landschaftsbild oder die Schutzfähigkeit nicht kompensiert werden können, zeigen die Modellkalkulationen, mit welchen drastischen Auswirkungen für die Fremdenverkehrswirtschaft gerechnet werden muß. Diese Fremdenverkehrswirtschaft ist geprägt von einem ausgesprochenen Optimismus. Aus diesem Grund gibt es auch bis heute aus diesem Wirtschaftsbereich keine fundierte Stellungnahme zum Thema Waldsterben. Ein großer Teil der Bevölkerung im bayerischen Alpenraum lebt vom Fremdenverkehr. Die Kalkulationen belegen nunmehr eindeutig, daß auch die Fremdenverkehrswirtschaft vom Waldsterben nachhaltig betroffen werden sein kann. Es scheint dabei hoch an der Zeit, daß sich auch dieser Wirtschaftszweig mit dem immer brennender werdenden Themenkomplex auseinandersetzt.

8. Zusammenfassung der wichtigsten Ergebnisse und Schlußbetrachtung

Bayern ist das einzige Land der Bundesrepublik Deutschland mit einem Anteil am Alpenraum. Die Bewaldungsdichte im bayerischen Alpenraum beträgt circa 50 Prozent. Die Wälder haben dabei nach den Ergebnissen der Waldfunktionsplanung vor allem die Vorrangfunktionen Bodenschutz, Lawinenschutz und Wasserschutz zu erfüllen.

Rund 60 Prozent aller Übernachtungen in Bayern entfallen ebenfalls auf den Alpenraum. Dem Wald kommt daher auch besondere Bedeutung für Nah- und Fernerholung zu.

Bedingt durch das Waldsterben hat sich die Situation für den Bergwald entschieden verschärft. Die Entwicklung der Waldschäden verläuft dabei im Alpenraum dramatischer als in anderen Regionen Bayerns. Das wirft die Frage auf, welche Auswirkungen das Waldsterben für die Schutzfähigkeit des Bergwaldes hat, welche Folgen für Siedlungen, Infrastruktureinrichtungen zu erwarten, welche Konsequenzen für Nah- und Fernerholung abzusehen sind und wie diese Effekte erfaßt und bewertet werden können.

Hier liegt der Schwerpunkt in der Entwicklung von Methoden, mit deren Hilfe eine Beurteilung dieser Fragen möglich erscheint. Schon bei Beginn der Modellkonzeption war klar, daß in der Arbeit wegen der Komplexität der Wirkungszusammenhänge nur gewisse Aspekte ausgeleuchtet werden können. Eine Erfassung aller denkbaren direkten und indirekten Wirkungen erschien für viele Bereiche nur schwer durchführbar oder sogar unmöglich. Die vorgestellten Ansätze und Ergebnisse haben daher ausschließlich Gültigkeit für die untersuchten Teilräume. Aus diesem Grund wurde auch auf Hochrechnungen für den gesamten bayerischen Alpenraum verzichtet.

Die für den Bereich Lawinen und Hochwasser entwickelten Methoden konnten sich auf hinlänglich sicheres Datenmaterial und vorhandene wissenschaftliche Erkenntnisse stützen. Für den Bereich Steinschlag und Fremdenverkehr mußte dagegen methodisches Neuland betreten werden. Es fehlten hier sowohl die notwendigen Kalkulationsdaten als auch die grundlegenden wissenschaftlichen Erkenntnisse. Grundsätzlich gilt jedoch, daß die hier vorgestellten Ansätze als verbesserungsfähige Vorschläge anzusehen sind.

Der künftige Verlauf des Waldsterbens im bayerischen Alpenraum ist ungewiß. Zum gegenwärtigen Zeitpunkt kann niemand die weitere Entwicklung vorhersagen. Basierend auf einer standardisierten Befragung von 57 Experten wurden daher im Rahmen dieser Arbeit zunächst drei Schadenverlaufsvarianten abgeleitet, die eine optimistische, mittlere und pessimistische Schadensentwicklung bis zum Jahr 2009 annehmen.

Nach Meinung der befragten Sachverständigen ist ein optimistischer Schadensverlauf bis zum Jahr 2009 gekennzeichnet durch eine Zunahme ungeschädigter Bestandesteile, die sich aus einer Verringerung der Anteile der Schadklassen 1 und 2 ergibt. Stark geschädigte und abgestorbene Bestandesteile der Schadklassen 3 und 4 verharren während dieses Zeitraums auf einem konstanten Niveau von circa 13 Prozent. Nach den Vorstellungen der Experten kommt es nicht zu einer grundlegenden Gesundung des Bergwaldes.

Die mittlere Variante weist demgegenüber nur einen leichten Anstieg der ungeschädigten Bestandesteile auf. Die Schadklassen 3 und 4 nehmen um 3 Prozent bzw. 6 Prozent zu. Der Anteil beider Schadklassen beträgt im Jahr 2009 circa 20 Prozent.

Die pessimistische Variante zeigt eine drastische Verschlechterung des Gesamtzustandes. Die Schadklassen 3 und 4 nehmen deutlich zu. Ihr Anteil beträgt am Ende der Schätzperiode 42 Prozent.

Zur Erfassung möglicher Konsequenzen dieser Entwicklung wurde dann auf der Basis eines Regelkreises ein formaler Ansatz entwickelt, mit dem die zu beurteilenden Problemfelder näher identifiziert werden konnten. Dies sind:

- die Entwicklung von Szenarien des Waldschadenverlaufs
- die Erfassung des Standortpotentials für Massenverlagerungsphänomene und dagegen auftretende Widerstände
- die Ermittlung der Auswirkungen der Schadensverlaufsvarianten auf Potential und Widerstand für Massenverlagerungsphänomene
- die Ableitung von Schadensereignisprognosen sowie die Definition von Schwellenwerten
- die Bewertung möglicher Auswirkungen von Schadensphänomenen
- die Bestimmung möglicher Folgevegetationszustände
- die Abschätzung von notwendigen Maßnahmen zur Kompensation der Waldschäden
- die Formulierung forstpolitischer Strategien

Zur Lösung der Fragen standen jeweils eine Reihe von Methoden zur Verfügung. Da ein Teil der sich hier ergebenden Probleme wie beim Steinschlag bisher kaum untersucht war, wurde versucht, die Theorie der unscharfen Mengen auf die sich hier ergebenden Klassifikationsprobleme anzuwenden (Zweites Kapitel).

In einem weiteren Schritt wurde das Regelkreismodell auf den Bereich Waldsterben und Lawinen angewandt und versucht, mögliche

Auswirkungen des Waldsterbens auf die Gefährdung von Siedlungen und Infrastruktureinrichtungen durch Lawinen abzuschätzen und monetär zu bewerten (Viertes Kapitel).

Ausgangspunkt der Betrachtungen bildeten dabei Absterbesimulationen in einem ausreichend bestockten Lawinenschutzwald. Die dadurch entstehenden Blößen wurden hinsichtlich ihrer Ausdehnung näher charakterisiert. Der jeweilige Anteil kritischer Blößen, aus denen mit Lawinenabbrüchen gerechnet werden mußte, bildet die Eingangsgröße für die nachfolgenden Überlegungen. Mit Hilfe eines von RINK (1979) entwickelten Ansatzes wurde dabei der Anteil der Blößen berechnet, aus denen aufgrund der Geländemorphologie mit Lawinenabgängen zu rechnen ist. Diese Lawinen wiederum erreichten in Abhängigkeit von der Sturzbahn und der Größe des Anrißgebietes unterschiedliche Reichweiten. Für eine Schätzung wurde das Pauschalgefälle und eine von ZENKE (1985) vorgestellte Häufigkeitsverteilung herangezogen. Zur Charakterisierung der entstehenden Blößen versuchten wir das Schneegleitpotential zu erfassen. In Abhängigkeit von der Lage des Schutzwaldes wurden dann vier Schutzwertigkeitsstufen je nach der Bedeutung des zu schützenden Objektes unterschieden. Diese Gliederung erlaubte es schließlich für die einzelnen, infolge von Absterbeprozessen sanierungsbedürftigen Flächen, Maßnahmen vorzuschlagen, um die Auswirkungen des Waldsterbens zu kompensieren.

Das entwickelte Konzept wurde in einem Testlauf auf die Lawinenschutzwälder des Landkreis Traunstein angewendet. Hier schied die Waldfunktionsplanung 11 600 Hektar als Lawinenschutzwald aus. 28,3 Prozent dieser Wälder liegen oberhalb von Siedlungen, ebenso Einrichtungen der Infrastruktur und des Fremdenverkehrs. Zur Durchführung der eigentlichen Berechnungen wurde ein umfangreiches FORTRAN-Programm entwickelt.

Die Kalkulationen wurden im Modell für zwei Varianten der Regenerationsbeschränkung durchgeführt. Hohe Regenerationsbeschränkung bedeutete, daß einer Wiederbewaldung zum Teil erhebliche Widerstände entgegenstehen (Wild, Waldweide, Schneegleiten, Absterbeprozesse in der Verjüngung durch das Waldsterben). Dieser Zustand entspricht weitgehend der heute im Alpenraum gegebenen Situation. Bei geringer Regenerationsbeschränkung ist eine natürliche Verjüngung überwiegend möglich.

Die Kalkulationen für den Landkreis Traunstein zeigen, daß mit zunehmender Entwaldung die Kosten für notwendige Sanierungsarbeiten annähernd exponentiell ansteigen. Bei der optimistischen Variante errechneten sich nur geringe Schäden, da der Schutzwald bei dieser Entwaldung noch funktionsfähig ist. Bei hoher Regenerationsbeschränkung führt die mittlere Schadenverlaufsvariante zu Kosten in Höhe von circa hundert Millionen DM, für die pessimistische Variante circa 460 Millionen DM, und für die totale Entwaldung ergaben sich Kosten in Höhe von 1070 Millionen DM. Jeweils 50 Prozent dieser Kosten müßten aufgewendet werden, um Siedlungen und Infrastruktureinrichtungen zu schützen. Die Einzelergebnisse sind in den Tabellen 3 bis 7 des vierten Kapitels (Ergebnisse und Kalkulation) aufgeführt. Die dargestellten Werte beziehen sich lediglich auf eine einmalige Investition. Sollte es nicht gelingen, eine Wiederbegründung der Bestände während der Lebensdauer der Verbauungen zu gewährleisten, müßten die Maßnahmen wiederholt werden. Der resultierende Schaden würde sich dadurch erheblich ausweiten.

Im Rahmen eines weiteren Ansatzes wurde der Massenverlagerungstyp Steinschlag in den Mittelpunkt der Betrachtungen gestellt (fünftes Kapitel). Da es bisher wenige Untersuchungen über Steinschlag gibt, war es notwendig, zunächst den Entstehungsprozeß, den Bewegungsablauf sowie die Rolle des Waldes zur Verhinderung von Steinschlag näher darzustellen.

Anhand ausgewählter Indikatoren entwickelten wir dann auf der Basis der Theorie der unscharfen Mengen ein Bewertungskonzept zur Klassifikation von Steinschlägen und um Aussagen darüber zu treffen, wie sich das Steinschlagrisiko für bestimmte Objekte nach Waldsterbensprozessen ändert.

Zu diesem Zweck wurden die Bestandesentwicklungen der Baumarten Fichte, Buche und Tanne betrachtet. Es zeigte sich, daß sich bei allen Baumarten die Schutzfähigkeit mit zunehmendem Alter verringert. Die geringste Schutzfähigkeit in hohem Alter weist die Buche auf, die höchsten Werte ergaben sich für die Fichte. Hieraus konnte gefolgert werden, daß mehrschichtige, ungleichaltrige Bestände besonders geeignet sind, um einen kontinuierlichen Schutz gegen Steinschlag zu bieten.

Das Konzept wurde auf zwanzig steinschlaggefährdete Hänge an der Bundesstraße B 305 (zwischen Marquartstein und Zwing) angewendet. Die Bewertung erfolgte hierbei so, daß je nach Ausprägung des Hanges geeignete Maßnahmen vorgeschlagen wurden, um die bestehende Steinschlaggefährdung zu kompensieren.

Grundsätzlich zeigte sich, daß auf den untersuchten Streckenabschnitten (2,2 km) keine hohe bzw. extreme Steinschlaggefährdung herrschte, der Steinschlag somit im Vergleich zur Lawinengefahr eine untergeordnete Rolle spielt. Diese Aussage besitzt jedoch nur für den Fall Gültigkeit, daß es infolge der Absterbeprozesse nicht zu einer drastischen Vermehrung des steinschlagfähigen Materials auf den Hängen kommt, also auch in Zukunft die Flächen nicht vegetationsfrei werden. Die Investitionskosten zum Schutz der untersuchten Strecke gegen Steinschlag belaufen sich auf 32 000 DM bei der optimistischen, auf

130 000,- DM bei der mittleren, 220 000,- DM bei der pessimistischen Variante und 250 000,- DM bei totaler Entwaldung. Berechnet man zusätzlich zu erwartende Unterhaltskosten, ergibt sich ein Jahreskostenwert von 7800 DM bis 42 100 DM pro Kilometer gefährdete Strecke für die einzelnen Varianten. Die genaue Herleitung der Kostensätze zeigt Tabelle 8 im fünften Kapitel.

Der Einfluß der Waldsterbensprozesse auf den Hochwasserabfluß wurde in einer weiteren Kalkulation untersucht (siehe sechstes Kapitel). Gegenstand der Untersuchung war ein Wassereinzugsgebiet von circa 850 Hektar Größe östlich von Ruhpolding. Die Analyse des Status quo wurde mit Hilfe einer Stichprobeninventur durchgeführt. Bei dieser Aufnahme wurden eine Fülle von Standorts- und Bestockungsparametern in einem Gitternetz von 200 × 200 Metern aufgenommen (sechstes Kapitel „Das Untersuchungsgebiet Steinbach").

Zur Herleitung der Abflußkurven bzw. der Abflußspitzenwerte diente ein einfaches deterministisches Blockmodell. Da nur in wenigen Fällen Niederschlag-Abflußmessungen in kleineren Einzugsgebieten vorliegen, war es ein Ziel, den Ansatz so zu formulieren, daß Schätzungen des Hochwasserabflusses für Gebiete, auch bei Fehlen von Abflußmessungen, vorgenommen werden konnten.

Im einzelnen wurde wie folgt vorgegangen:
Durch Absterbeprozesse bedingt ist – je nach Intensität der Einflußfaktoren Wild, Waldweide, Schneegleiten, Absterbeprozesse in der Verjüngung – mit unterschiedlichen Stufen der Degradation zu rechnen. Die Spannweite reichte von Flächen, die sich verjüngen können, über Rasengesellschaften bis hin zu unter Extrembedingungen vegetationsfreien Flächen.

Um diesen Zusammenhang näher zu erfassen, wurde, basierend auf der Theorie der unscharfen Mengen, wiederum ein Konzept entwickelt, das es erlauben sollte, je nach Intensität der Einflußfaktoren Aussagen über den resultierenden Zustand der Folgevegetation auf den Flächen zu treffen. Hierbei wurden drei Varianten ausgeschieden, die, je nach Ausprägung der Einflußfaktoren, eine geringe, hohe und extreme Beeinflussung der Verjüngung darstellen.

Rechnerische Simulationen ergaben, daß Absterberaten in der Verjüngung in Höhe der Expertenschätzungen eine Wiederbewaldung völlig in Frage stellten mit dem Ergebnis, daß großflächig Rasengesellschaften entstehen. Auf Teilflächen könnte sich aufgrund starken Schneegleitens auch keine Vegetation mehr ausbilden.

Beträgt das Absterbeprozent lediglich ein Viertel des von den Experten geschätzten Wertes, sind es vor allem der Wildverbiß und Schneegleitprozesse, die eine Regeneration behindern. Im Modell wurde versucht, dieses dynamische Ineinandergreifen der Einflußfaktoren zu berücksichtigen. Würde zum Beispiel der Wildverbiß halbiert, würden auch Schneegleitprozesse beim Aufkommen dichter Verjüngungen weitgehend unterbunden. Lediglich auf südexponierten Hängen ist mit Einflüssen des Schneegleitens zu rechnen. Bleibt jedoch der Wildverbiß unverändert hoch, tritt nach unseren Berechnungen auf circa 20 Prozent der Waldflächen Schneegleiten auf. Gleichzeitig führt der Wildverbiß zur Entmischung. Unter diesen Bedingungen, die der gegenwärtigen Situation im Alpenraum am besten entsprechen, entstehen lichte Jungwuchsbestände aus reiner Fichte.

Das entwickelte Konzept erlaubte so zumindest eine grobe Abschätzung der künftigen Vegetationsentwicklung nach Absterbeprozessen.

Zur Herleitung des sich ergebenden abflußwirksamen Niederschlags wurde dann das in den USA entwickelte SCS-Verfahren herangezogen. Da die Veränderungen in der Bestockung hiermit nicht ausreichend erfaßt werden konnten, wurde zusätzlich versucht, die Ergebnisse experimenteller Starkregensimulationen in den Bayerischen Alpen für eine genauere Erfassung heranzuziehen. Die Auswertung dieser Versuche ergab, daß Wald von allen untersuchten Vegetationsformen das günstigste Infiltrationsverhältnis aufweist. Während der Bestandesentwicklung sind jedoch auch hier Unterschiede gegeben. Altdurchforstungen oder Bestände mit geschlossenem Kronendach besitzen die größte Infiltrationskapazität. Mit zunehmender Auflichtung wird diese Fähigkeit zur fast völligen Infiltration gemindert. In Jungwuchsbeständen und Jungdurchforstungen liegen ebenfalls relativ ungünstige Verhältnisse vor. Mit zunehmendem Alter der Bestände verbessert sich jedoch die Infiltrationssituation wieder.

Mit Hilfe dieser Kenntnisse war es möglich, unterschiedliche Absterbevarianten zu simulieren und den Einfluß auf den davon abhängigen abflußwirksamen Niederschlag zu schätzen. Die hieraus entstehenden Abflußkurven bei einfachen Modellbetrachtungen stellen lediglich eine lineare Transformation des abflußwirksamen Niederschlags dar. Daher genügt es, den Einfluß der Varianten auf den Oberflächenabfluß zu schätzen. Die Ergebnisse belegen, daß mit zunehmender Entwaldung, abnehmender Wiederholungsspanne der Niederschläge sowie mit Zunahme des Einflusses der Regenerationsbeschränkung der abflußwirksame Niederschlag bzw. der Spitzenabfluß prozentual ansteigt.

Die Einzelergebnisse, die in den Tabellen 21 bis 24 des sechsten Kapitels vorgeführt sind, zeigen, daß zum Beispiel bei einem hundertjährigen Ereignis der Spitzenabfluß um circa 10 Prozent bei der optimistischen, 12 Prozent bei der mittleren, 16 Prozent bei der pessimistischen Variante und um 21 Prozent bei totaler Entwaldung der über sechzigjährigen Bestände zunimmt. Die Werte beziehen sich jeweils auf hohe Regenerationsbeschränkung. Diese prozentuale Erhöhung führt dazu, daß bestimmte Abflüsse häufiger auftreten, die Wahrscheinlichkeit von Schadereignissen also ansteigt; es verschiebt sich dadurch die Dimensionierung der gewählten Ausbaustufe. Tritt beispielsweise die pessimistische Schadenverlaufsvariante ein, entspricht die zuvor gegebene Dimensionierung der Wasserbauten auf ein hundertjähriges Ereignis nurmehr derjenigen für ein sechzigjähriges Ereignis. Gleichzeitig erhöht sich das hydrologische Risiko empfindlich.

Schließlich wurde versucht, auch den Einfluß der Schadensverläufe auf die Schadenserwartung abzuleiten. Hochwasserereignisse galten hierbei als zufällige Ereignisse. Jedem Hochwasserereignis bzw. dem daraus entstehenden Schaden wurde eine bestimmte Wahrscheinlichkeit zugeordnet. Multiplizierte man diese Wahrscheinlichkeiten mit den anzunehmenden Schäden und summierte diese Werte auf, erhielt man den Schadenerwartungswert. Bedingt durch die Schadenverlaufsvarianten traten jedoch bestimmte Abflußspitzen und somit Schäden häufiger auf, der Schadenerwartungswert stieg an: Bei der optimistischen Variante auf 136 Prozent des Basiswerts, bei der mittleren auf 147 Prozent, bei der pessimistischen auf 165 Prozent und bei totaler Entwaldung auf 195 Prozent.

Da bei dieser Berechnung alle denkbaren Ereignisse berücksichtigt wurden (bis tausendjähriges Ereignis), sind diese Werte, trotz der Unsicherheit, mit der sie belastet sind, relativ aussagekräftig. Die Berechnungen wurden hier lediglich für ein kleines Einzugsgebiet durchgeführt. Große Siedlungen befinden sich zumeist in der Nähe von Hauptflutern. Der Schaden, der bei Überschwemmungen dieser Gebiete entstehen würde, wäre entschieden größer.

Im letzten Abschnitt der Arbeit (siebtes Kapitel) wurde versucht, mögliche Folgeschäden des Waldsterbens im Alpenraum für den Bereich der Fremdenverkehrswirtschaft zu erfassen und zu bewerten.

Insbesondere sollten dabei folgende Fragen geklärt werden:

- Inwieweit könnten waldsterbensbedingte Veränderungen des Landschaftsbildes zu Veränderungen im Besucherverhalten führen?
- Welche Auswirkungen auf den Fremdenverkehr sind bei katastrophenbedingten Besucherrückgängen zu erwarten?
- Wie empfindlich reagieren Fremdenverkehrsbetriebe auf Besucherrückgänge?

Im Mittelpunkt der Betrachtungen stand jeweils eine Gemeinde. Soweit möglich, wurden für die Kalkulationen Daten der Gemeinde Reit im Winkl herangezogen. Da aus Datenschutzgründen wichtige Unterlagen nicht zur Verfügung standen, waren wir darüber hinaus auf Hochrechnungen, Schätzungen und Annahmen angewiesen.

Bis heute lassen sich keine Effekte des Waldsterbens auf Besucherzahlen nachweisen, wir waren deshalb in diesem Feld auf Annahmen angewiesen. Versucht wurde, mit Hilfe des FECHNERschen Gesetzes zu plausiblen Annahmen zu gelangen. Es besagt, daß mit Anwachsen eines Reizes in geometrischer Reihe (Verdopplung, Verdreifachung) nur einen Anstieg der Empfindung in arithmetischer Reihe bewirkt. Es gelang auf dieser Basis, sogenannte Waldsterbensempfindungswerte abzuleiten, die sich bei Betrachtung unterschiedlich geschädigter Bestände ergeben.

Geht man davon aus, daß die Zunahme der Empfindungsstärke und das Verhalten der Urlauber korrelieren, gelangt man zu dem Ergebnis, daß bei der optimistischen Variante mit keinem, bei der mittleren Schadenverlaufsvariante mit 1 Prozent und bei der pessimistischen Variante mit 2 Prozent Besucherrückgang pro Jahr zu rechnen wäre.

Aufbauend auf der von NOHL und RICHTER (1984, 1986) entwickelten Herleitung eines Walderholungsnutzens (siehe Abbildung 64 im siebten Kapitel) wurde dann versucht, die Auswirkungen der unterstellten Besucherrückgänge für die Gemeinde Reit im Winkl abzuleiten. Der Untersuchungszeitraum wurde auf 25 Jahre (ab 1987) festgelegt. Nach den Berechnungen führt ein Rückgang von 1 Prozent jährlich zu einem Gesamtschaden von circa 210 Millionen DM, bei 2 Prozent Rückgang liegt der Schaden bei circa 390 Millionen DM. Jeweils 84 Prozent dieses Schadens betreffen den Bereich Fremdenverkehrswirtschaft. Sie führen also direkt zu Umsatzeinbußen für fremdenverkehrsabhängige Betriebe und auch zu Mindereinnahmen der Gemeinde.

In einem zweiten Ansatz wurde versucht, die Auswirkungen von Naturkatastrophen auf den Fremdenverkehr, hier von Lawinenunglücken im Untersuchungsraum, abzuschätzen. Urlauber reagieren auf derartige Katastrophen empfindlich. Aufbauend auf Erfahrungswerten von KEMMERLING und KAUPA (1980) wurde hier unterstellt, daß es nach Lawinenkatastrophen im Gemeindegebiet zu Besucherrückgängen kommt.

Die Eintrittszeitpunkte der unterstellten Lawinenunglücke wurden mit Hilfe katastrophentheoretischer Überlegungen festgelegt und angenommen, daß bei der optimistischen Variante eine Katastrophe gegen Ende des Untersuchungszeitraumes, bei der mittleren ein weiteres Schadereignis zwischen den Jahren 2000 und 2003 und bei der pessimistischen Variante ein dritter Schadensfall zwischen 1995 und 1998 eintritt. Es wurde ferner angesetzt, daß die Besucherzahl im Unglücksjahr um 50 Prozent, in den darauffolgenden drei Jahren um 25 Prozent, 20 Prozent und 10 Prozent reduziert ist. Der aufgrund dieser Besucherrückgänge entstehende Schaden liegt beim optimistischen Szenario bei 115 Millionen DM, beim mittleren bei 225 Millionen DM und bei der pessimistischen Variante bei 330 Millionen DM für die Gemeinde. Die errechneten Schadenswerte beziehen sich lediglich auf die verminderte Bruttowertschöpfung im Fremdenverkehr.

Auch wenn die errechneten Schadenswerte mit einer hohen Unsicherheit belastet sind, zeigen sie doch, welche indirekten Auswirkungen das Waldsterben für die Fremdenverkehrswirtschaft nach sich ziehen kann.

Im dritten Teil des Problemfelds Waldsterben – Fremdenverkehr wurde der Versuch unternommen, für einzelne fremdenverkehrsabhängige Betriebe ein Konzept zu entwickeln, mit dem eine Abschätzung ihrer Empfindlichkeit gegenüber Besucherrückgängen möglich ist. Hierbei wurden exemplarisch fiktive Betriebe aus den Hauptumsatzbereichen Übernachtung und Verpflegung ausgewählt und anhand von Kostenstrukturanalysen die Empfindlichkeit der Betriebe abgeleitet.

Anhand definierter Grenzwerte für kurz-, mittel- und langfristige Umsatzrückgänge konnte so die Empfindlichkeit einzelner Betriebe und Betriebsklassen analysiert werden. Kurzfristig bedeutet hierbei, daß der Betrieb nicht mehr in der Lage ist, einen positiven Deckungsbeitrag zu erwirtschaften. Für die mittelfristige Empfindlichkeit wurde angenommen, daß der Betrieb lediglich einen Teil der Fixkosten (Personalkosten) decken kann. Langfristig wurde der Grenzwert so festgelegt, daß es dem Betrieb nahezu unmöglich ist, ein positives Betriebsergebnis zu erwirtschaften.

Bei langfristiger Betrachtung zeigte sich, daß die analysierten Betriebe aufgrund der Kostenstruktur hochempfindlich sind. So kann zum Beispiel ein Hotel mit einem Umsatz von circa 2 Millionen DM bei einem Umsatzrückgang von circa 3 Prozent kein positives Betriebsergebnis mehr erzielen. Hotel Garnis sind von größeren Betrieben die unempfindlichsten, hier liegt die Schwelle für einen Betrieb von 1 Million DM Umsatz bei 9,4 Prozent Umsatzrückgang.

Mittelfristig betrachtet, liegen die errechneten Schwellenwerte höher. Für das gleiche Hotel liegt hier der Grenzwert bei 26 Prozent Umsatzrückgang, für das Hotel Garni bei 47 Prozent.

Der Grenzwert für das oben genannte Hotel liegt bei kurzfristigen Umsatzrückgängen bei circa 49 Prozent, für das Hotel Garni bei 71 Prozent.

Die Einzelergebnisse sind in den Tabellen 32 bis 35 des siebten Kapitels dargestellt.

Grundsätzlich zeigten sich folgende Zusammenhänge: Lang- und mittelfristig sind größere Betriebe innerhalb einer Kategorie empfindlicher, kurzfristig sind es die kleineren Betriebe.

Anhand eines Simulationsmodells wurde dann die gesamte Betriebsklasse Hotels untersucht, um zu berechnen, wie sich die Empfindlichkeit verändert, wenn Gäste nach Aufgabe eines Betriebes das Hotel wechseln. Es konnte gezeigt werden, daß sich bei Gästewanderungen die Empfindlichkeitsschwellen der anderen Hotels erheblich erhöhen. Die Ergebnisse sind in Abbildung 69 bis 71 des siebten Kapitels dargestellt.

Ziel dieser Arbeit war es, Methoden zu entwickeln, mit deren Hilfe mögliche Auswirkungen des Waldsterbens auf Siedlungen, Infrastruktureinrichtungen und den Fremdenverkehr physisch abgeschätzt und monetär bewertet werden können. Einerseits konnte auf bekannte Methoden zurückgegriffen werden, andererseits war es erforderlich, wissenschaftliches Neuland zu betreten, um zu Vorstellungen über denkbare Folgen des Waldsterbens zu gelangen. Naturgemäß sind vor allem diese Ansätze als verbesserungswürdig zu betrachten.

Mit Hilfe der entwickelten Bewertungsansätze konnten für unterschiedliche Varianten des Waldsterbens Schätzgrößen zu erwartender Schäden abgeleitet werden. Die weitere Anwendung der Methoden in der Praxis wird vor allem dadurch erschwert, daß zum Teil eine Fülle von Einzeldaten im Gelände erhoben werden müssen. Ein Ansatzpunkt der Vereinfachung der Bewertungskonzepte liegt in der Reduktion dieser Eingangsdaten. Anhand von Fall- und Feldstudien kann die Auswahl der Indikatoren überprüft und gegebenenfalls vermindert werden. Letztlich ist die praktikable Anwendung, die eine Angleichung der Modelle an die spezifischen Gegebenheiten eines Gebietes beinhalten sollte, nur auf EDV-Basis möglich.

Bei der Vielzahl möglicher Einflüsse des Waldsterbens und deren unterschiedlichsten Wirkungen bleibt die Erfassung und Bewertung nur ein Versuch. Im Rahmen dieser Arbeit war es nicht möglich, alle denkbaren Folgen des Waldsterbens zu untersuchen. Viele Fragen bleiben daher unbeantwortet.

Literaturverzeichnis

ALTENKIRCH, W.: Ökologie. Studienbuch Biologie. Frankfurt am Main, Berlin, München 1977.

ALTWEGG-ARTZ, D.: Bedeutung und Methoden einer Schätzung der volkswirtschaftlichen Kosten des Waldsterbens in alpinen Schutzwäldern. Allgemeine Forst- und Jagdzeitung, 158. Jg., Heft 4. o. O. 1987. S. 57–62.

AMMER, U., MÖSSMER, E. M., SCHIRMER, R.: Vitalität und Schutzbefähigung von Bergwaldbeständen im Hinblick auf das Waldsterben. Forstwissenschaftliches Centralblatt, Jg. 104, Heft 2. Hamburg, Berlin 1985. S. 122–137.

AMMER, U., MÖSSMER, E. M.: Technische Maßnahmen gegen Schneebewegungen zum Schutz von Aufforstungen und Naturverjüngungen in Gebirgslagen. Mitteilungen aus der Staatsforstverwaltung Bayerns, Heft 43, Lawinenverbau. München 1986.

AMMER, U.: Waldschäden im Gebirge, Folgen und Gegenmaßnahmen, Schriftreihe des Deutschen Rates für Landespflege, Heft 4. 1986. S. 862–868.

ANONYMUS: Waldwertschätzung. Bewertung und Ablöse von Weiderechten (Heimweide, Waldweide, überstoßene Waldweide, Asten und Almen) mit Hilfstabellen. Landesforstinspektion für Tirol. Innsbruck 1986.

ANONYMUS: Enzyklopädie für Naturwissenschaften und Technik. Stichwort: Weber-Fechnersches Gesetz. Weinheim 1981.

ANONYMUS: Umplis Umweltforschungskatalog '83. Umweltbundesamt. Berlin 1985.

ANONYMUS: Trotz Baumsterben zufrieden. Hotelrevue Nr. 7 vom 13. 2. 1986, S. 7.

ARBEITSKREIS ZUSTANDSERFASSUNG UND PLANUNG DER ARBEITSGEMEINSCHAFT FORSTEINRICHTUNG ARBEITSGRUPPE LANDESPFLEGE: Leitfaden zur Kartierung der Schutz- und Erholungsfunktionen des Waldes (Waldfunktionskartierung) WFK. 2., verbesserte Auflage. Frankfurt am Main 1982.

AULITZKY, H.: Schutzfunktionen des Waldes im Gebirge. Allgemeine Forstzeitung Wien, 81. Jg., Heft 5. o. O. 1970. S. 128–129.

AULITZKY, H.: Abschlußbericht über das Ergebnis der Delphi-Befragung über die derzeitigen Sicherheitserwartungen gegenüber verschiedener Methoden des permanenten und temporären Lawinenschutzes. Mitteilungen aus dem Institut für Wildbach- und Lawinenverbauung an der Universität für Bodenkultur in Wien, Heft 12. Wien 1980.

AULITZKY, H.: Berücksichtigung der Gefahrenbeurteilung bei der Bewirtschaftung von Gebirgswäldern. Dokumentation, IUFRO-Kongreß, Div. 3 vom 28. 6.–7. 7. 1982. München 1982.

BACHFISCHER, R.: Die ökologische Risikoanalyse – eine Methode zur Integration natürlicher Umweltfaktoren in die Raumplanung operationalisiert und dargestellt am Beispiel der Bayerischen Planungsregion 7 (Industrieregion Mittelfranken). Dissertation am Fachbereich Architektur der TU München. München 1978.

BACHFISCHER, R., DAVID, J., KIEMSTEDT, H.: Die ökologische Risikoanalyse als Entscheidungsgrundlage für die räumliche Gesamtplanung – dargestellt am Beispiel der Industrieregion Mittelfranken. In BUCHWALD, K., ENGELHARDT, W. (Hrsg.): Handbuch für Planung, Gestaltung und Schutz der Umwelt, Bd. 3 München, Wien, Zürich 1980. S. 524–545.

BARTHELHEIMER, P.: Der Holzmarkt im gesamtwirtschaftlichen Input-Output-Modell. Forstwissenschaftliches Centralblatt, 95. Jg., Heft 1. Hamburg, Berlin 1976. S. 79–88.

BAUMGARTNER, A.: Water- and energy balances of different vegetation covers. International Association of Scientific Hydrology. Proceedings of the Reading Symposium World Water Balance. o. O. 1970.

BAUMGARTNER, A.: Verdunstung im Walde. Schriftreihe des Deutschen Verbandes für Wasserwirtschaft und Kulturbau (DVWK), Heft 41. Hamburg, Berlin 1977.

BAYERISCHES STAATSMINISTERIUM DES INNERN, OBERSTE BAUBEHÖRDE, BAYERISCHES STAATSMINISTERIUM FÜR ERNÄHRUNG, LANDWIRTSCHAFT UND FORSTEN: Schutz dem Bergland – eine landeskulturelle Pflicht. Almen/Alpen in Bayern, Band I und II. München 1972.

BAYERISCHES STAATSMINISTERIUM FÜR ERNÄHRUNG, LANDWIRTSCHAFT UND FORSTEN: Grundsätze für die Waldbehandlung im Bayerischen Hochgebirge. München 1982.

BAYERISCHES STAATSMINISTERIUM FÜR ERNÄHRUNG, LANDWIRTSCHAFT UND FORSTEN: Der Wald im Bayerischen Hochgebirge. München 1985.

BAYERISCHES STAATSMINISTERIUM FÜR ERNÄHRUNG, LANDWIRTSCHAFT UND FORSTEN: Waldfunktionsplanung in Bayern. München 1986.

BECHMANN, A.: Grundlagen der Planungstheorie und Planungsmethodik. Bern, Stuttgart 1981.

BECKER, D.: Analyse der Delphi-Methode und Ansätze zu ihrer optimalen Gestaltung. Frankfurt am Main, Zürich 1974.

BEGEMANN, W., SCHICHTL, H. M.: Ingenieurbiologie: Handbuch zum naturnahen Wasser- und Erdbau. Wiesbaden, Berlin 1986.

BENNINGHAUS, H.: Ergebnisse und Perspektiven der Einstellungs- und Verhaltensforschung. Kölner Beiträge zur Sozialforschung und angewandte Soziologie, Bd. 20. Meisenheim am Glan 1976.

BERNHARD, A.: Verjüngungssituation im Oberbayerischen Bergwald. Vortragsmanuskript zum Vortrag bei der Tagung der Bezirksgruppe Oberbayern des Bayerischen Forstvereins am 5. 6. 1984 in Rottach-Egern 1984.

BERNHARD, A., KNOTT, H.: Waldverjüngung und Verjüngungssituation im Oberbayerischen Bergwald. In Deutscher Rat für Landespflege, Gefährdung des Bergwaldes, Heft 49. o. O. 1986. S. 854–861.

BERTOLD, J.: Schnee im Bergmischwald. Diplomarbeit an der Forstwissenschaftlichen Fakultät der Universität München 1980.

BICHLMAIER, F., GUNDERMANN, E.: Beiträge zur Quantifizierung der Sozialfunktion des Waldes im Bayerischen Hochgebirge. Forschungsberichte der Forstlichen Forschungsanstalt München, Nr. 21. München 1974.

BITTERLICH, W.: Relaskoptechnik. Rationelle Waldmessung durch das Spiegelrelaskop. Centralblatt des gesamten Forstwesens, Jg. 76, Heft 1. München 1959. S. 1–35.

BITTERLICH, W.: Statistik für Forstleute. Unveröffentlichtes Vorlesungsmanuskript. Wien 1971.

BOSCH, K.: Elementare Einführung in die Wahrscheinlichkeitsrechnung. Reinbeck bei Hamburg 1976.

BRECHTEL, H. M.: Methodische Beiträge zur Erfassung der Wechselwirkung zwischen Wald und Wasser. Forstarchiv, 35. Jg.. Hamburg 1965. S. 229–241.

BRECHTEL, H. M.: Wald und Retension – einfache Methoden zur Bestimmung der lokalen Bedeutung des Waldes für die Hochwasserdämpfung. Deutsche Gewässerkundliche Mitteilungen, 14. Jg., Heft 4. München 1970.

BRECHTEL, H. M.: Einfluß des Waldes auf Hochwasserabflüsse bei Schneeschmelzen. Wasser und Boden, Heft 3. o. O. 1971. S. 60–63.

BRECHTEL, H. M.: Wald und Schnee – Ergebnisse forsthydrologischer Schneemessungen in der Bundesrepublik Deutschland und in der Schweiz. Schriftreihe des Deutschen Verbandes für Wasserwirtschaft und Kulturbau (DVWK), Heft 41. Hamburg, Berlin 1977.

BRECHTEL, H. M., BOTH, M.: Wasser und Boden – Wirkungszusammenhänge und Auswirkungen des Waldsterbens in hydrologischer und wasserwirtschaftlicher Sicht. In EWERS, H. J. et al. (1986): Zur monetären Bewertung von Umweltschäden. Methodische Untersuchung am Beispiel der Waldschäden. Berichte 4/86 im Auftrag des Umweltbundesamtes. Berlin 1985.

BROILLI, L.: Ein Felssturz im Großversuch. Rock Mechanics, Suppl. 3. o. O. 1974. S. 69–78.

BRÜNING, G., MAYER, H.: Waldbauliche Terminologie. Wien 1980.

BUNDESAMT FÜR FORSTWESEN: Eidgenössisches Institut für Schnee- und Lawinenforschung. Richtlinien zur Berücksichtigung der Lawinengefahr bei raumwirksamen Tätigkeiten. Davos 1984.

BUNZA, G.: Klassifizierung alpiner Massenbewegungen als Beitrag zur Wildbachkunde. Internationales Symposium „Interpraevent 1975", Band I. Innsbruck 1975. S. 9–24.

BUNZA, G., KARL, J.: Erläuterungen zur hydrographisch-morphologischen Karte der Bayerischen Alpen 1 : 25 000, Hrsg. Bayerisches Landesamt für Wasserwirtschaft. München 1975.

BUNZA, G., KARL, J., MANGELSDORF, J.: Geologisch-Morphologische Grundlagen der Wildbachkunde. Schriftreihe der Bayerischen Landesstelle für Gewässerkunde, Heft 11. München 1976.

BUNZA, G.: Mündliche Mitteilung. 1982. Zitiert nach GROSSMANN et al. Siehe dort.

BURGER, H. (1943/1944): Einfluß des Waldes auf den Stand der Gewässer. Mitteilungen der Schweizer Anstalt für Forstliches Versuchswesen, Nr. 23/III Mitteilungen, Heft 1, S. 167–222, Nr. 24/IV Mitteilungen. Heft 1. Zürich 1943/1944. S. 133–218.

BURSCHEL, P., LÖW, H., METTIN, C.: Waldbauliche Untersuchungen in den Hochlagen des Werdenfelser Landes. Forschungsberichte der Forstlichen Forschungsanstalt München, Nr. 37. München 1977.

BURSCHEL, P. et al.: Die Verjüngung im Bergmischwald. Forstwissenschaftliches Centralblatt, Jg. 104, Heft 2, Berlin, Hamburg 1985. S. 65–100.

CHRISTA, R. (1986): Mündliche Mitteilung.
CERWENKA, P.: Ein Beitrag zur Entmythologisierung des Bewertungshokuspokus. Landschaft und Stadt, Jg. 16, Heft 4. 1984. S. 220–227.
CUBE, V., F.: Was ist Kybernetik. 3. Auflage, München 1971.
CZELL, A.: Wasserhaushaltsmessungen in subalpinen Böden. Mitteilungen der Forstlichen Versuchsanstalt, Nr. 98. Wien 1972.

DALKEY, N. C., BROWN, B., COCHRAN, S. W.: The Delphi-Method III. Use of Self Ratings to Improve Groups Estimates. Rand Corperation. o. O. 1969. RM-6115-PR.
DANZ, W.: Aspekte einer Raumordnung in den Alpen. WGI-Berichte zur Regionalforschung, Nr. 1. München 1970.
DANZ, W., KARL, J., TOLDRIAN, H.: Über den Waldzustand im Oberbayerischen Hochgebirge. Forstwissenschaftliches Centralblatt, Jg. 90. Hamburg, Berlin 1971. S. 87–103.
DANZ, W. et al.: Wasserwirtschaftliche Studie Halblech. 2 Bände mit Kartenanhang. München 1983.
DAV: Der Bergwald stirbt. Erläuterung zur Katastrophenkarte „Erosion und Lawinen" und zur Katastrophenkarte „Hochwasser". München 1985.
DAV: Der Bergwald stirbt. Katastrophen-Kartenmappe Erosion – Lawinen – Hochwasser. München 1986.
DEISENHOFER, H. W.: Große tägliche Niederschlagshöhen in Bayern. Informationsberichte Bayerisches Landesamt für Wasserwirtschaft 3/84. München 1984.
DEISENHOFER, H. W.: Mündliche Mitteilung. 1987.
DORNER, R., GLATZ, H., SCHREMER, C.: Regionale Entwicklung durch Ausbau des Fremdenverkehrs. Die Fremdenverkehrsentwicklung im Spannungsfeld von wirtschaftlicher Ertragskraft und ökologischer Schonung. Wien 1986.
DRACOS, TH.: Hydrologie. Eine Einführung für Ingenieure. Wien, New York 1980.
DVWK: Arbeitsanleitung zur Anwendung von Niederschlag-Abfluß-Modellen in kleinen Einzugsgebieten. Teil 1: Analyse. Hamburg, Berlin 1982a.
DVWK: Arbeitsanleitung zur Anwendung von Niederschlag-Abfluß-Modellen in kleinen Einzugsgebieten. Teil 3: Katalog von Übertragungsfunktionen. Hamburg, Berlin 1982b.
DVWK: Arbeitsanleitung zur Anwendung von Niederschlag-Abfluß-Modellen in kleinen Einzugsgebieten. Teil 2: Synthese. Hamburg, Berlin 1984.
DVWK: Beiträge zu Oberflächenabfluß und Stoffabtrag bei künstlichen Starkniederschlägen. Schriften 71. Hamburg, Berlin 1985.
DYCK, G., PESCHKE, G. (1983a): Grundlagen der Hydrologie. 2., überarbeitete Auflage. Berlin 1983.
DYCK, G., PESCHKE, G. (1983b): Angewandte Hydrologie. 2., überarbeitete Auflage. Berlin 1983.

EIBERLE, K., NIGG, H.: Über die Folgen des Wildverbisses an Fichte und Tanne in montanen Lagen. Schweizer Zeitschrift für Forstwesen, Jg. 134, Heft 5. o. O. 1983. S. 361–372.
ELLENBERG, H.: Ökosystemforschung. Berlin, Heidelberg, New York. 1973.

ELLENBERG, H.: Vegetation Mitteleuropas mit den Alpen in ökologischer Sicht. 3. Auflage. Stuttgart 1982.

EPSKAMP, H.: In Lexikon zur Soziologie. 2., verbesserte und erweiterte Auflage. Opladen 1978.

EWERS, H. J., JAHN, A.: Szenarien zur Zukunft des Waldes in der Bundesrepublik Deutschland. In EWERS, H. J. et al. (1986) Zur monetären Bewertung von Umweltschäden. Methodische Untersuchung am Beispiel der Waldschäden. Berichte 4/86 des Umweltbundesamts. Berlin 1985.

FALK, G., RUPPEL, W.: Die Physik des Naturwissenschaftlers. Mechanik – Relativität – Gravitation. Berlin, Heidelberg, New York 1973.

FIEBIGER, G.: Ursachen und Auswirkungen des Lawinenabbruchs aus bestockten Flächen. Internationales Symposium „Interpraevent 1975", Bd. 2, Fachbereich I. Innsbruck 1975. S. 77–84.

FIEBIGER, G.: Ursachen von Waldlawinen im Bereich der nordöstlichen Randalpen und ihre Behandlung durch forsttechnische Maßnahmen. Mitteilungen aus dem Institut für Wildbach- und Lawinenverbauung an der Universität für Bodenkultur in Wien, Heft 11. 1978.

FISCHER, D.: Qualitativer Fremdenverkehr. Neuorientierung der Tourismuspolitik auf der Grundlage einer Synthese von Tourismus und Landschaftschutz. St. Galler Beiträge zum Fremdenverkehr und zur Verkehrswirtschaft, Reihe Fremdenverkehr, Nr. 17. St. Gallen 1985.

FISCHER, K.: Ruhpolding und die Chiemgauer Alpen. In BAYERISCHES LANDESVERMESSUNGSAMT: Topographischer Atlas Bayern. München 1968. S. 286–287.

FLECHTNER, H.-J.: Grundbegriffe der Kybernetik. Eine Einführung, 5. Auflage. München 1984.

FORRESTER, J. W.: Grundzüge einer Systemtheorie. Wiesbaden 1972.

FREI, G.: Die Katastrophentheorie. Neue Züricher Zeitung, Nr. 160. o. O. 1976. S. 25.

FREY, W.: Wechselseitige Beziehungen zwischen Schnee und Pflanze – eine Zusammenstellung anhand der Literatur. Mitteilungen des Eidgenössischen Institutes für Schnee- und Lawinenforschung, Nr. 34. Davos 1977.

GANGHOFER, V., A.: Das Forstgesetz für das Königreich Bayern nebst den hierzu gegebenen Vollzugsvorschriften. 3., vollständige neu bearbeitete Auflage. München 1898.

GAYL, A.: Wald, Schneemetamorphose und Lawinen. Internationales Symposium „Interpraevent 1975", Bd. 1, Fachbereich I. Innsbruck 1975. S. 283–292.

GEHMACHER, E.: Methoden der Prognostik. Freiburg 1971.

GRAHNER, W.: Untersuchungen der Beziehungen zwischen charakteristischen Eigenschaften von Einzugsgebieten und dem Hochwasserabflußverhalten. Dissertation an der Universität Bonn. In Mitteilungen des Lehrstuhls für Landwirtschaftlichen Wasserbau und Kulturtechnik. Bonn 1977.

GREULICH, H., LEIPOLD, T., FRANKE, P.-G.: Möglichkeiten zur Bestimmung der voraussichtlichen Zuflüsse während der Schneeschmelze zu Speichern mit alpinem Einzugsgebiet. Internationales Symposium „Interpraevent 1980", Bd. 2. Bad Ischl 1980. S. 195–207.

GRIMM, W.-D.: Mündliche Mitteilung. 1986.

GROSSMANN, W. D. et al.: Szenarien und Auswertungsbeispiele aus dem Testgebiet Jenner. MAB Mitteilungen 17, Bonn 1983.

GRÜNEWALD, U.: Zur Anwendung objektiver Methoden der Parameterschätzung auf Modellkonzepte der Abflußkonzentrationsphase. Dissertation TU Dresden 1971.

GÜNTHER, W.: Mündliche Mitteilung. 1987.

GÜNTHER, W., SCHMIDTKE, R. F.: Hochwasseranalysen – Pilotuntersuchung über das Inn-Hochwasser August 1985. Wasserwirtschaft 77. im Druck 1987.

GUNDERMANN, E.: In BICHLMAIER, F., GUNDERMANN, E.: Beiträge zur Quantifizierung der Sozialfunktionen im Bayerischen Hochgebirge. Teil B Schutzfunktionen. Forschungsberichte der Forstlichen Forschungsanstalt München, Nr. 21. München 1974.

GUNDERMANN, E.: Die Beurteilung der Umwelteinwirkungen von Forststraßen im Hochgebirge – Eine Delphi-Studie. Forschungsberichte der Forstlichen Forschungsanstalt München, Nr. 41. München 1978.

GUNDERMANN, E.: Untersuchungen über die Anwendbarkeit der elementaren Katastrophentheorie auf das Phänomen „Waldsterben". Forstarchiv, 56. Jg., Heft 6. Hamburg 1985. S. 211–215.

GUNDERMANN, E., PLOCHMANN, R.: Die Waldweide als forstpolitisches Problem im Bergwald. Forstwissenschaftliches Centralblatt, Jg. 104, Heft 2. Hamburg, Berlin 1985. S. 146–154.

GUNKEL, P.: Öffentliche Investitionsentscheidungen im Fremdenverkehr – Überprüfung und Konzeption von Bewertungsansätzen. Europäische Hochschulschriften, Reihe 5, Bd. 438. Frankfurt am Main, Bern, New York 1983.

HAFERMALZ, O.: Schriftliche Befragung – Möglichkeiten und Grenzen. Wiesbaden 1976.

HASEL, K.: Waldwirtschaft und Umwelt. Hamburg, Berlin 1971.

HASSENTEUFEL, W.: Der Gebirgswald als Bundesgenosse gegen Muren und Lawinen. Allgemeine Forstzeitung, Jg. 64, Folge 13/14. Wien 1953. S. 168–170.

HAUCK, E.: Kurzfristige Hochwasservorhersage. Schriftreihe des Deutschen Verbandes für Wasserwirtschaft und Kulturbau (DVWK), Heft 46, Analyse und Berechnung oberirdischer Abflüsse. Hamburg, Berlin 1980.

HEIGL, F.: Dimensionierung von Erholungsflächen. DBZ, Heft 6. o. O. 1971.

HERB, H.: Schneeverhältnisse in Bayern mit einem Kartenanhang der Bayerischen Alpen und des Alpenvorraumes. Schriftreihe der Bayerischen Landesstelle für Gewässerkunde, Heft 12, München 1973.

HILDEBRANDT, M.: Beziehungen zwischen den Pauschalgefällen extremer bayerischer Lawinen und den Geländeformen der Lawinenstriche. Diplomarbeit an der Forstwissenschaftlichen Fakultät München 1982.

HOCHBICHLER, E., MAYER, H.: Der Steinschlag – Bannwald Brentenkögl/Ebensee – Eine jagdliche Herausforderung. In Allgemeine Forstzeitung. Jg. 93. Wien 1982. S. 147–149.

HÖLLERMANN, P. W.: Rezente Verwitterung. Abtragung und Formenschatz in den Zentralalpen am Beispiel des oberen Suldentales (Ortlergruppe). Zeitschrift für Geomorphologie. o. O. 1964. Suppl. 4.

HOFFMANN, D.: Die Bedeutung des Waldes für die Wasserwirtschaft. Agrarspektrum 6, Forstwirtschaft – Rohstofflieferant und Umweltfaktor. München 1984. S. 79–101.

HOHENADEL, W.: Untersuchungen zur natürlichen Verjüngung des Bergmischwaldes. Dissertation Universität München 1981.

HOLUB, H. W., SCHABL, H.: Input-Output-Rechnung: Input-Output-Tabellen. München, Wien, Oldenburg 1982.

IN DER GAND, H.: Beitrag zum Problem des Gleitens der Schneedecke auf dem Untergrund. Winterbericht des Eidgenössischen Institutes für Schnee- und Lawinenforschung, Nr. 17, Davos 1954.

IN DER GAND, H.: Waldschadenslawinen und Waldschäden der Lawinenkatastrophe vom April 1975. Winterberichte des Eidgenössischen Institutes für Schnee- und Lawinenforschung, Nr. 39. Davos 1976.

IN DER GAND, H.: Wald als Lawinenschutz. Mitteilung der Forstlichen Bundesversuchsanstalt. Jg. 125. Wien 1978. S. 113–127.

IN DER GAND, H.: Verteilung und Struktur der Schneedecke unter Waldbäumen und im Hochwald. Proceedings International Seminar Mountain Forests and Avalanches. IUFRO. Davos 1979. S. 97–119.

IN DER GAND, H.: Stand der Kenntnisse über Schnee und Lawinen in Beziehung zum Wald in Europa. Proceedings – Referate – Exposes, XVII IUFRO World Congress Division 1, Congress Group 4. Japan 1981. S. 319–337.

JONES, D. D.: The Application of Catastrophe Theory to Ecological Systems. IIASA Research Report RR-75-15. Laxenburg 1975.

KARL, J.: Über die Zukunft der Bayerischen Gebirgslandschaft. Allgemeine Forstzeitschrift, Jg. 22. München 1967. S. 526–529.

KARL, J.: Berglandschaft in Gefahr. Auf der Alpe, Bd. 11/12. 1968.

KARL, J., DANZ, W.: Der Einfluß des Menschen auf die Erosion im Bergland. Schriftreihe der Bayerischen Landesstelle für Gewässerkunde, Heft 1. München 1969.

KARL, J., TOLDRIAN, H.: Eine transportable Beregnungsanlage für die Messung von Oberflächenabfluß und Bodenabtrag. Wasser und Boden, Heft 3. o. O. 1973. S. 63–65.

KARL, J., MANGELSDORF, J.: Die Wildbäche der Ostalpen. Internationales Symposium „Interpraevent 1975", Bd. 1, Fachbereich II. Innsbruck 1975. S. 397–406.

KARL, J.: Waldsterben in den Bayerischen Alpen. Auswirkungen auf die Wildbach- und Lawinentätigkeit. Vorabdruck für das Jahrbuch 1985, 50. Jg., des Vereins zum Schutz der Bergwelt e. V. München 1984.

KAUFFMANN, A.: Introduction to the Theory of Fuzzy Subsets. Academic, Band I, New York 1975.

KEMMERLING, W., KAUPA, H.: Kosten – Nutzen – Untersuchungen im Schutzwasserbau und in der Lawinenverbauung. Wien 1979.

KENNEL, E.: Waldschadensinventur Bayern 1983 – Verfahren und Ergebnisse. Forschungsberichte der Forstlichen Versuchsanstalt München, Nr. 57. München 1983.

KENNEL, E., ZWIRGLMAIER, G.: Waldschadensinventur 1984. Forschungsberichte der Forstlichen Versuchsanstalt München, Nr. 64. München 1985.

KENNEL, E., REITTER, A.: Waldschadensinventur 1985. Forschungsberichte der Forstlichen Versuchsanstalt München, Nr. 70. München 1986.

KENNEL, E.: Ergebnisse der Waldschadensinventur 1986. Unveröffentlicht.

KERN, H.: Große Tagessummen des Niederschlags in Bayern. Geographische Hefte, Heft 21. o. O. 1961.

KERN, H.: Mittlere jährliche Abflußhöhen 1931 bis 1960. Schriftreihe des Bayerischen Landesamtes für Wasserwirtschaft. Heft 5. o. O. 1973.

KIEFER, W.: Analyse von Hochwasserschäden. In Leitmotiv Wasser. Festschrift zum 65. Geburtstag von Emil Mosonyi. Karlsruhe 1975.

KIRSCH, K.: Schwerpunktförderung als Instrument regionaler Wirtschaftspolitik unter besonderer Berücksichtigung des Fremdenverkehrs. Dissertation an der Universität Braunschweig 1980.

KIRCHNER, M.: Wirkungen unterschiedlicher Landnutzung auf den Wasserhaushalt Bayerischer Flußgebiete. Dissertation an der Universität München 1985.

KLAUS, J.: Freizeitnutzen und wirtschaftsfördernder Wert von Naherholungsprojekten. Schriften zu Regional- und Verkehrsproblemen in Industrie- und Entwicklungsländern, Bd. 16. Berlin 1975.

KLAUSMANN, H.-S.: Risikoanalyse bei „roll-back" Entscheidungsbäumen. Arbeitspapiere, Betriebswirtschaftliches Institut der Universität Erlangen-Nürnberg. Nürnberg 1973.

KLEMM, K.: Die Chance für die Kleinen nutzen. BfLR-Informationen zur Raumentwicklung, Heft 1. o. O. 1983. S. 35–45.

KOCH, A.: Die Ausgaben im Fremdenverkehr in der Bundesrepublik Deutschland. Schriftreihe des Deutschen wirtschaftswissenschaftlichen Institutes für Fremdenverkehr an der Universität München, Heft 35. München 1980.

KOEHLER, G.: Ermittlung maßgebender Abflußdaten für kleinere Vorfluten mit Hilfe kurzfristiger Naturmessungen. Dissertation TU Hannover 1971.

KOEHLER, G.: Niederschlag-Abflußmodelle für kleine Einzugsgebiete. Schriftreihe Kuratorium für Wasser- und Kulturbauwesen, Heft 25. Hamburg, Berlin 1976.

KREYSZIG, E.: Statistische Methoden und ihre Anwendung. 7. Auflage. Göttingen 1979.

KROTH, W., BARTHELHEIMER, P.: Die Walderkrankung als Problem der Waldbewertung. Forstwissenschaftliches Centralblatt, 103. Jg., Heft 3. Hamburg, Berlin 1984. S. 177–186.

KROTH, W. (1987a): Mündliche Mitteilung 1987.

KROTH, W. (1987b): Die Szenario-Varianten. Vortragsmanuskript des gleichnamigen Vortrags zur Forstlichen Hochschulwoche in München vom 28.–30. 10. 1987. 1987.

KUMMER, B., STRAUBE, B.: Eine Einführung in die Theorie der unscharfen Mengen. Wissenschaftliche Zeitschrift der TU Dresden, 26. Jg., Heft 2. Dresden 1977. S. 363–369.

KUIPER: In Enzyklopädie für Naturwissenschaften und Technik. Stichwort: Stoßgesetze. Weinheim 1981.

LAATSCH, W., GROTTENTHALER, W.: Typen der Massenverlagerung in den Alpen und ihre Klassifikation. Forstwissenschaftliches Centralblatt, Jg. 91. Hamburg Berlin 1972. S. 309–339.

LAATSCH, W., GROTTENTHALER, W.: Labilität und Sanierung der Hänge in der Alpenregion des Landkreises Miesbach. Hrsg.: Bayerisches Staatsministerium für Ernährung, Landwirtschaft und Forsten. München 1973.

LAATSCH, W.: Die Entstehung von Lawinen im Hochlagenwald. Forstwissenschaftliches Centralblatt, Jg. 96. Hamburg Berlin 1977. S. 89–93.

LAATSCH, W., ZENKE, B., DANKERL, J.: Verfahren zur Reichweiten- und Stoßdruckberechnung von Fließlawinen. Forschungsberichte der Forstlichen Versuchsanstalt München, Nr. 47. München 1981.

LACKINGER, B.: Schneekunde. In ROBOFSKY, E. et al. Lawinenhandbuch. Innsbruck 1986. S. 39–67.

LISS, B.: Versuche zur Waldweide. Der Einfluß des Weideviehs auf Verjüngung, Bodenvegetation und Boden im Bergmischwald unter Berücksichtigung der Einwirkung des Schalenwildes. Dissertation Universität München 1987.

LOESCH, F.: Typologie der Waldbesucher. Dissertation Göttingen 1980.

LÖFFLER, H. D. et al.: Stand, Entwicklung und Probleme der Mechanisierung bei der Bestandesbegründung und Holzernte und deren Auswirkungen auf die Umwelt. Mitteilungen über Landwirtschaft, Nr. 32. Luxemburg 1977.

LÖW, H.: Zustand und Entwicklungsdynamik der Hochlagenwälder des Werdenfelser Landes. Dissertation an der Universität München 1975.

LÖW, H., METTIN, C.: Der Hochlagenwald im Werdenfelser Land. Forstwissenschaftliches Centralblatt, Jg. 97, Heft 2. Hamburg, Berlin 1977. S. 108–120.

LOTZ, K. et al.: Der Bergwald – Gefährdung und notwendige Maßnahmen zu seiner Erhaltung. In Deutscher Rat für Landespflege, Gefährdung des Bergwaldes, Heft 49. o. O. 1986. S. 841–846.

LUDWIG, D. et al.: Qualitative Analysis of Insect Outbreak Systems: the Spruce Budwurm and Forest. Journal of Animal Ecology, Nr. 47. o. O. 1978. S. 315–332.

LUDWIG, K.: Hydrologische Verfahren und Beispiele für die wasserwirtschaftliche Bemessung von Hochwasserrückhaltebecken. Schriftreihe des DVWK, Heft 44. Hamburg, Berlin 1979.

LUTZ, W.: Berechnung von Hochwasserabflüssen unter Anwendung von Gebietskenngrößen. IHW-Mitteilungen, Heft 24. Karlsruhe 1984.

MAIER, J.: Die Leistungskraft einer Fremdenverkehrsgemeinde – Modellanalyse des Marktes Hindelang/Allgäu. Berichte zur Regionalforschung, Heft 3. München 1970.

MAIER, J.: Mündliche Mitteilung. Wasserwirtschaftsamt Traunstein 1987.

MAYER, H.: Gebirgswaldbau und Schutzwaldpflege. Stuttgart 1976.

MAYER, H.: Waldverwüstende Immissionsschäden in Österreich. Vorläufige gekürzte Fassung. Wien 1985.

MAYER-GRASS, M., IMBECK, H.: Waldsterben und Lawinengefahr. Holzzentralblatt Jg. 111, Nr. 137, S. 2014–2016. Stuttgart 1985.

MASCHKE, J.: Betriebsvergleich für das Gastgewerbe in Bayern. Sonderreihe der Schriftreihe des Deutschen Wirtschaftswissenschaftlichen Institutes für Fremdenverkehr an der Universität München, Nr. 38. München 1980.

MEADOWS, D.: Die Grenzen des Wachstums. Bericht des Club of Rome zur Lage der Menschheit. Stuttgart 1972.

MEISTER, G.: Ziele und Ergebnisse forstlicher Planung im Oberbayerischen Hochgebirge. Dissertation Universität München 1967.

MEISTER, G.: Waldsterben im Hochgebirge – ein Wettlauf mit der Zeit. In Jahrbuch des Vereins zum Schutz der Bergwelt, 1984. München 1984.

MERGNER, W.: Einfluß des Schalenwildes auf die bäuerliche Wirtschaft. Forschungsberichte der forstlichen Forschungsanstalt München, Nr. 56. München 1983.

MERWALD, J.: Die Einschätzung und Entwicklung der Schutzwirkung des Waldes gegenüber Lawinen. Internationales Symposium „Interpraevent 1984". Villach 1984.

MITSCHERLICH, G.: Wald, Wachstum und Umwelt. Bd. 2: Waldklima und Wasserhaushalt. 2. überarbeitete und erweiterte Auflage. Frankfurt 1981.

MÖSSMER, E. M.: Mündliche Mitteilung 1986.

MÖSSMER, R.: Die Verteilung der neuartigen Waldschäden an Fichte in den Bayerischen Alpen nach Bestands- und Standortmerkmalen, untersucht anhand von Infrarot-Farbbildern. Dissertation an der Universität München 1985.

MOOG, M., PÜTTMANN, F.: Überlegungen zur Bewertung von Minderungen der Bodenschutzleistung des Waldes mit einem praktischen Beispiel. Der Forst- und Holzwirt, Nr. 6. o. O. 1986. S. 158.

NAKE-MANN, B. et al.: Neue Trends in Freizeit und Fremdenverkehr und ihre Auswirkungen auf ausgewählte Feriengebiete in der Bundesrepublik Deutschland. Schriftreihe 06 „Raumordnung" des Bundesministeriums für Raumordnung, Bauwesen und Städtebau, Heft 06.051, Mönchengladbach 1984.

NETSCH, W.: Mögliche Auswirkungen der Waldschäden auf bäuerliche Betriebe. Forstwissenschaftliches Centralblatt, Jg. 104, Heft 3/4. Hamburg, Berlin 1985. S. 263–271.

NOHL, W., RICHTER, U.: Freizeit und Erholung. In EWERS, H. J. et al. 1986: Zur monetären Bewertung von Umweltschäden. Methodische Untersuchung am Beispiel der Waldschäden. Berichte 4/86 im Auftrag des Umweltbundesamtes. Berlin 1984.

NOHL, W., RICHTER, U.: Monetäre Folgen des Waldsterbens für Freizeit und Erholung. Landschaft und Stadt, Jg. 18, Heft 4. o. O. 1984. S. 163–173.

OBERFORSTDIREKTION MÜNCHEN: Hanglabilitätskartierung im Oberbayerischen Alpenraum. o. O. 1985.

OTT, W.: Ist eine Prognose des Waldsterbens möglich? Holz-Zentralblatt, Jg. 110, Nr. 148. Stuttgart 1984. S. 2197–2198.

PABST, H. R.: Ansätze zur Bewertung der Sozialfunktionen des Waldes. Hrsg.: Ministerium für Ernährung, Landwirtschaft, Weinbau und Forsten. Stuttgart 1971.

PAPST, W.: Die Berechnung der Bachdurchlässe nach der Theorie der Grenztiefe. Allgemeine Forstzeitschrift, Jg. 29, Heft 14. Stuttgart 1974. S. 295–298.

PLOCHMANN, R.: Forstpolitische Probleme im Alpenraum. In Probleme der Alpenregion. Hans-Seidl-Stiftung, Bildungswerk Schriften und Informationen, Band 3. o. O. 1977.

PLOCHMANN, R.: Der Bergwald in Bayern als Problemfeld der Forstpolitik. Allgemeine Forst- und Jagdzeitung, Jg. 156, Heft 8. Frankfurt am Main 1985. S. 138–142.

PLOCHMANN, R. (1987a): Szenario-Forschungen: Forstpolitische Konsequenzen. Vortragsmanuskript des gleichnamigen Vortrags zur Forstlichen Hochschulwoche in München vom 28.–30. 10. 1987.

PLOCHMANN, R. (1987b): Probleme mit Wild und Jagd im Bergwald. Vortragsmanuskript. Bergwaldsterben – Gefahr für Gemeinden und Bürger im Alpenraum. Gemeinsame Tagung der Akademie für Politische Bildung mit dem Bund Naturschutz in Bayern vom 25.–26. 9. 1987 in Tutzing.

PRENNER, G.: Studie über Retensionsmöglichkeiten im Bereich der oberen Raab und deren Auswirkungen auf das Abflußverhalten bei verschiedenen Niederschlagsergebnissen. Diplomarbeit am Institut für Wildbach- und Lawinenverbauung der Universität für Bodenkultur. Wien 1985.

PUHANE, K.: Grundsätze der Bewirtschaftung von Wäldern in wildbach- und lawinengefährdeten Gebieten. Allgemeine Forstzeitung, Jg. 85, Folge 7, S. 169–170. Wien 1974.

QUERVAIN, DE, M.: Die Rolle des Waldes beim Lawinenschutz. Schweizer Zeitschrift für Forstwesen, 19. Jg., Heft 4/5. o. O. 1968. S. 393–399.

QUERVAIN, DE, M.: Lawinenbildung. Lawinenschutz in der Schweiz. Beiheft 9 zum Bündnerwald. Chur 1972. S. 15–32.

QUERVAIN, DE, M.: Schneekunde, Lawinenkunde, Lawinenschutz. Vorlesungsunterlagen zur Einführungsvorlesung. ETH Zürich 1980.

RAGAZ, C.: Der Wald als Lawinenschutz. Beiheft 9 zum Bündnerwald. Chur 1972. S. 211–219.

REIMANN, H. et al.: Basale Soziologie: Theoretische Modelle. 3. Auflage. Opladen 1985.

REINHARDT, F., SOEDER, H.: DTV-Atlas zur Mathematik. Tafeln und Texte. 2 Bände, 3. Auflage. München 1978.

RICHTER, G.: Bodenerosion. Schäden und gefährdete Gebiete in der Bundesrepublik Deutschland. Bad Godesberg 1965.

RINK, E. C.: Vorhersage der Wahrscheinlichkeit von Lawinenabgängen mit Hilfe der Diskriminanzanalyse. Wildbach und Lawinenverbau, Jg. 43. Heft 2. o. O. 1979.

RÖNSCH, H. D.: Lexikon zur Soziologie. 2. verbesserte und erweiterte Auflage. Opladen 1978.

ROSEMANN, H. J.: Die Hochwasservorhersage auf der Grundlage eines mathematischen Niederschlag-Abfluß-Modells. Schriftreihe des Bayerischen Landesamt für Wasserwirtschaft, Heft 5. München 1977.

ROZSNYAY, Z.: Zum Mischwaldbegriff der Waldbesucher und ihre Ansichten über die Schichtigkeit von Beständen. Forstwissenschaftliches Centralblatt, Jg. 98, Heft 4. Hamburg, Berlin 1979. S. 222–233.

Ruppert, K.: Zur Beurteilung der Erholungsfunktion siedlungsnaher Wälder. Dissertation an der Universität Göttingen. Mitteilung der Hessischen Landesforstverwaltung, Bd. 8. Göttingen 1971.

Sachs, L.: Angewandte Statistik. Anwendung statistischer Methoden. 6. Auflage. Berlin, Heidelberg, New-York, Tokyo 1984.

Salm, B. (1979): Snow forces on forest plants. Proceedings International Seminar Mountain Forests and Avalanches, IUFRO 1978. Davos, Bern 1979.

Schauer, T.: Wildzäune allein reichen zur Abwehr von Wildschäden im Bergwald nicht aus. Allgemeine Forstzeitung. München 1972. S. 242–243.

Schauer, T. (1973): Wieviel Äsung braucht das Wild? Die Pirsch, 25. Jg., Heft 12. München 1973. S. 349–354.

Schauer, T. (1982): Die Belastung des Bergwaldes durch Schalenwild. Laufener Seminarbeiträge 9/82. Laufen 1982. S. 33–40.

Scheffer, F., Schachtschabel, P. (1976): Lehrbuch der Bodenkunde. 9., überarbeitete Auflage. Stuttgart 1976.

Schmidtke, R. F.: Die Bewertung wasserwirtschaftlicher Maßnahmen in Gebirgsregionen. Internationales Symposium „Interpraevent 1975", Bd. 1, Fachbereich III. Innsbruck 1975. S. 451–461.

Schmidtke, R. F.: Monetäre Bewertung wasserwirtschaftlicher Maßnahmen. Systematik der volkswirtschaftlichen Nutzenermittlung. Hrsg.: Bayerisches Landesamt für Wasserwirtschaft, Heft 2/81. München 1981.

Schirmer, R.: Vitalität und Auswirkungen des Waldsterbens auf die Schutzbefähigung des Gebirgswaldes vor Lawinenerosion. Diplomarbeit an der Forstwissenschaftlichen Fakultät der Universität München 1985.

Schönenberger, W.: Ökologie der natürlichen Verjüngung von Fichte und Bergföhre in Lawinenzügen der nördlichen Voralpen. Mitteilungen der Eidgenössischen Anstalt für das Forstliche Versuchswesen, Nr. 54. o. O. 1978. S. 215–361.

Schreyer, G., Rausch, V.: Der Schutzwald in der Bergregion Miesbach. Forstwissenschaftliches Centralblatt, Jg. 96, Heft 2. Hamburg, Berlin 1977. S. 100–108.

Schreyer, G., Rausch, V.: Der Schutzwald in der Alpenregion des Landkreises Miesbach. Hrsg.: Bayerisches Staatsministerium für Ernährung, Landwirtschaft und Forsten. München 1978.

Schreyer, G.: Ergebnisse der Bayerischen Waldschadensinventur 1984 im Vergleich mit 1983. Bayerische Staatsforstverwaltung Information Nr. 4. München 1984.

Schreyer, G. (1987): Das Schutzwaldsanierungsprogramm der Bayerischen Staatsforstverwaltung in den Bayerischen Alpen. Allgemeine Forstzeitschrift, Heft 11. München 1987: S. 242–243.

Schwab, K. D. (1983): Ein auf dem Konzept der unscharfen Mengen basierendes Entscheidungsmodell bei mehrfacher Zielsetzung. Europäische Hochschulschriften, Reihe 5, Band 431. Frankfurt am Main 1983.

Schwarz, W.: Permanenter Stützverbau. Lawinenschutz in der Schweiz. Beiheft 9 zum Bündnerwald. Chur 1972. S. 83–103.

Schwarzenbach, F. H.: Gedanken zur schleichenden Zerstörung des Bergwaldes. In: Jahrbuch des Vereins zum Schutz der Bergwelt. München 1984.

SIEGEL, H.: Grundlagenkatalog für eine Bannwaldbewirtschaftung. Internationales Symposium „Interpraevent 1984", Band I. Villach 1984. S. 33–44.
SILBERNAGL, H.: Ausschußsitzung des AVO. Der Almbauer, Jg. 36, Heft 3. o. O. 1984.
SPATZ, G. (1982): Der Futterertrag der Waldweide. Laufener Seminarbeiträge. September 1982. S. 25–32.
STATISTISCHES BUNDESAMT (1986): Statistisches Jahrbuch 1986 für die Bundesrepublik Deutschland. Stuttgart, Mainz 1986.
STEINBACH, J. et al.: Regionalanalysen im Land Salzburg. SRF Wiener Beiträge zur Regionalforschung 6. Wien 1983.
STOCKBURGER, D., MAIER, J.: Raumordnungsstudie „Fremdenverkehrsbetrieb Südostoberbayern". München 1970.
STORCHENEGGER, I. J. (1983): Orts- und ereignisbeschreibende Parameter für Niederschlag-Abfluß-Modelle. Dissertation. ETH Zürich 1983.
STRASSERT, G., TUROWSKI, G.: Nutzwertanalyse, Ein Verfahren zur Beurteilung regionalpolitischer Projekte. Institut für Raumordnung Informationen 1971, Nr. 2. o. O. 1971. S. 29–42.
STRELE, G. (1950): Grundriß der Wildbach- und Lawinenverbauung. 2. Auflage. Wien 1950.
STROBL, J.: Mündliche Mitteilung. 1987.
SUDA, M., GUNDERMANN, E. (1986): Auswirkungen des Waldsterbens auf die Schutzleistung von Gebirgswäldern. Methodische Ansätze zu deren Beurteilung. Forstarchiv, 57. Jg., Heft 5. Hannover 1986. S. 188–192.

THOM, R. (1972): Stabilité Structurelle et Morphogenèse. Essai d'une Theorie Génerale des Modeles. Benjamin, New York 1972.

URSPRUNG, G. W.: Die elementare Katastrophentheorie, eine Darstellung aus der Sicht der Ökonomie. Lecture Notes in Economics and Mathematical Systems. Berlin 1982.

VERKEHRSAMT DER GEMEINDE REIT IM WINKL: Wissenswertes über Reit im Winkl 1986.
VERKEHRSVEREIN REIT IM WINKL e. V. (1980): Kurort-Führer Reit im Winkl. Traunreut 1980.
VESTER, F. (1980a): Ansätze zur Erfassung der Umwelt als System. BUCHWALD, ENGELHARDT (Hrsg.): Handbuch für Planung, Gestaltung und Schutz der Umwelt, Bd. 3: Die Bewertung und Planung der Umwelt. München, Wien, Zürich 1980. S. 120–156.
VESTER, F. (1980b): Zukunftsprognosen, Modelle, Strategien. BUCHWALD, ENGELHARDT (Hrsg.): Handbuch für Planung, Gestaltung und Schutz der Umwelt, Bd. 4: Umweltpolitik. München, Wien, Zürich 1980. S. 32–73.
VESTER, F. (1985): Neuland des Denkens. Vom technokratischen zum kybernetischen Zeitalter. 3. durchgesehene und ergänzte Auflage. München 1985.
VESTER, F.: Ballungsgebiete in der Krise. Vom Verstehen und Planen menschlicher Lebensräume. 2. Auflage. München 1986.
VOGL, W. (1984): Bodenerosion und kulturbautechnische Maßnahmen. Berichte aus der Flurbereinigung, Nr. 52. München 1984. S. 161–165.

WAHLSTER, W.: Die Repräsentation von vagem Wissen in natürlichsprachlichen Systemen der künstlichen Intelligenz. Bericht Nr. 38 des Fachbereichs Informatik. Hamburg 1977.

WARD, R. C.: Principles of Hydrology. Maidenhead 1975.

WECHSLER, W.: Delphi-Methode, Gestaltung und Potential für betriebliche Prognoseprozesse. München 1978.

WEIS, G. B., SPATZ, G., DUNZ, K.: Zur Wiederbewaldung aufgelassener Almen. Natur und Landschaft, 57. Jg., Heft 7/8. o. O. 1982. S. 256–260.

WIDMOSER, P.: Die Schadenserwartung von Hochwasserschäden. Internationales Symposium „Interpraevent 1971", Band I, S. 105–114. Villach 1971.

WIENER, N.: Cybernetics- or Control and Communication in the animal and the machine. Paris, New York 1948.

WIENER, N.: Mathematik – mein Leben. Düsseldorf. Wien 1962.

WIENOLD, H.: Lexikon zur Soziologie. 2., verbesserte und erweiterte Auflage. Opladen 1978.

WIETH, B. D.: Katastrophentheoretische Ansätze in den Wirtschaftswissenschaften. Darstellung und Kritik. Dissertation Fachbereich Rechts- und Wirtschaftswissenschaften. Mainz 1979.

WILKE, K.: Mehrkanalfilterung als Prognoseverfahren. Internationales Symposium „Interpraevent", Innsbruck, Band 1. Innsbruck 1975. S. 229–240.

WHITESITT, J. E.: Boolesche Algebra und ihre Anwendungen. Braunschweig 1968.

ZADEH, L. A. (1965): Fuzzy Sets. Information and Control. Heft 8. o. O. 1965. S. 338–353.

ZADEH, L. A.: On the analysis of Large-Scale Systems. System Approaches and Environmental Problems International Symposium: Schloß Reißensburg (Günzburg/Ulm), 18.–21. 6. 1973, Tagespublikationen. Göttingen 1973. S. 23–37.

ZADEH, L. A. (1974): A new approach to system analysis. In: Marois, M. (ed.): Man and computer. Amsterdam 1974. S. 55–94.

ZANGEMEISTER, C. (1973): Nutzwertanalyse in der Systemtechnik. Eine Methode zur multidimensionalen Bewertung und Auswahl von Projektalternativen. München 1973.

ZEEMAN, E. C.: Catastrophe Theory. Scientific American, Nr. 234. o. O. 1976. S. 65–85.

ZENKE, B.: Mündliche Mitteilung. 1984.

ZENKE, B.: Der Einfluß abnehmender Bestandesvitalität auf Reichweite und Häufigkeit von Lawinen. Forstwissenschaftliches Centralblatt, Jg. 104. Hamburg, Berlin 1985. S. 137–145.

ZENKE, B.: Lawinenstriche im Bergwald. Jahrbuch des Vereins zum Schutz der Bergwelt e. V., Jg. 50. München 1985.

ZENKE, B.: Mündliche Mitteilung. 1987.

ZERLE, A., HEIN, W., STÖCKEL, H.: Forstrecht in Bayern. Kommentar. München 1985.

ZINGG, T.: Beitrag zur Untersuchung der Schneedecke im Walde am Beispiel Laret-Davos. Internationale Berichte des Eidgenössischen Institutes für Schnee- und Lawinenforschung. Nr. 289. Davos 1958.

Verzeichnis der Abbildungen

1	Entwicklung der Waldschäden im bayerischen Alpenraum zwischen 1983 und 1986	18
2	Regelkreis zur Erfassung der Schutzwald-Waldsterbensproblematik	28
3	Abschätzung der resultierenden Folgevegetation	33
4	Zugehörigkeitsfunktionen für die Indikatoren Hangneigung, Hanglänge, Meereshöhe und Oberflächenrauhigkeit	38
5	Zugehörigkeitsfunktion: Stark lawinengefährdete Hänge	41
6	Ergebnisse der optimistischen Variante	50
7	Ergebnisse der mittleren Variante	50
8	Ergebnisse der pessimistischen Variante	50
9	Ergebnisse der geschätzten jährlichen Ausfallprozente	52
10	Simulation verschiedener Entnahmeprozente toter Bäume für die drei Schadenverlaufsvarianten	55
11	Metamorphose von Schnee (nach LACKINGER, 1986)	58
12	Wald und Lawinen als dynamisches System (FIEBIGER, 1975)	65
13	Bewertungsmodell zur Abschätzung der Auswirkungen des Waldsterbens auf die Lawinengefährdung	70
14	Entstehende Blößenformen der drei Schadensverlaufsvarianten	73
15	Verteilung und Summenhäufigkeit gemessener Pauschalgefälle von Lawinen (verändert nach ZENKE, 1984)	78
16	Karte der potentiell gefährdeten Siedlungen und Infrastruktureinrichtungen im Landkreis Traunstein (Ausschnitt)	86
17	Verteilung der Hangneigung um den berechneten Mittelwert	88
18	Ergebnisse der Gesamtkalkulation für die vier Schadenverlaufsvarianten im Landkreis Traunstein	91
19	Formale Darstellung der im Steinschlagmodell erfaßten Größen	103
20	Regelkreismodell Steinschlag	104
21	Einfluß von Modellparametern auf den resultierenden Gleichgewichtszustand	105
22	Zugehörigkeitsfunktion Steinschlagfähigkeit des Materials	107
23	Zugehörigkeitsfunktion Meereshöhe und Exposition	107
24	Zugehörigkeitsfunktion Hangneigung	108
25	Formale Darstellung eines Konkav- und Konvexhanges zur Beschreibung der auftretenden Bewegungsformen	109
26	Zugehörigkeitsfunktion Hangform	109
27	Zugehörigkeitsfunktion Entfernung Hangfuß-Objekt	110
28	Formale Darstellung von Zusammenstößen zwischen Steinen und Bäumen als Stoßpartner	112
29	Entwicklung des wirksamen Durchmessers für die Baumarten Fichte, Tanne und Buche in Abhängigkeit von Alter und Ertragsklasse	113

30	Zugehörigkeitsfunktion Wald	115
31	Zugehörigkeitsfunktion Oberflächenrauhigkeit	116
32	Formale Struktur des Steinschlagmodells und Identifikation von Maßnahmenfeldern	117
33	Nachweis der 20 Probeflächen	120
34	Graphische Darstellung der Ergebnisse der Steinschlagsimulation für die ausgeschiedenen Flächen	123
35	Vorschlag eines Entscheidungsmodells zur Bewertung möglicher Folgen des Waldsterbens	126
36	Hochwasserabflußmodell	134
37	Die Lage des Untersuchungsgebietes Steinbach (Maßstab 1 : 50 000)	138
38	Höhenverteilungskurven infolge von Wildverbiß	153
39	Zugehörigkeitsfunktion Wildverbiß	153
40	Zugehörigkeitsfunktion Waldsterben auf die Verjüngung	155
41	Zugehörigkeitsfunktion Schneegleitpotential	156
42	Zugehörigkeitsfunktion Widerstand durch Verjüngungspflanzen	157
43	Beziehungen zwischen den ausgeschiedenen Einflußfaktoren auf die Anzahl und die Höhenentwicklung von Verjüngungspflanzen	158
44	Verknüpfung der Zugehörigkeitswerte zur Ableitung einer der ausgeschiedenen fünf Folgevegetationseinheiten	159
45	Formale Struktur des Bewertungsmodells Hochwasser	165
46	Niederschläge in mm pro Zeiteinheit unterschiedlicher Wiederkehrhäufigkeit	167
47	Resultierende Oberflächenabflüsse bei unterschiedlichen CN-Werten für ein Niederschlagsereignis von 100 mm	169
48	Altersphasenentwicklung und Veränderung von Futterangeboten und CN-Werten	171
49	Übertragungsfunktion Röthenbach (1–13)	176
50	Abflußkurven für Ereignisse mit 10jähriger Wiederkehrhäufigkeit unterschiedlicher Niederschlagsdauer	177
51	Auftretende abflußwirksame Niederschläge für den Status quo und die vier Schadenverlaufsvarianten für Ereignisse unterschiedlicher Wiederkehrhäufigkeit	185
52	Hydrologisches Risiko in Abhängigkeit von der Dimensionierung bei 40 Jahren Lebensdauer	186
53	Entwicklung der Übernachtungszahlen im Fichtelgebirge und in den Bayerischen Alpen	204
54	Die vier Teilsysteme im Angebotssystem des Fremdenverkehrs und deren Beziehungen	205
55	Entwicklung der Übernachtungszahlen in Reit im Winkl zwischen 1969 und 1986 (in 1000)	208
56	Saisonale Gliederung der Übernachtungen für die Jahre 1969 und 1984	209
57	Prozentuale Aufteilung der Besucher nach Postleitzahlen des Herkunftsortes (VERKEHRSVEREIN REIT IM WINKL e. V., 1986)	210
58	Empfindungswerte für die Waldschadensinventuren 1983 bis 1986 und die Schadenverlaufsvarianten	214

59	Formale Struktur des Bewertungsmodells Freizeit und Erholung (NOHL und RICHTER, 1984, 1986)	216
60	Gesamt-, Speisen- und Übernachtungsumsätze für die ausgeschiedenen Betriebskategorien	233
61	Veränderungen der Empfindlichkeitsschwelle I für Großbetriebe in Abhängigkeit vom Umsatz	243
62	Veränderungen der Empfindlichkeitsschwelle II für Großbetriebe in Abhängigkeit vom Umsatz	243
63	Veränderungen der Empfindlichkeitsschwelle III für Großbetriebe in Abhängigkeit vom Umsatz	244
64	Empfindlichkeit der Betriebskategorie Hotels gegenüber kurz-, mittel- und langfristigen Besucherrückgängen (Stammgästeanteil 20%, Fremdenverkehrsabhängigkeit 100%)	246
65	Einfluß des Stammgästeanteils auf die Empfindlichkeit der Modellbetriebe bei mittelfristigem Umsatzrückgang und 100prozentiger Fremdenverkehrsabhängigkeit	247
66	Einfluß der Fremdenverkehrsabhängigkeit auf die Empfindlichkeit der Betriebskategorie Hotels	248

Verzeichnis der Tabellen

Tabellen	Seite
1 Maßnahmen und Kosten auf den ausgeschiedenen Teilflächen	82
2 Computerausdruck für Fläche 156	90
3 Ergebnisse der Modellrechnungen für Flächen der Schutzwertigkeitsstufe I	93
4 Ergebnisse der Modellrechnungen für Flächen der Schutzwertigkeitsstufe II	94
5 Ergebnisse der Modellrechnungen für Flächen der Schutzwertigkeitsstufe III	95
6 Ergebnisse der Modellrechnungen für Flächen der Schutzwertigkeitsstufe IV	97
7 Ergebnisse der Datenerhebung	121
8 Kalkulierte Investitionskosten für die Schadenverlaufsvarianten und die Annahme totaler Entwaldung	127
9 Berechnungsschema zur Erfassung der jeweiligen jährlichen Durchschnittskosten	128
10 Prozentuale Verteilung der einzelnen Gesteinsformationen im Wassereinzugsgebiet Steinbach	142
11 Prozentuale Verteilung der Höhen NN und der Exposition der Stichprobenpunkte	143
12 Verteilung der Hangneigungsstufen der Stichprobenpunkte	143
13 Prozentuale Verteilung der Hanglabilitätsformen im Wassereinzugsgebiet Steinbach	144
14 Baumartenzusammensetzung der ausgeschiedenen Altersphasen	145
15 Ergebnisse der Waldschadensinventur 1985 für den bayerischen Alpenraum und das Untersuchungsgebiet Steinbach	146
16 CN-Werte für verschiedene Bodennutzungsformen	170
17 CN-Werte für Waldbestände	170
18 Berechnete CN-Werte für die Schadenverlaufs- und Regenerationsbeschränkungsvarianten	173
19 Kennwerte der Übertragungsfunktion und des Gebietes im Wassereinzugsgebiet Steinbach	175
20 Auswirkungen der Schadenverlaufsvarianten auf den resultierenden effektiven Niederschlag bei 3stündigen Ereignissen unterschiedlicher Jährigkeit	181
21 Ergebnisse für die optimistische Schadenverlaufsvariante Zunahme des Abflusses in Prozent im Vergleich zum Basisabfluß für Ereignisse unterschiedlicher Jährigkeit und die drei Regenerationsbeschränkungsvarianten	181

22	Ergebnisse für die mittlere Schadenverlaufsvariante Zunahme des Abflusses in Prozent im Vergleich zum Basisabfluß für Ereignisse unterschiedlicher Jährigkeit und die drei Regenerationsbeschränkungsvarianten	182
23	Ergebnisse für die pessimistische Schadenverlaufsvariante Zunahme des Abflusses in Prozent im Vergleich zum Basisabfluß für Ereignisse unterschiedlicher Jährigkeit und die drei Regenerationsbeschränkungsvarianten	183
24	Ergebnisse für die totale Entwaldung (Bestände über 60 Jahre) Zunahme des Abflusses in Prozent im Vergleich zum Basisabfluß für Ereignisse unterschiedlicher Jährigkeit und die drei Regenerationsbeschränkungsvarianten	183
25	Tagesausgaben von Urlaubern im Bereich der Voralpen und Alpen	219
26	Kalkulationsdaten der sechs fiktiven Hotelbetriebe	228
27	Kalkulationsdaten der sieben fiktiven Hotel Garnis	229
28	Kalkulationsdaten der sieben fiktiven Gasthöfe	229
29	Kalkulationsdaten für die sechs Betriebsklassen von Pensionen	230
30	Kalkulationsdaten für die vier Betriebsklassen von Privatvermietern	231
31	Kalkulationsdaten für die vier Bereichsklassen von Ferienwohnungen	232
32	Kalkulationsdaten für die zehn fiktiven Speisewirtschaften	233
33	Ergebnisse der Empfindlichkeitsanalysen: Hotels	239
34	Ergebnisse der Empfindlichkeitsanalysen: Hotel Garnis	240
35	Ergebnisse der Empfindlichkeitsanalysen: Gasthöfe	240
36	Ergebnisse der Empfindlichkeitsanalysen: Speisewirtschaften	242